人体工程学

HUMAN ENGINEERING

王鑫 杨西文 杨卫波 编著

中国青年出版社

图书在版编目（CIP）数据

人体工程学 / 王鑫，杨西文，杨卫波编著. — 北京：中国青年出版社，2012.10（2022.2重印）
中国高等院校“十二五”精品课程规划教材
ISBN 978-7-5153-1119-7

I.①人… II.①王… ②杨… ③杨… III.①工效学-高等学校-教材 IV.①TB18

中国版本图书馆CIP数据核字（2012）第239985号

人体工程学
中国高等院校“十二五”精品课程规划教材
编　　著：王鑫　杨西文　杨卫波

企　　划：北京中青雄狮数码传媒科技有限公司
责任编辑：郭光　张军　刘洋　马珊珊
书籍设计：唐棣　张旭兴
出版发行：中国青年出版社
社　　址：北京市东城区东四十二条21号
网　　址：www.cyp.com.cn
电　　话：（010）59231565
传　　真：（010）59231381

印　　刷：天津旭非印刷有限公司
规　　格：787×1092　1/16
印　　张：11.5
字　　数：274千
版　　次：2012年11月北京第1版
印　　次：2022年2月第9次印刷
书　　号：978-7-5153-1119-7
定　　价：46.90元

如有印装质量问题，请与本社联系调换
电话：（010）59231565
读者来信：reader@cypmedia.com
投稿邮箱：author@cypmedia.com
如有其他问题请访问我们的网站：http://www.cypmedia.com

CONTENTS

目录

CHAPTER 1
科技与使命——人体工程学概论

本章主要对人体工程学的基本概念进行了介绍。通过对人体工程学的发展历史、研究对象和目的、定义、主要研究内容及研究方法等方面的学习，帮助读者充分认识人体工程学，为后面的学习奠定基础。

CHAPTER 2
数字世界——人体与尺寸

本章主要对人体尺寸的基本概念进行了介绍。通过对人体尺寸、人体活动、人体重心、人体施力、人体作业效率等方面的学习，帮助读者充分认识人体与尺寸，为后面的学习奠定基础。

CHAPTER 3
工作与生活——人体与家具

本章主要对人体与家具的基本概念进行了介绍。通过对工作面的高度、座位的设计、卧具的设计及休闲文化等方面的了解和学习，帮助读者充分认识人体与家具的关系，为后面的学习奠定基础。

CHAPTER 4
对话与窗口——人体的感知觉系统

本章主要对人体感知觉系统的相关概念进行了介绍。通过对人和环境的关系、感觉和知觉、视觉与视觉环境设计、听觉与听觉环境设计、触觉和触觉环境设计这几个方面的介绍，帮助读者充分认识人体的感知觉系统及其与环境设计的关系，为后面的学习奠定基础。

CHAPTER 5
内在与外在——人的心理行为和文化生活

本章主要对人的心理行为和社会生活的基本概念进行了介绍，通过对人的心理、行为与环境、心理与空间环境、行为与空间环境、无障碍设计等方面的学习，帮助读者充分认识人的心理行为和文化生活。

CHAPTER 1

科技与使命——人体工程学概论

本章主要对人体工程学的基本概念进行了介绍。通过对人体工程学的发展历史、研究对象和目的、定义、主要研究内容及研究方法等方面的学习，帮助读者充分认识人体工程学，为后面的学习奠定基础。

课题概述

本章主要介绍了人体工程学的基本概念。从人体工程学的发展历史、研究对象和目的、定义、研究内容及研究方法等方面，对人体工程学的概念进行了由浅入深地介绍。

教学目标

通过本章学习，使读者了解人体工程学的学科发展历史以及所应用领域，理解人机系统与人机界面，掌握人体工程学的概念和研究的主要内容。

章节重点

了解人体工程学的基本概念，熟知人体工程学的研究对象和目的、主要研究内容及其研究方法。

Logitech

中国航天

人与人、人与物之间的关系是个广泛的命题，是继“我们从哪里来，向何处去？”之后，始终伴随人类成长发展的哲学来思考。人类文明的发展历程一直没有停止对自然、人类自身以及周边事物的研究和探索（见图1-1）。

欧洲文艺复兴运动后，人性的解放导致了思想上的自由和创造力的释放，工业革命又使人类的生产力大大提高。经过几百年的探索和努力，西方社会的经济模式对造物的关注早已上升到哲学和文化的层面，“设计”的观念对人类生产、生活以及精神文明影响的程序越来越深，范围也越来越广，设计已经深入到人们生活的方方面面、千家万户。无所不包、无所不创的社会大环境导致了“设计文化”的诞生和发展（见图1-2）。

而在我国，一方面，大量的商品（人工产品）极大地丰富了我们的物质生活，人与物、人与人的关系催生了新的精神追求，而生活方式的调整和改变使我们不得不从文化的角度去重新审视我们自身和世界。通过比较，我们意识到了和发达国家的差距，从而不断调整认识和发展方向，努力缩小差距，紧跟时代步伐。我们必须清醒地认识到，科技在中国的经济发展中仍然是第一生产力。在“科学发展观”的治国方针下，尊重科技，与外来文化的交流仍然是对外开放的重要内容和举措。

另一方面，我们对祖辈留下来的传统文化进行重新的审视和发扬，尤其是要重视延续了千余年的儒学“人本”思想。在“设计文化”影响下的中西方国家不约而同地意识到早在两千多年前的古代中国，一位伟大的思想家、教育家和政治家孔子所开创的儒家思想在当代的社会环境下仍闪耀着智慧的光芒。这位东方古国先哲的哲学不但深深地影响了后世的中国人，也影响了世界文明的发展，因此我们不难理解当今世界各地的儒学热，会看到美、法、日等发达国家，甚至是俄罗斯等东欧国家都成立了孔子学院（见图1-3至图1-4）。

无论设计文化的内容如何丰富，其思想核心都是“人”。如今，经济高速发展的中国提倡“以人为本”的执政观念，这不但是对儒学传统治国观念的发扬，也是中国跻身世界文明强国之位的一个标志。

图1-1 保尔·高更《我们从哪里来？我们是谁？我们往哪里去？》1897年

图1-2 被称为现代设计之父的威廉·莫里斯

图1-3 2004年在法国首都巴黎举行的全法汉语教学研讨会（来源：中法文化年委员会）

图1-4 芝加哥一所学校的中文教师 资料图片（来源：人民网）

1.1 人体工程学简介

人体工程学起源于欧洲，形成和发展于美国，是全球进入工业文明背景下产生的一门新兴、多学科交叉的综合技术学科。

工业文明带来了先进的生产工具和飞快发展的科学技术，人类制造了许多先进的工具和设施来扩展自身的行为能力，然而人类的肢体从古到今并非有本质上的变化。工业的高速发展和人类体能之间产生了巨大的鸿沟，使人体与机械的关系更加复杂。高速运转的火车和飞机等现代交通工具使人类的神经反应不能适应，导致不能安全地使用。如：人体接受信号的肌肉反应为100~500ms，完成控制动作需要0.3~0.5s，反应时间总共需要0.5~1s，如果是以1800km/h速度飞行的飞机，0.6s就要飞300m。在这么快的速度下零点几秒的误差就会产生严重的后果。在1842年，英国基本实现工业化，然而英国工业区的劳动工人平均寿命比贵族缩短了一半，利兹劳工的平均寿命为19岁；利物浦劳工的平均寿命为15岁，而贵族为35岁；曼彻斯特劳工平均寿命为17岁，贵族为38岁。

人体工程学在欧洲被称为Ergonomics，这个名称是1857年由波兰教授雅斯特莱鲍夫斯基提出的，原意就是介绍工作的自然法则。它源于希腊文，由两个希腊词根组成，其中ergo表示“出力、工作”，nomics表示“规律、法则”的意思，因此，Ergonomics的含义也就是“人出力的规律”或“人工作的规律”，也就是说，这门学科是研究人在生产或操作工具过程中合理地、适度地劳动和用力的规律问题（见图1-5至1-6）。

一般来说，单凭人体工程（Human Engineering）的字义不足以表达其研究的内容。在国外，由于研究方向的不同，人体工程学产生了很多不同或意义相近的名称，如美国称为人类工程学（Human Engineering）或者人类因素工程学（Human Factor Engineering）；而欧洲则用生物力学（Biomechanics）、生命科学工程（Life-Sciences-Engineering）、人体状态学（Human Condition）、人机系统（ManMachine System）；日本称为“人间工学”，音译为“Ergonomics”；俄文中人体工程学的音译名为“Эргнотика”。在我国，所用名称也各不相同，有“人类工程学”、“人体工程学”、“工效学”、“机器设备利用学”和“人机工程学”等。总之，各国国情不同，人体工程学所包含的内容也不同，其意义也有所差别。为便于这个学科发展，统一名称是势在必行的。

现在在国内对其称呼主要有“人体工程学”和“人机工程学”两种，“人体工程学”多用于室内外环境设计、建筑设计、家具设计等领域；“人机工程学”多用于机械工程、工业设计等领域。为了避免学科差异所形成的误解，本书以“人体工程学”来命名。

几十年来，随着这门学科的不断发展，其强大的应用性和适应性给世界工业大生产带来了巨大的贡献，同时使其也面临着挑战。科技的发展使今天的人类到达了许多远古时期不能去的地方（太空、极地、海洋、高山等），人们如何在这些特殊环境中生存和工作？人类的生产和生活活动同样产生了各种特殊环境（如高温、高压、噪声等），人们又如何适应这些极端环境？人

图1-5 1825年，英国人斯蒂芬森发明了蒸汽机车

图1-6 工业革命早期的织布车间

类工业文明的副产品——环境污染，至今仍然是一个无法回避的全球性问题。随着人类社会脚步的迈进，人口危机、资源危机、生态危机、战争危机等一系列全球化的新问题都期待得到改善和解决。“路漫漫其修远兮，吾将上下而求索。”人体工程学任重而道远，需要越来越多的人了解这门学科。

在国内，人体工程学发挥着不可估量的作用，它是国内艺术设计学科中较为重要的基础课程，也是建筑设计、室内设计、景观设计和环境艺术设计等专业的基础课程。无论是当代中国“以人为本”的治国理念，还是全球化背景中的儒家智慧，都会在人类发展的前提逐步地实施和体现（见图1-7）。

1.2 人体工程学的发展历史

人类在生存和发展的过程中一直不断地改善自己的生活质量和劳动技能，尽管上古时代不可能像今天这样对生产生活采用科学的研究方法，但在人们的创造与劳动中，人体工程学已经有了萌芽，如新石器时代的打磨器比起旧石器时代的砍砸器使用起来就更方便、更适手，类似这些问题都是人体工程学要研究的范畴（见图1-8至图1-9）。

1.2.1 人体工程学的萌芽

我国在人与工具、人与空间环境之间的规律性研究方面有着悠久的历史。中国周代、秦代的青铜器、车马器等生产工具，其构造、尺寸、形制都和人们实际使用、操作方式紧密联系。春秋时期的《周礼·考工记》对于制作各种工具及车辆有这样的论述：“所谓轮六尺有六寸天下制也。轮过于崇则其亦过于四尺矣，故轸为太高而人力所不能登轮。或已庳则其轸亦不及四尺亦，故轸为天下，而马之力又所不能引，人不能登则力怠，马不能引则常若登阪，而倍用基力，此非

图1-7 长二捆卫星发射

图1-9 新石器时代的磨制石器

图1-8 旧石器时代砍砸器的演变

车之善也……六尺六寸之轮，轵高三尺三寸也，加轸与轐四尺也，人长八尺登下以为节。”这段文字详细说明了在马拉车辆的制作中，尺寸如何按照人的尺寸设计车轮结构，以保证其宜人性，并使马的力量得以很好地发挥（详见图 1-10 至图 1-12）。

《考工记》还记载了周朝的都城制度：“匠人营国，方九里，旁三门，国中九经九纬，经涂九轨，左祖右社，面朝后市。”（见图1-13）。这样中规中矩的造城理念，符合当时人们的社会行为和生活习惯，并方便人们在城中的各种活动。

明清时期，南方的“天井院”也是为适应当地人的起居生活而出现的，它的三面或四面围以楼房，其中正房一般为三开间，一层的中央开间称为堂屋，是家人聚会、待客、祭神拜祖的地方。正房朝向天井并且完全敞开，便于室内采光和通风，各面房顶的排水系统都会围绕天井院分布（见图1-14）。

由此看来，古代的建造原则与今天人体工程学的宗旨是一致的，以达到人类使用的安全、高效、舒适为目的。

1.2.2 人体工程学的形成和发展

从某种意义上说，人类技术发展的历史也就是人体工程学发展的历史。自从英国工业革命以来，由于手工业的工业化，促使生产线作业普遍发展。虽然当时的生产线大大提高了工作效率，却形成操作过程单调、反复的特点。例如，英国1840年生产的机床只考虑机器的自身功能，而忽略人的高度与手臂的长度。除此之外，现代社会中铣床和炼铁、炼钢、煤矿开采和货物的吊装等设备在使用时都存在着极大的隐患。这些简单的事实告诉人们，机械为人支配和使用，应该适应人的要求。设计任何设备系统都不能仅着眼于机械和设施本身，而是要充分了解使用者是否能方便、安全、自由、正确地使用。

1. 人体工程学的诞生

美国工程师F.W · 泰勒（Fre-derick W. Toylor）

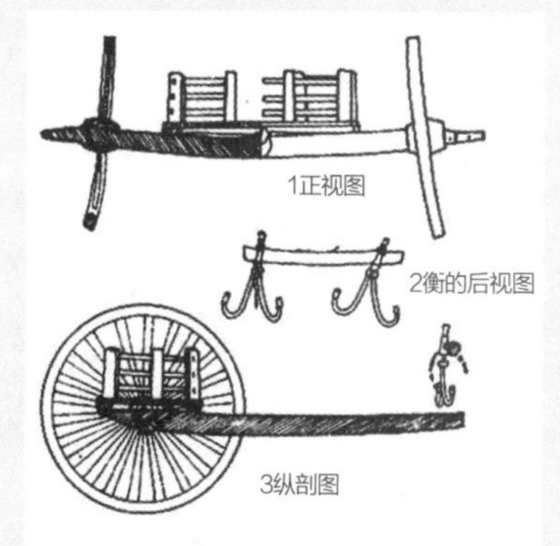

图1-10 商周时期战车

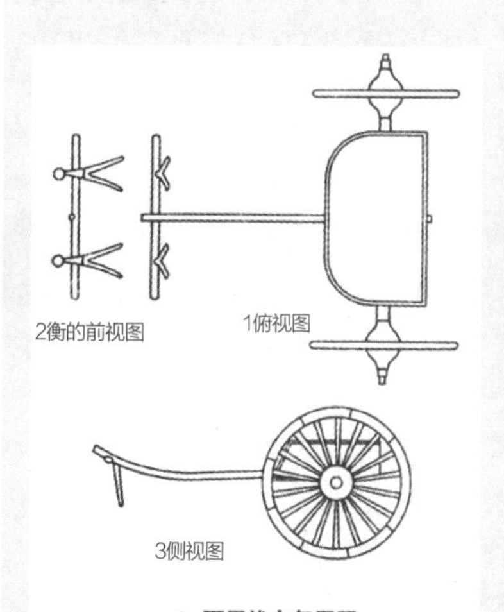

图1-11 山东省胶县西庵出土的西周战车复原图

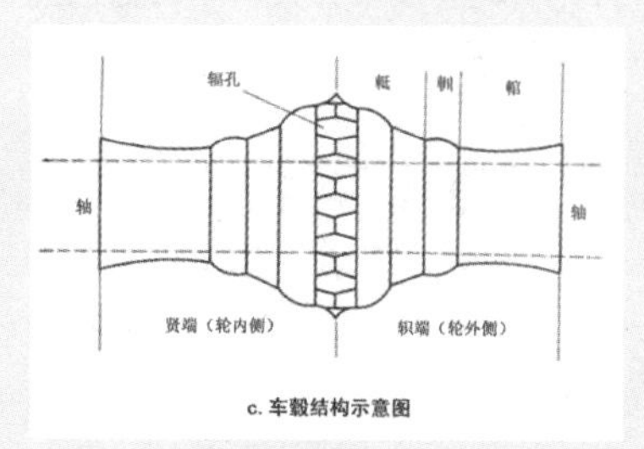

图1-12 车毂结构示意图

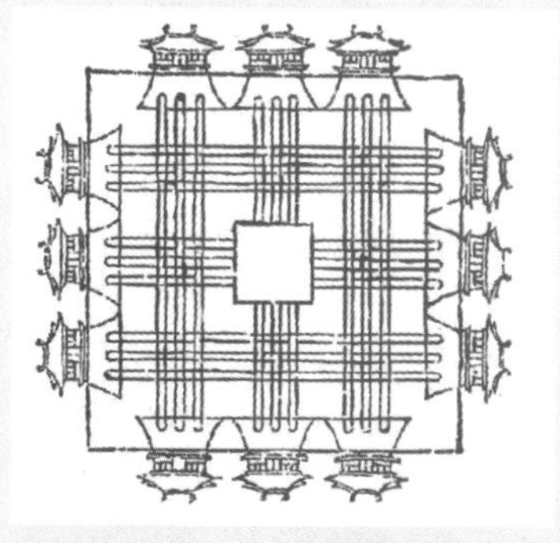

图1-13 宋代聂崇义《三礼图》中的周朝王城

图1-14 明代徽州传统民居内天井

在1898年进行的著名“铁锹作业实验”中，有三个专题较为突出。专题一是把每锹分别能铲煤6lb、10lb、17lb和30lb的4种铁锹交给操作工使用，比较这些操作工在每个班次8小时里的工作效率。结果他们的工效有明显的差距，其中使用10lb铁锹的工效为最高。这是关于合理利用体能的最早科学实验；另一个专题是对比操作工各种不同的操作方法、操作动作的工作效率，这是关于合理作业姿势的最早科学研究；第三个也是最重要的专题是关于作业时间方面的，例如每挥铁锹一次需要多少时间？一个“一流工人”每个班次能完成多少工作量？在其后的多年里，泰勒等人将这些研究进一步发展，并将其统称为“时间与动作研究”（Time ans Motion Study）这个研究成果成为了人体工程学诞生的先驱。除此之外，吉尔布雷斯夫妇（Frank and Lillian Gibreth）的“砌砖作业实验”等多项研究也为人体工程学的诞生提供了科学基础。砌砖作业实验是用摄影机把工人砌砖作业的过程拍摄下来，进行详细分解分析，精简所有不必要的动作，并依据分析精简的结果来规定严格的操作程序和动作路线，来规范工人操作方式，提高效率。他们合著的《疲劳研究》（Fatigue Study）（1919年出版）被认为是美国“人的因素”方面研究的先驱。

人体工程学作为一门独立的学科只有很短的历史，它产生于上个世纪50年代。正式建立的时间是在第二次世界大战期间尖锐的军械问题。当时的美国军方发展和投资了大量威力强大的高性能武器，期望以技术的优势来取得战争的胜利。然而由于过分地注重武器的性能和威力，忽略了使用者的能力与承受极限，出现了飞机在战斗中操纵不灵活、命中率低等意外事故，美国飞机频繁的事故已经成了当时军方最大的难题。后经调查发现，飞机高度表的设计存在很大问题。高度表对于飞机的操控非常重要，但当时的高度表将三个指针放在同一刻度盘上，这样一来要迅速读出准确值就非常困难，因为人脑不具备在瞬间同时读三个数值并判断每个数值含义的能力（见图1-15）。后来把高度表改成一个指针，消除了类似事故发生的隐患。

由此，只关心设计机械的工程师们感到人的因素在应用科学的研究中非常重要，各国科技界便有了这样的认识：“器物设计必须与人体解剖学、生理学、心理学条件相适应。”于是有一些科学家转向了对人与复杂工作系统之间协调问题的研究。这些人包括行为学家、心理学家、生理学家、人类学家和医学家。他们建立了人体工程研究机构，对有关人类的生理学、心理学、社会学、功效学、物理学及其他应用科学进行了研究，将人的自身条件与物理原则结合起来，应用到兵器的设计上，从而成为一门新兴科学。

1949年，A.查波尼斯（A. Chapanis）等三人合著出版了《应用试验心理学——工程设计中人的因素》（Applied Experimental Psychology: Human Factors in Engineering Design），该书总结了第二次世界大战时期的研究成果，系统地论述了人体工程学的基本理论和方法，为人体工程学作为一门独立的学科奠定了理论基础。二战结束后，专家们将人体工程的体制及各项研究成果广泛地应用到了产业界，以追求人与机械的合理化。

2. 人体工程学的发展

直到20世纪五六十年代，人体工程学的研究和应用还主要局限于军事工业和装备方面。而随后的几十年，人体工程学迅速地延伸到民用品等更为广泛的领域，其中包括家具、电器、室内设计、医疗器械、汽车与民航客

1lb=0.45359237kg

飞机驾驶舱的仪表盘

国产轻型飞机仪表——高度表

图1-15 美国二战时期军用飞机

机、飞船宇航员生活舱、计算机设备与软件、生产设备与工具、施工与债还分析、消费者诉讼分析等各个方面。人体工程学的运用已经成为工程设计、产品造型等相关领域的竞争焦点之一。

在此期间，人体工程学的思想在不断地发展，出现了一批相关的学术团体和著作。1957年，E.J.买米考来克发表的《人类工程学》（Human Engineering）是第一部关于人体工程学的权威著作，标志着人体工程学研究已进入成熟期。以前是先设计机械，后训练人去操纵；现在是根据人体尺寸来设计机械。如果不能遵循这样的原则，机械文明的飞快发展对人来说没有任何意义。

由于人体工程学在这个阶段主要研究人与机器的关系，因此也称为人机工程学。

1960年，国际上成立了国际人体工程协会（IEA），1961年在斯德哥尔摩举行了第一次国际人体工程学会议，1975年成立了国际人体工程标准化技术委员会（ISO/CT-159），颁布了《工作系统设计的人类功效学原则》（Ergonomic principles in the design of work systems），这标志着人体工程学进入科学规范化时期。

不同的时代，不同的技术主角所产生的问题也不同，因而对人、机、环境三者关系的研究也在不断发展。工业时代，人体工程学研究的主要内容是人体尺寸、施力、人对物理环境的适应能力等。进入电子时代后，人体工程学所面临的新问题是人的劳动技能与学习能力。到了信息时代，对人的信息接收能力和处理能力的探索又成为新课题。后工业时代，工业化所带来的一系列环境问题、生态问题以及社会问题是人体工程学面临的最大的挑战。因此，人体工程学研究内容也将随时代的发展而不断发展。

3. 中国人体工程学的发展

作为一门新兴学科，我国的人体工程学是在20世纪60年代国防科委结合飞机设计的一些实验项目而起步的。直到70年代末，人体工程学课程和研究课题才逐渐地在个别大学及研究机构建立起来。1981年，由中国科学院心理学研究所和中国标准化综合研究所共同建立了中国人类功效学标准化技术委员会，并与国际人体工程标准化技术委员会（CIEA）建立了联系。进入21世纪以来，我国的人体工程学研究迅速与国际接轨，并在国民经济与国民生活中发挥着重要的作用（见图1-16至图1-20）。

1.2.3 学术团体和专业教育

自二十世纪五十年代，世界各国相继成立了自己的人体工程学学会和学术研究团体。目前，

图1-16 二十世纪五六十年代的家具

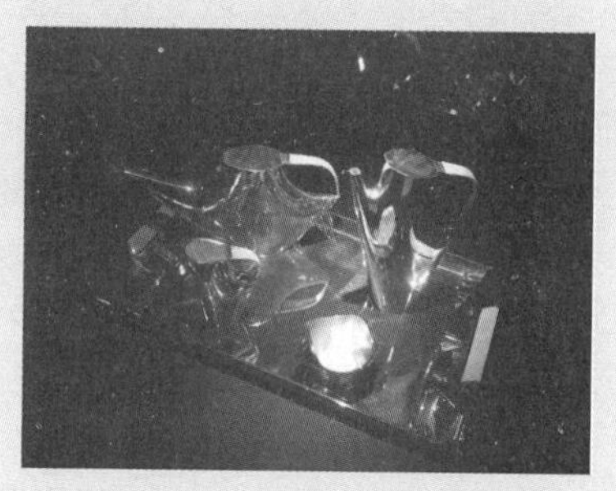

图1-19 二十世纪五六十年代的工业产品咖啡壶

图1-17 二十世纪五六十年代的工业产品水壶

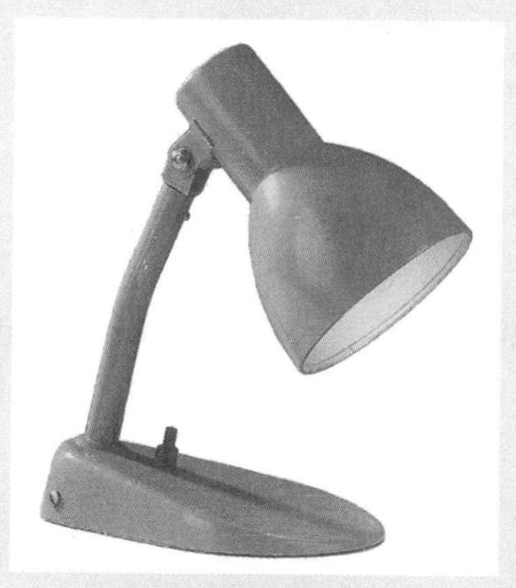

图1-18 二十世纪五六十年代的工业产品台灯

图1-20 二十世纪五六十年代的工业产品座椅巴塞罗那椅

国际人体工程学学会已成为一个重要学术研究组织。

1. 人体工程学学术团体及主要活动

以英、美国家为开端，人体工程学的研究活动在世界各地如雨后春笋般的广泛开展和传播，影响力巨大。

（1）世界各国的学术团体及活动

世界上最早建立的人体工程学学术团体是英国人体工程学会，成立于1950年。随后世界各国相继成立了各自的人体工程学学会，如1953年的联邦德国，1957年的美国，1962年的前苏联，1963年的法国，1964年的日本。随着时代的发展，当今世界上工业和科技较发达的国家都建立了本国的人体工程学学术团体。而在这其中，英国对人体工程学的发展贡献最为显著，在1957年由英国国家人体工程学会发行了《ERGONOMICS》会刊，美国是投入人力和经费最多，研究成果、数据资料最多的国家。不仅发行会刊，还出版书刊、发布专利。原因在于20世纪的冷战年代，为了军备竞赛，主要在武器装备设计研制和军事人员选拔训练两个方面较为突出。据统计，1971年美国有4400多人从事人体工程研究，其中直接属于军事部门的人员就有850名。

（2）国际人体工程学学会

国际人体工程学学会（IEA，也译作国际人机工效学会、国际人类工效学会）成立于1960年。1961年协会在瑞典的斯德哥尔摩举行了第一届国际人体工程学会议。此后，人体工程学国际会议每三年举行一次，先后在德国、英国、法国、荷兰、美国、波兰、日本等国家举行过。其中，我国学者首次应邀参加的是于1982年8月在日本东京举行的第八次会议。

（3）国际人体工程学标准化技术委员会

1975年，国际人体工程学标准化技术委员会（代号ISO/CT-159）成立，这是国际标准化组织（Intertional Satandardization Organization，简称ISO）的一个下属组织。颁布了《工作系统设计的人类工效学原则》（Ergonomic principles in the design of work systems）标准，这标志着人体工程学进入科学时期。

（4）中国的学术团体及活动

中国人类工效学学会（CHINESE ERGONOMICS SOCIETY，简称CES）成立于1988年12月。这是我国与IEA对应的国家学术团体，也是中国科学技术协会下的一级学会。该学会自成立以来已组织了多次学术会议，并协同国家技术监督局共同制定了数十个人体工程学国家标准，对人体工程在我国的发展做出了贡献。

我国在其他一级学会或行业部门中，也设有人体工程学方面的学会或专业委员会。如在机械工业系统中，于1980年成立了工效学学会；冶金工业系统中于1985年成立了人机学会；工业设计协会于1985年也成立了人机工程学专业委员会；系统工程学会于1993年成立了人—机—环境系统工程委员会。虽然我国的人体工程学起步较晚，但经过20多年的快速发展，已经取得了一系列有价值的应用成果。与此同时，中国人类工效学标准化技术委员会制定人体工程技术的进展良好，已经制定、发布了几十个人体工程学的技术标准。

2. 人体工程学的专业教育

在国际上，许多专业领域的高等院校中都开设了人体工程学课程，如机械工程、工业设计、航天航空、车辆设计、交通工程、环境工程、室内外环境设计等。同时人体工程学也被作为这些专业的硕士、博士学位的一个研究方向。在我国，高等院校中开设的人体工程学课程的情况与国际上情况基本类似。而且，目前已有一些院校和研究院所设立研究人体工程学方面的博士学位，主要突出成果是在机械设计和工业设计方面有关人机界面的研究上。

1.3 人体工程学研究的对象和目的

从人类文明的诞生起，就一直试图去了解自然和改造并利用自然。因此，人体工程学研究目的就是创造出更加舒适、安全、高效的生活和工作环境，使人和环境和谐相处。

人体工程学的研究对象是“人”和“环境”之间的关系。确切的说，是运用生理学、心理学和其他相关学科知识来研究“人-机-环境”系统的优化问题。当然这里的“机”是相对广义的概念，可以是具体的机器（产品、设备），也可以是人和环境交流的载体（如建筑、家具、设施），这里我们统称为“界面”。简要地说，人体工程学的研究对象是人机界面。

1.3.1 人机系统

人机系统是人与机器构成并依赖于人机之间相互作用而完成一定功能的系统。人机系统的内涵是人与机器协同去达到目标、完成任务。由于环境条件常常影响着人机系统的工作情况，研究者把环境这个在整体中起作用的部分与人机系统结合起来，形成“人-机-环境”系统。

如前文所述，这里的“机”是广义的概念。因此，人机系统既可能很小很简单，也可能很庞大很复杂。简单的人机系统，如农民使用镰刀收割庄稼；木工用锯木料；工人开起重机、开机床；人骑自行车、摩托车以及驾驶汽车、飞机时，都各自构成了一个人机系统。而复杂的人机系统往往由多人、多机所构成，包含许多单独的人机系统。如纺织厂一条生产线的数百人、数百台设备；实施航天飞行的庞大组织机构；大型集团公司的办公系统；企业的储运系统等等，均是复杂的人机系统（见图1-22）。

1.3.2 人机界面

人机界面是指人与机器发生作用的交互界面。它是系统和用户之间进行交互和信息交换的媒介，它实现了信息的内部形式与人类可接受形式之间的转换。它是人机系统研究的核心内容。

今天人类的生活片刻也离不开机器，此时与机器的和平共处比任何时候都更显重要。但凡参与人机信息交流的领域都存在着人机界面，人机之间的信息沟通是在人机界面上实现的。

人机界面通常可以分成机器显示器和人的感觉器官（眼、耳、鼻等）之间的界面，以及人的效应器官（手、足等）和机器控制器之间的界面两种。显示器是人机界面的重要组成部分，其功能是向人提供各种相关的信息，一般分为视觉、听觉、触觉和嗅觉等类型。控制器是人机界面中另一个重要组成部分，其功能是将人的有关控制信息传递给机器，最常见的控制器是人体的手、足控制器和语言控制器。

在图1-22人机系统的工作过程中，人的感觉器官会在接收到已转换成某种标志或图像形式的机器加工过程，或被控对像状态的信息之后，将其传递到大脑。大脑对已感知到的各种信息进行加工、解释，转化为实际状态的信息，并把它与预期的结果进行比较、分析之后，做出决策、发出指令信息。根据这些指令，人类肢体效应器官作用于机器控制器，将人的输出信息转换成机器的输入信息。机器对输入信息进行加工，并通过显示器将机器加工过的信息反馈给人。这样，操作人员就可以不断地对机器工作状态加以调整、控制，最终完成指定的系统操作。

设计精巧的人机界面装置能够让人感觉不到是它赋予给人巨大的力量，此时人与机器的界限彻底消失，人通过机器与技术合为一体。以下10种产品被专家们称为是上世纪最伟大的人机界面装置：扩音器，这是作为具有个性魅力的公众人物与大众沟通的重要工具，在电影院里，所营

图1-21 纺织厂的人机系统

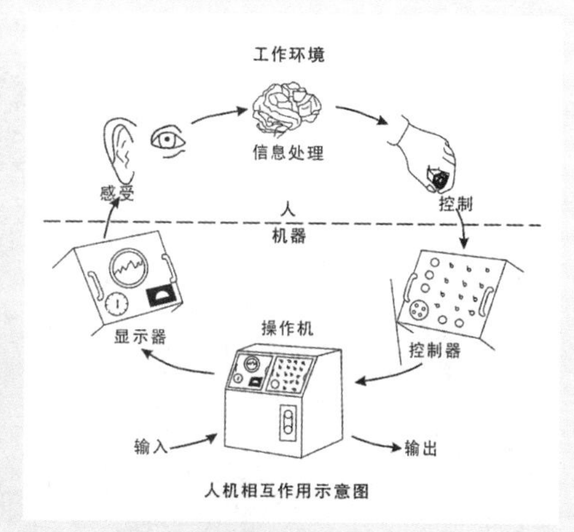

图1-22 人机系统相互作用示意图

造的有声世界将观众们带入一个全新的视觉享受（见图1-23）；电话，美国电话电报公司在1963年11月正式开通的按键式电话业务，开创了语音数据通信的新时代（见图1-24）；汽车方向盘系统，它为驾驶者带来一种可操控的安全感（见图1-25）；磁卡在食堂就餐，商场购物，乘公共汽车，打电话等场合要使用它，这极大的提高了人们的生活和工作效率；公路交通的红绿指挥灯；手持遥控器，人们将它从一个频道换到另一个频道体验电视带来的多元信息；阴极射线管（CRT）显示器，使电视机和计算机屏幕可向人们展示容量庞大的可视信息，可以与之互动、交流

图1-23 电影院的音响世界

图1-24 早期的按键式电话

图1-25 汽车方向盘系统

图1-26 早期电视机的阴极射线管（CRT）显示器

图1-27 早期的电脑

（见图1-26至图1-27）；液晶显示器，它的发明使得人们可以将显示器随身携带，有力地推动了笔记本电脑、微型电视机和便携式DVD播放机的发展（见图1-28至图1-32）；鼠标、图形用户界面的发明，减轻电脑操作者的记忆负担，并创造了一个良好的操控视觉空间的机会，也使计算机于发展成为一种交互场所（见图1-33至图1-35）；条形码扫描器，它利用激光读取大量信息，得到准确的扫描结果，例如所售商品的类型、时间和组合，大大提高了供应链的通信效率。

其中，鼠标的诞生是人机界面技术领域中的重大发明，它的出现奠定了技术改进基础。键盘从键数、布局到功能等经历了各种变化，鼠标也经历从机械鼠标到光学定位技术的鼠标发展过程。后来出现的基于人体工学设计的键盘和无线鼠标也受到了用

图1-28 在茶几中嵌入显示器的用户界面

图1-33 鼠标图形用户界面

图1-29 Immersion公司拥有的触摸技术引入

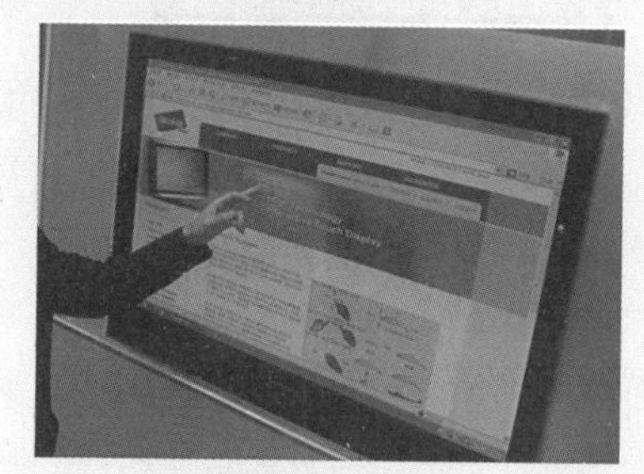
图1-30 全新液晶触摸屏人机交互界

图1-34 罗技公司的人体工学鼠标

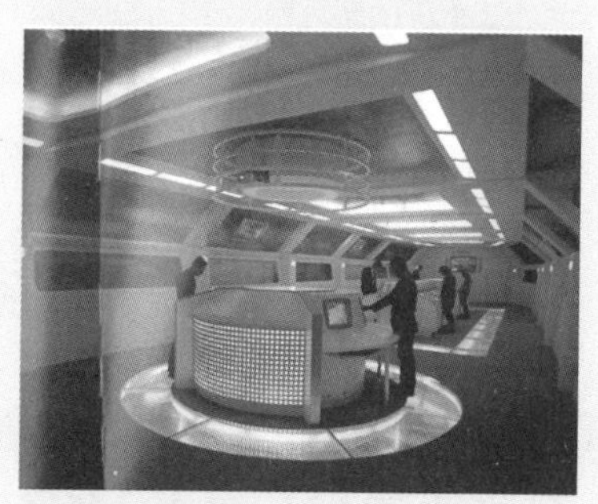
图1-31 人机交互界面之一

图1-32 人机交互界面之二

图1-35 微软的人体工学键盘4000

户的欢迎。

有关人机界面的定义，目前尚未完全统一。除了把机器上实现人与机器相互交流、沟通的显示器、控制器以及机器上与人的操作有关的实体部分称为人机界面外，有些学者认为，人机系统所处的环境条件，如照明、振动、噪音、工作空间、小环境气候以及生命保障条件等，也作用于人的生理、心理，并对系统功能的实现有一定影响，因此也应称为人机界面。

1.3.3 人体工程学与其他相关学科的关系

自20世纪50年代，人体工程学作为一门综合性的应用学科，已经有了较短时期的独立发展，并与其他不同领域的学科相互渗透、相互交叉。这些学科与人体工程学都有着必然的联系。其中主要的有解剖学、生理学、心理学、人体测量学、人体力学、社会学、系统工程学等。同时，一定程度上还吸收了管理科学、劳动科学、安全工程、技术美学等方面的知识。人体工程学正是与这些学科相互渗透，相互联系，形成了独立的基础学科。

1.3.4 人体工程学的应用领域

目前，人体工程学应用的领域非常广泛，主要表现在各类工程设计、人机界面设计、空间设计、工业设计（产品设计）、机械设计、视觉传达设计、室内外环境设计、建筑设计、公共设施设计等。

人体工程学的理论知识、数据资料一直都在影响着我们的工作、学习和生活。例如大学校园寝室床、柜、桌、椅，教室课桌、椅和黑板，水房、浴室、餐厅、超市、网吧、实验室、图书馆，运动场，公交车、博物馆、展览馆的展柜布置等都要考察到人体工程学的问题。对它的研究可以具体到门把手的位置和造型、通道的高度和宽度、室内房间的开关位置、客厅里沙发上的靠垫、公园里休息座椅的造型、道路交叉口绿化的“安全视距”以及依据小轿车驾驶司机的视高来制定绿化植物的高度范围等等。可以说，人体工程学已经与我们的生活息息相关，并具有重要作用，同时也告诉我们，在日常生活中要学会发现和探索人体工程学潜在的深度和广度。

1.4 人体工程学的定义

作为一门在实践中不断更新发展的应用学科，人体工程学目前尚无统一的定义。

著名的美国人体工程学专家W.E.伍德森（W.E.Woodson）认为：人体工程学研究的是人与机器相互关系的合理方案，亦即对人的知觉显示、操纵控制、人机系统的设计及其布置和作业系统的组合等进行有效的研究，其目的在于获得最高的效率和操作作业时安全和舒适的感受。

前苏联的学者将人体工程学定义为：人体工程学是研究人在生产过程中的可能性、劳动活动方式、劳动的组织安排，从而提高人的工作效率，创造舒适和安全的劳动环境，保障劳动人民的健康，使人从生理上和心理上得到全面发展的一门学科。

国际人体工程学会（International Ergonomics Association，简称IEA）将其定义为：人体工程学是研究人在某种工作环境中的解剖学、生理学和心理学等方面的依据因素，研究人和机器及环境的相互作用，在工作、生活和休假时怎样统一安排工作效率、健康、安全和舒适等问题的学科。

《中国企业管理百科全书》中对人体工程学所下的定义为：人体工程学是研究人、机器、环境的相互作用及其合理结合，使设计的机器和环境系统适合人的生理、心理特点，达到在生产中提高效率、安全、健康和舒适的目的的学科。

尽管各国学者对人体工程学所下的定义不同，但在下述两方面却是一致的：一是人体工程学的研究对象是人、机、环境的相互关系；二是人体工程学研究的目的是如何达到安全、健康、舒适和工作效率的最优化。

人体工程学是一门技术科学，技术科学是介于基础科学和工程技术之间的科学类型。人体工程学强调理论联系实际，重视科学与技术的全面发展，它从基础科学、技术科学、工程技术这三个层次来进行探讨。

与人体工程学有关的基础科学知识主要包括现代生理、心理学、医学、系统工程、人类学、社会学、行为学和管理学等等。在工程技术方面，人体工程学已广泛运用到各行各业。除此之外，从各门学科之间的横向关系看，人体工程学的最大特点是联系了关于人和物的两大类科学，试图解决人与机械、人与环境之间不和谐的矛盾。

既然人体工程学是研究“人-机-环境”中三大要素之间的关系，为该系统中人的效能、健康问题提供理论与方法的科学，这里需要对定义中提到的几个概念做出以下解释：

1. 在人、机、环境三要素中，“人”是指作业者或使用者。人的生理、心理、行为特征以及人适应机器（尤其是人工机器）和环境的能力都是基础研究课题。但当人文环境面对不断破坏的自然环境时，人类的自觉、自律能力上升为当代更重要的研究课题。“机”原指机器，但比一般技术术语的意义要广泛，它包括人操作和使用的一切产品和工程系统。“机”的外延随时代的发展会越来越广泛，其内涵也反映出更深层次的人文追求。只有内涵和外延的和谐统一，才能在当代反映出“环境和谐型”的共同特质。“环境”是指人们工作和生活的环境（也包括自然环境），例如空气、噪声、照明、温度、空间及设施等物理和化学环境以及经济、政治和文化等社会环境因素对人的工作和生活的影响是研究的主要对象。

2.“系统”是人体工程学里最重要的概念和思想人体工程学不是孤立地研究人、机、环境这三个要素，而是从系统的总体高度，将它们看成是一个相互作用、相互依存的整体，而这个“系统”本身又是它所属更大系统的一个组成部分。人体工程学不仅从系统的角度研究人、机、环境三要素之间的关系，也从系统的高度研究各个要素。因而人体工程学需要不断地从其他学科中吸取大量的知识来充实自己，以适应社会发展的需要，跟上时代的步伐。

3.“人的效能”主要是指人的作业效能，即人按照一定要求完成某项作业时所表现出的效率和成绩一个人的效能取决于工作性质、人的能力、工具和工作方法；人的效能也取决于人、机、环境三个要素之间的关系是否得到妥善处理。在当代可持续发展的主题下，后者的重要性更为突出，在三要素中，环境要素所带来的新问题更为迫切，以不牺牲环境（尤其是自然环境）为前提的发展才能真正体现出“人的效能”。

4.“人的健康”包括人的安全和身心健康近几十年来，人们发现心理因素能直接影响生理健康和作业效能，并且也越来越受到各国的广泛重视，而生理健康和心理健康是人类行为健康和社会良性发展的基础和保证。因此，人体工程学不仅要研究某些因素对人生理的损害，而且要研究这些因素给人心理和行为带来的损害。

1.5 人体工程学研究的主要内容

人体工程学研究的主要内容大致分为三方面：

1. 系统中的人 它包括:人体尺寸、人的运动能力、人的信息感受和处理能力、学习的能力、人的物质和精神需求、人对各种环境的感受性和自觉性、环境对人体能及身心的影响、人对刺激的反射及反应形态、人的文化习惯与差异、人的个体差异等。人体工程学在解决系统中人的问题上主要有两条途径：

（1）机械、环境适合于人；

（2）通过最佳的训练方法使人适应于机器和环境。

任何系统按人体工程学的原则进行设计和管理，都必须同时从这两方面考虑。

2. 系统中由人使用的机械部分如何适应人的使用这些部分包括三大类：

（1）视觉界面：仪表、信号、显示屏等；

（2）操控器：各种机具设备的操纵部分，如开关、旋钮、踏板、把手和键盘等；

（3）机具：工具、设备等和人的生产生活息息相关的设施。

3. 环境控制主要指如何使普通环境（照明、温度、湿度、噪声等）、特殊环境（高温、高压的工作间、宇宙飞行器、具有辐射、电磁波的场所等）适合人。当今全球环境控制的主要任务是对人工环境的治理和自然环境的保护。

以上三方面内容所形成的系统也称为人机界面，人体工程学的三要素对物质、能量和信息的传输和反馈就是通过人机界面来完成的。人机界面既是上述三方面内容的互动平台，也是三方面内容的优化平台。

我们在进行人体工程学研究时要遵循以下的原则：

（1）以人为本的原则。物理法则在人体工程学中适用，在机械效率上要遵从物理法则，但在现实中处理问题应以人为主导。两者之间的调和法则是既保持人道又不违反自然规律。

（2）自然、文化兼顾原则。人体工程学必须了解人本身特征，除了生理，还要了解心理因素。人的生理结构源于上万年来人类祖先在大自然环境中的进化，生理属性深深地烙上了自然的印记。了解和尊重这些自然属性和生理特征是研究人体工程学时必须遵循的原则；而人在社会生活中是有心理活动的，具有社会属性，并且人的心理在时间和空间上是自由开放的，它会受到人的经历、社会传统和文化的影响，因此，人体工程学也必须对这些影响心理的因素进行研究。

（3）尊重环境的原则。首先，人-机关系并不是单独存在的，而是存在于具体的环境中。如果单独地研究某一要素，再把它们组合起来就不是在研究人体工学了，因为每个要素都存在于人-机-环境的相互依存关系中，分开讨论会不成系统，失去研究意义；其次，优化人-机关系的目的不仅是提高工作效能，还要带来更大的环境效益。因此，尊重环境的原则是人-机关系和谐共存的前提和保证。

1.6 人体工程学的研究方法

人体工程学的研究不仅广泛采用了与人体科学和生物科学等相关学科相类似的研究方法，也采用了系统工程、控制论、统计学等学科常用方法。为了探讨人-机-环境三要素之间更深层的关系，本学科也采用了新的研究方法，如人体测量法、询问法、观察法、模拟模型试验法和分析法等。

1.6.1 人体测量法

人体测量法是指在进行人体工学研究时，为了便于科学地定性定量分析，需要解决的第一个问题就是获得有关人体的心理和生理特征的相关数据。所有这些数据都要在人体上测量而得，因为我们生活和工作使用的各种设施及器具，大到整个生活环境，小到一个开关，都与我们身体有着密切的联系。它们如何适应人的使用，如何使用才会舒适，是否有利于提高效率，是否有利于健康，都需要依据人体的测量数据。那么，人体测量的目的就是为研究者和设计者提供科学依据。

人体测量法包括很多的内容，它以人体测量学和与它密切相关的生物力学、实验心理学为主，包括以下几个方面。

1. 形态测量：如对尺寸、体形、体积、体表面积等的测量；

2. 运动测量：测定关节的活动范围和肢体的活动空间，如动作范围、动作过程、形态变化、皮肤变化等；

3. 生理测量：测定生理现象，如疲劳测定、触觉测定、出力范围大小测定等。

人体测量的数据被广泛用于建筑业和制造业领域，用以改善设备适用性，提高人为环境质量。

1.6.2 询问法

询问法是指调查者通过与被调查者的谈话，评价被调查者对某一特定环境、条件的反应。这个方法需要具备丰富的沟通经验，并且要对询问的问题、先后顺序和具体的提法做好充分准备；对所调查的问题采取绝对客观的态度；对被调查者要热情关心，与其建立友好的关系。这种方法能帮助调查者整理思路，对了解一些容易忽视的细节问题特别有效。

1.6.3 实验法

实验法是在人工设计的环境中测试实验对象的行为或反应的一种研究方法。一般在实验室中进行，也可以在作业现场进行，具体包括人对各种仪表值的认读速度、误读率与仪表显示的量度、对比度、仪表指针和表盘的形状、人的观察距离、观察者的疲劳程度和心情等关系的研究。

1.6.4 观察法

观察法是通过直接或间接的观察，记录自然环境中被调查对象的行为表现、活动规律，然后对观察和记录的结果进行分析研究的方法。其优势在于能客观地观察并记录被调查对象的行为保证其不受任何干扰。根据调查目的，可采用恰当的方法进行，有时也可借助摄影或摄像等手段。

1.6.5 测试法

测试法是指根据研究内容，对典型生产生活环境中的人进行测试调查，收集那些在特定环境中的反应和表现，从中分析产生的原因和差异。测试法可根据实际情况采取个体测试、小组测试或抽样测试等不同方法。

1.6.6 模拟和模型试验法

模拟方法包括对各种技术和装置的模拟，对某些操作系统进行仿真的试验，可得到实验室研究外推所需要的更符合实际的数据的一种方法。例如训练模拟器、各种人体模型、机械模型、计算机模拟等。因为模拟器或模型通常比真实系统价格便宜得多，而又可以进行与实际相符合的研究，所以这种方法获得了较普遍的应用。

1.6.7 分析法

分析法是在上述各种方法中获得一定的资料和数据后采用的一种研究方法。目前人体工程学常采用如下几种分析法：

（1）瞬间操作分析法。

（2）知觉与运动信息的分析法。

（3）动作负荷分析法。

（4）频率分析法。

（5）危象分析法。

（6）相关分析法。

综上所述，针对环境艺术设计的专业特点，也可将人体工程学的研究方法运用到专业的学习铺垫和实际设计之中。

课后练习

1. 人体工程学在形成和发展过程中大致经历了哪几个阶段?
2. 人体工程学的研究对象、目的是什么?
3. 人体工程学研究的主要内容是什么?

CHAPTER 2

数字世界——人体与尺寸

本章主要对人体尺寸的基本概念进行了介绍。通过对人体尺寸、人体活动、人体重心、人体施力、人体作业效率等方面的学习，帮助读者充分认识人体与尺寸，为后面的学习奠定基础。

课题概述

本章主要通过人体尺寸、人体活动、人体重心、人体施力、人体作业效率等内容的介绍，对人体与尺度的概念进行了由浅入深地讲述和分析。

教学目标

通过对人体尺寸、人体活动、人体重心、人体施力、人体作业效率等方面的介绍，来学习人体与尺度的基本概念。

章节重点

了解人体与尺度及人体作业效率的基本概念，熟知人体尺寸、人体活动、人体重心及人体施力的数据及相关知识。

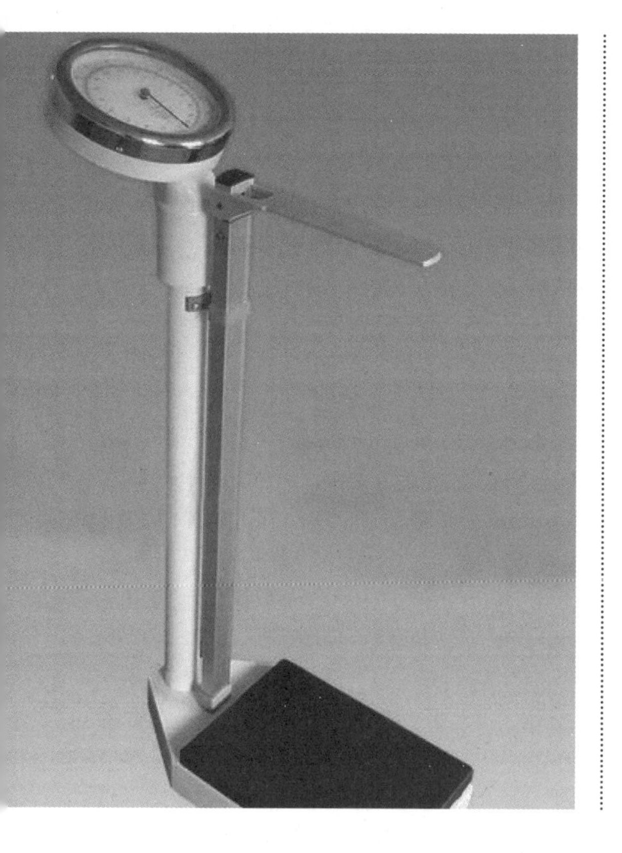

上古时期，中国人就用符号组成体系来描述宇宙中的万事万物（见图2-1），正如《周易》记述：“古者疱牺氏之王天下也，仰则观象于天，府则观法于地，近取诸身，远取诸物，于是始作八卦，以通神明之德，以类万物之情。”

公元前6世纪的毕达哥拉斯学派认为，数的秩序和比例不仅构成了宇宙万物，而且构成了宇宙的和谐。例如音乐的美，就是由不同长短高低的声音，按照数的比例关系所形成的和谐音律，整个宇宙就是一曲和谐的音乐。我们所认为的“美”就是从和谐中产生的，“美”是和谐与比例的融合，如“黄金分割1:0.618”、“多样统一”等形式观念上的美学，也是根据数的秩序提出来的。

图2-1 先天八卦图

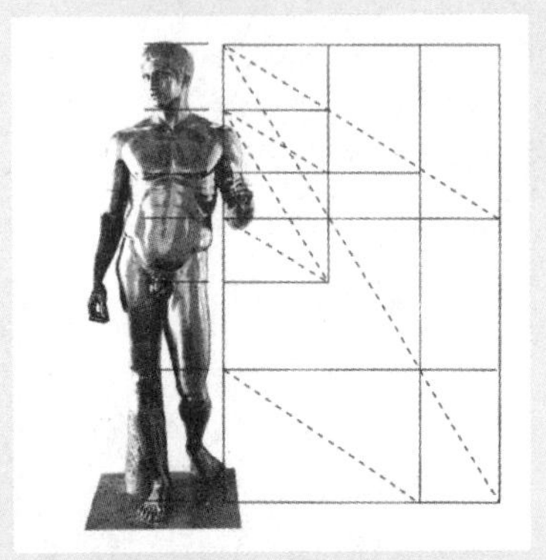
图2-2 人体比例和黄金分割比

希腊美学的主要特点是无所不包的和谐与规律，它主要的标志是表现人体比例和谐的美。希腊人为人类贡献了高不可及的古典美的理想典范，而这种古典美是与“数”的概念紧密联系在一起的。希腊人波留克列特斯写了《法则》一书，系统阐述了人体各部分的比例，提出头与人体的比例是1：7，后来这个数据成为人类身材范本中男士该具有的身材比例（见图2-2）；他还从力学的角度进一步解决了人体重心与各种动态之间的关系。普罗塔戈拉（约公元前481～公元前411）提出：“人是万物的尺度，是存在的事物存在的尺度，也是不存在的事物不存在的尺度。”将人置身于世界和社会的中心。

尺度是人类自身（包括肢体、视觉和思维）衡量客观世界和主观世界相关关系的一种准则，意味着人们感受到的空间效果，以及与人体体量相比较后的效果。尺度包括以下三方面的特征：一是人类认识自身及客观事物的一种方式；二是比较和差别是尺度的基础；三是具有无限多个层次。因此，人体尺度就成为空间设计、环境设计、家具设计等行业的一项基本参照数据。

针对环境艺术设计专业的要求，从人体工程学的角度来看，“机”的概念应该指人类生活的空间中所能够接触到并与人体产生关联的各种环境设施，其范围包含了建筑室内外环境中的一切供人使用的设备设施。在空间的规模层面上大到城市、村镇，小到街区、街道；在空间的主体层面上大到建筑、桥梁、道路，小到环境设施、环境小品；在空间的辅件层面上大到各类家具及与人关系密切的设施，（包括门窗、楼梯、照明、供暖、空调和通风设施等），小到栏杆扶手、把手、甚至是开关按钮，都属于“机”的范畴。

2.1 人体尺寸

尺和寸本是中国古代长度度量单位。今天的尺寸则代表量化的数值，数值表现出物体不同的长、短，远、近，大、小，高、低的空间体量。在现实生活中，我们使用的各种设施、设备都与我们的身体特征和尺寸有关。如空间的大小和形状、桌椅的尺度、设备的操作界面等，这些设施与人体的配合关系在一定程度上决定了工作的效率和工作场所的舒适度。

2.1.1 人体测量简史和方法

人体测量学是一门新兴的学科，它是通过测量各个部分的尺寸来确定个人之间和群体之间在尺寸上差别的学科。它虽然是一门新兴学科，但也有着悠久的历史渊源。

1. 人体测量简史

在历史上，人类很早就开始对人体尺寸和人体比例进行研究，时间大约可以追溯到两千多年前。在我国现存最早的医学典籍《内经 · 灵枢》的《骨度篇》

中，已有关于人体测量的记载和阐述。在西方，大约公元前6世纪，古希腊毕达哥拉斯学派在不断地用数学去发现和追求“美”的形式时，提出了曾被誉为人类“巧妙的比例”，并被染上各种神秘色彩的“黄金分割率”。这时期，位于古希腊雅典卫城中的帕底农（Parthenon）神庙是运用黄金分割最典型的代表作品。神庙从外形到建筑立面，柱式、门窗、石阶全部按黄金分割来建造，其中在建筑中的柱式是对人体比例最完美反映（见图2-3），揭示了古希腊人本主义世界观中一个重要的美学观点——人体具有最美的比例，是最美的事物。

公元前1世纪，古罗马建筑师马可·维特鲁威（Marcus Vitruvius Pollio）在总结了当时的建筑经验后写成了世界上第一部完整的建筑学著作《建筑十书》（The Ten Books On Architectyre），在这本书中他首次谈到：“最和谐的比例存在于人体，人体是最美的，因此建筑应该依照人体各部分的比例关系。”书中还总结出了人体结构的比例规律，从建筑学的角度对人体尺寸进行了较完整的论述，并且发现了人体比例基本是以肚脐为中心，一个男人挺直身体、双手侧向平身的长度恰好就是其身体高度，双手和双足的指尖正好在以肚脐为圆心的圆周上。按照马可·维特鲁威的描述，意大利文艺复兴时期伟大的先驱达·芬奇（Leonardo Di Ser Piero Da Vinci）创作了著名的人体比例图（见图2-4）。除此之外，维特鲁威还运用数学关系具体说明了古希腊早期的三种柱式各个部分的装饰和比例（见图2-5），不仅包括这些柱式的总体尺度、宽和高的关系，更深入研究到柱子凹槽的位置以及其他细节。

继他们之后，有许多哲学家、数学家、艺术家对人体尺寸大都从美学的角度进行了研究，积累了大量的数据，为人体测量学的诞生奠定了实践和理论基础。

从19世纪末到20世纪初期，为建立人体测量统一的国际标准，各国人类学家召开了多次国际会议，直到1912年在日内瓦召开的第十四届国际史前人类学与考古学会议上，这项工作基本完成。德国人类学家马丁（Martin）对人体测量学的贡献最为显著，在编著的《人类学教科书》（Theoretical Anthropology）（1914年发行第1版）中，详细阐述了人体测量的方法，成为世界各国沿用至今的人体测量方法的基础。

图2-3 雅典卫城帕底农神庙

20世纪初现代建筑先驱勒·柯布西耶发现将手举高折半正好等于脐高，这也是建筑设计中的一个重要尺度，称为柯布西耶模数理论。即，从人体尺度出发，选定下垂手臂、脐、头顶、上伸手臂四个部位为控制点，与地面距离分别为86cm、113cm、183cm、226cm。这些数值之间存在着两种关系：一是黄金比率关系；另一个是上伸手臂高恰为脐高的两倍，即226和113cm。利用这两个数值为基准，插入其他

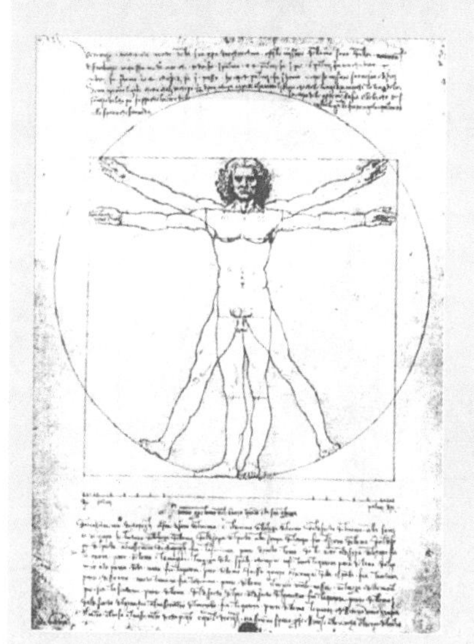
图2-4 达芬奇的人体比例图

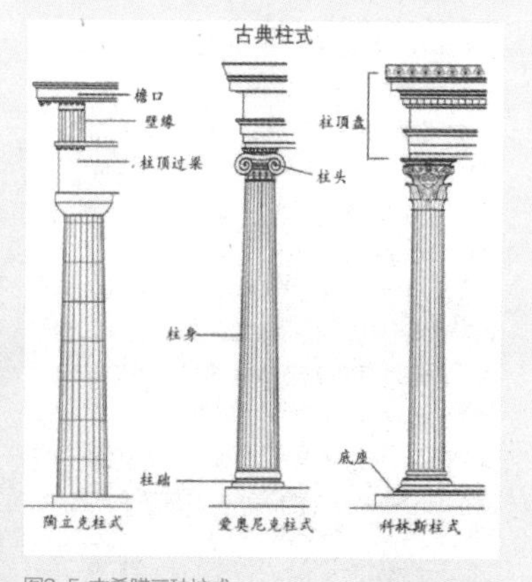

图2-5 古希腊三种柱式

相应数值，形成两套级数，前者称为“红尺”，后者称为“蓝尺”。将红、蓝尺重合，作为横纵向坐标，其相交形成的许多大小不同的正方形和长方形称为模度（见图2-6）。模度系统的诞生，特别是20世纪50年代后，柯布西耶以其作为一种重要设计工具，在实践中加以应用，包括马赛公寓、昌迪加尔、圣迪埃工厂乃至朗香教堂的平面设计，模度系统都不同程度地发挥了其比例控制的效用（见图2-7至图2-9）。

在第二次世界大战期间，由于航空和军事工业产品的生产对设计适应人体尺寸提出了更高的要求，迫切地需要人体尺寸的数据，以便作为军械器件设计的依据。从而进一步推动了人体测量学的研究和发展。二战以后，人体测量学的成果从军事工业领域出发，在人们的日常生活和工作环境中得到了广泛的应用，进一步拓宽了研究领域。建筑师、设计师们也认识到人体尺寸在设计中的重要性，将研究成果应用到了整个建筑与室内外环境设计、家具设计和产品设计中去，这不仅提高了建筑室内外环境的质量，而且还为合理地确定空间尺度、科学认真地从事家具和工业产品设计、节约材料和成本提供了科学合理的依据。由此可见，人体测量学经过长期的发展，已成为设计的基础。

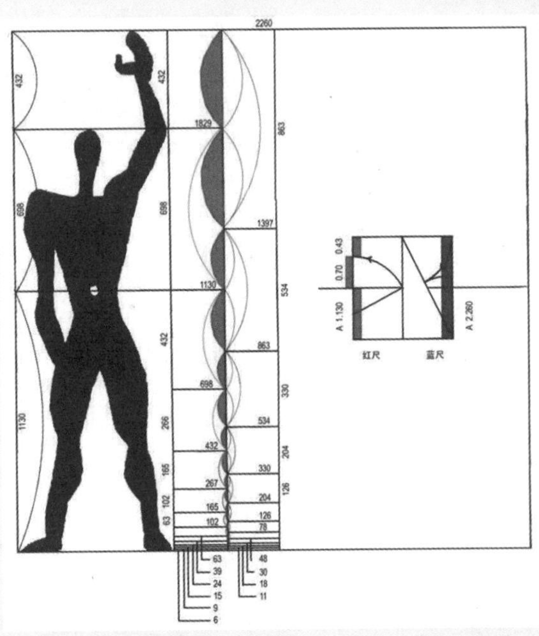

图2-6 柯布西耶模度

图2-7 马赛公寓

图2-8 昌迪加尔

图2-9 朗香教堂

2. 人体测量方法

人体尺寸是空间设计的重要依据。由于人体尺寸数据的科学性和适用性异常重要，设计需要掌握具体的某个人或某个群体（国家、民族、职业）的准确数据，要对不同背景的个体和群体进行细致的测量和分析，以得到他们尺寸特征、差异和分布的规律，并对其进行归类总结，应用于设计实践，否则这些庞杂的数据就没有任何实际意义。到目前为止，世界上许多先进国家都已有本国的人体尺寸国家标准，我国也于1988年发布了相应的国家标准GB/T1000-1988《中国成年人体尺寸》。

由于我国幅员辽阔、人口众多、地区差异较大，人体的尺寸随着年龄、性别、地区等而各不相同。时代地发展，人们生活水平的提高，人体的尺寸也在不断发生变化。因此，要取得一个全国范围内的人体各部位尺寸的平均测定值，是一项繁重而复杂的工作。

根据人体测量的数据来源和人体测量学的要求，人体测量的内容主要有三个方面：第一是形态测量，包括人体尺寸、体重体型、体积表面积等；第二是生理测量，包括直觉反应、肢体体力、体能耐力、疲劳和生理节律等；第三是运动测量，包括动作范围、各种运动特定等。

（1）测量工具与仪器

根据国标GB/T570-4.1~5704.4-1985《人体测量仪器》的规定，人体测量工具有人体测高仪、体重计、软尺、人体测量用的直角规、人体测量用的弯角规、人体测量用的三角平行规、人体测量用的角度计等（见图2-10至图2-15）。

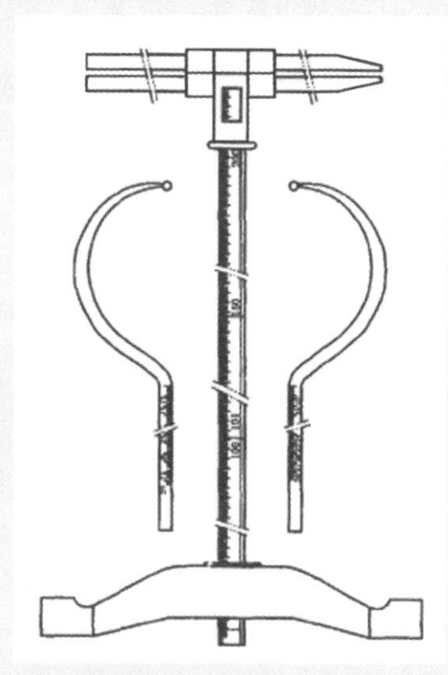

图2-10 人体测高仪

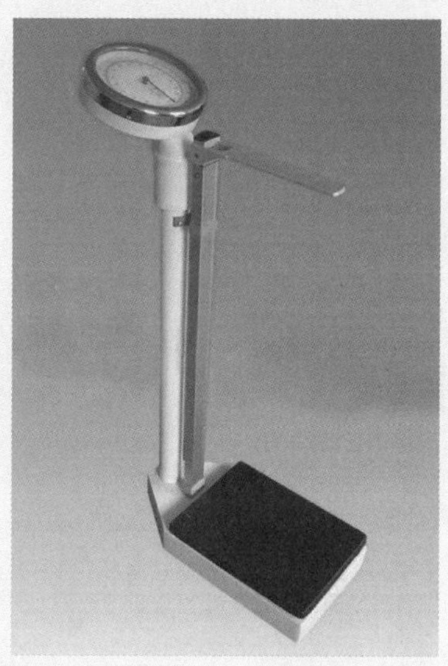

图2-11 人体体重秤

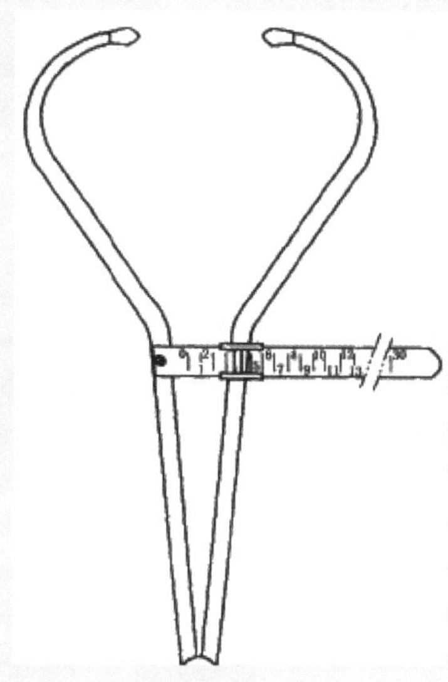

图2-14 人体测用弯角规

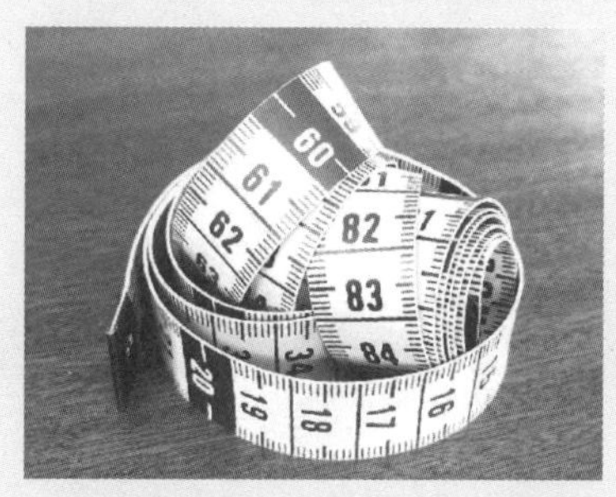

图2-12 软尺

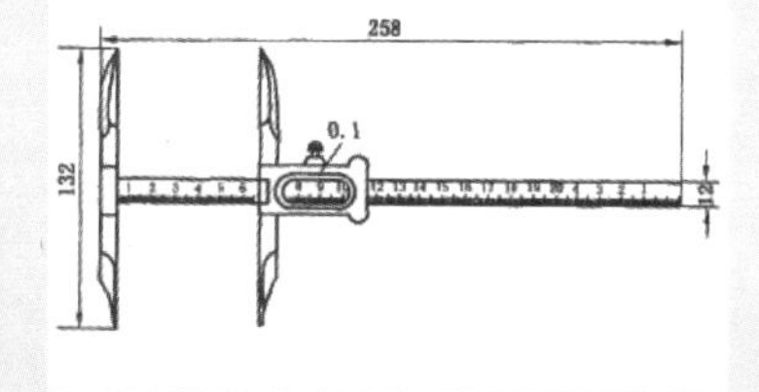

图2-13 人体测量用直角规

图2-15 人体测角度计

（2）测量姿势和项目

由于人体测量学还是一门新兴的学科，相关专业人士不多，很多的人体尺寸资料在文字和定义上都是不统一的，所以人体尺寸应有明确的定义是必须要解决的问题。除此之外，由定义中规定的测量方法也很重要。如身体坐高测量值的变化与该尺寸定义就有很大关系，这里起关键作用的是坐的姿势，它对测量值有很大影响。例如在成年男子中，坐高的差别可达到 6cm 以上，因此，不同的测量值适用于不同的使用目的。在设计中使用人体尺寸时要检查采用哪一种测量方法，以选择正确的尺寸。要想得到人体尺寸的准确数据，就要求对人体测量姿势和相应项目有统一而详尽的规定。在国标 GB/T5703~1999《用于技术设计的人体测量基础项目》中，对人体尺寸测量的被测者衣着和支撑面、基准轴和基准面、测量姿势等都有相应规定（见图 2-16 至图 2-18）。

① 测量姿势

进行人体测量时要求被测者保持规定的标准姿势，不穿鞋袜，只穿单薄的内衣；测量立姿时要站立在地面或平台上；测量坐姿时，座椅平面为水平面、稳固、不可压缩。基本的测量姿势为直立姿势（立姿）和正直姿势（坐姿）。

立姿：被测者挺胸直立，头部以眼耳平面定位，眼睛平视前方，肩部放松，上肢自然下垂，手伸直。掌心朝向体侧，手指轻贴大腿外侧，腰部自然伸直，左右足后跟并拢、前端分开，约成 45° 角，体重均匀分布于两足。测量时，为确保直立姿势正确，应使被测者足后跟、臀部和后背部在同一平面上。

坐姿：被测者挺胸端坐在调节到腓骨高度的平面上，头部以眼耳平面定位，眼睛平视前方，左右大腿接近平行，膝弯曲大致呈直角，足平放在地面上，手轻放在大腿上。测量时，为确保坐姿正确，应使被测者足臀部和后背部在同一水平面（见图2-17至图2-18）。

② 测量项目

在具体实际操作中，国标 GB/T5703~1999《用于技术设计的人体测量基础项目》中对56个人体部位的测量项目逐一作了定义说明，并对测量方法和仪器等进行相应的严格规定。其中列出立姿测量项目12项（含体重），坐姿测量项目17项，特定体部测量项目14项（含手、足、头）、功能测量项目13项（含颈、胸、腰、腕、腿等维度）。

2.1.2 人体尺寸的分类

人体尺寸可以分为构造尺寸和功能尺寸两类。

1. 构造尺寸

构造尺寸是指静态的人体尺寸，它是人体处于固定的标准状

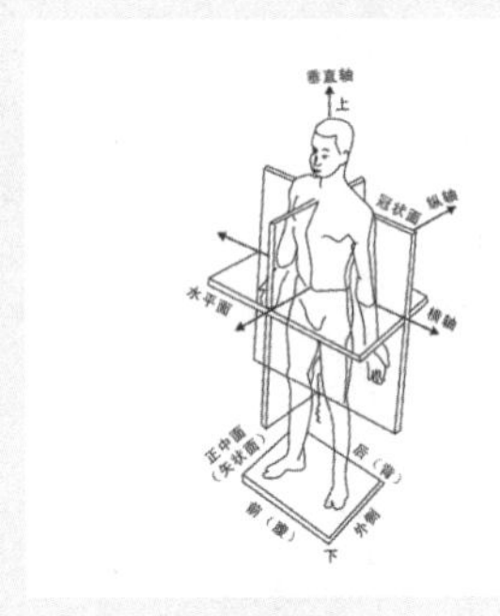

图2-16 人体测量基准面和基准轴

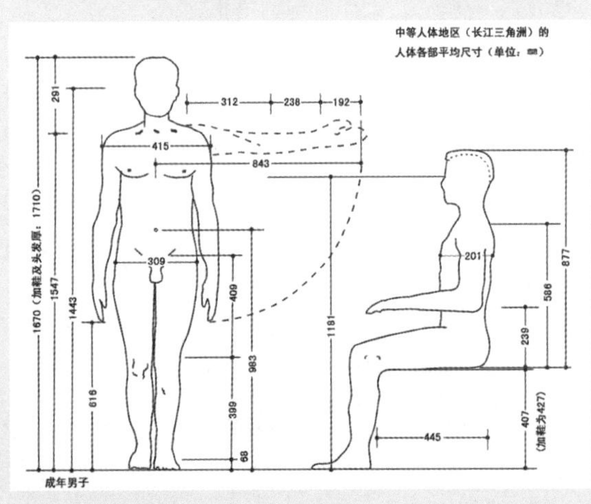

图2-17 人体基本尺寸（男）

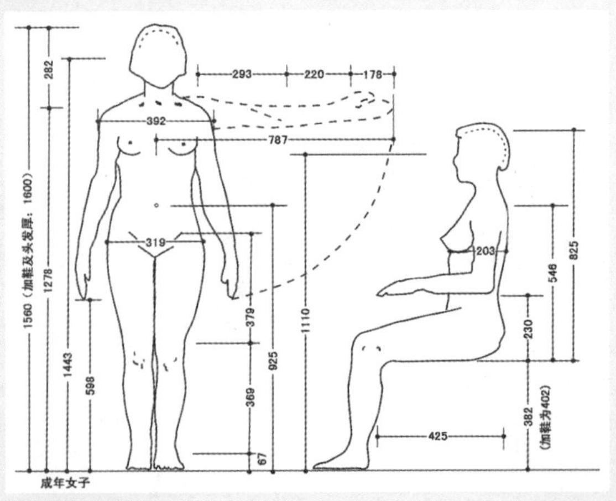

图2-18 人体基本尺寸（女）

态下测量的，它对与人体有直接关系的物体有较大关系，主要为人体各种装具设备的设计提供数据。在室内环境设计中最有用的是10项人体构造尺寸是：身高、体重、坐高、臀部至膝盖长度、臀部的宽度、膝盖高度、膝弯高度、大腿厚度、臀部至膝弯长度、肘间宽度。

2. 功能尺寸

功能尺寸是指动态的人体尺寸，是人在进行某种功能活动时肢体所能达到的空间范围。虽然结构尺寸对某些设计很有用，但对于大多数的设计问题功能尺寸有更广泛的用途。人可以通过运动能力扩大自己的活动范围,在这种前提下，只根据人体结构尺寸去解决一切有关空间和尺寸的问题将很困难，需要有功能尺寸作为参考。

2.1.3 人体尺寸的差异

人体尺寸的测量如果仅仅着眼于积累资料是不够的，还要进行大量抽样调查和细致的分析研究。因为人体尺寸的差异性是绝对的，即个人之间、群体之间由于种族、气候条件、饮食结构等因素的长期影响，在人体尺寸上存在很大差异，具体表现在以下几方面。

1. 种族差异

人体尺寸在不同种族之间有着明显的差异，单从身高这一项尺寸上，比利时人就与越南人普遍身高相差约20cm，详见表2-1世界各国人体尺寸对照表。

2. 世代差异

欧洲的居民预计每十年身高增加1cm~1.4cm。意识到这种缓慢变化与各种设备的设计、生产和发展周期之间的关系，并作出预测是极为重要的。

3. 年龄差异

体形会随着年龄变化而变化，表现最明显的时期是青少年期。而人体尺寸的增长过程也会有停止的时期，女性18岁结束，男性20岁结束，有的男性甚至30岁才停止生长。在此之后，人体尺寸随年龄的增加而缩减，而体重、宽度和围度却随年龄的增长而增加（见图2-17）。一般来说，青年人比老年人身高要高，老年人比青年人体重要重。对工作空间的设计应尽量适用于20~65岁的人。关于儿童的尺寸很少见，而很多空间中发生的儿童意外伤亡与设计不当有很大关系。例如楼梯和建筑其他部位所用的栏杆最大间隙不超过11cm就是以幼儿头部直径尺寸为依据。另外，关于老人的人体尺寸数据也不多见。随着人类的平均寿命增加，世界逐步进入人口老龄化的阶段。所以设计中涉及老年人的各种问题必须引起我们的注意。在没有老年人的人体尺寸的情况下，至少有两个问题应引起我们的注意。

（1）无论男女，上年纪后身高均比年轻时矮；

（2）伸手够东西的能力不如年轻人。

根据上述两个问题，家庭用具的设计，首先应当考虑老年人的要求。因为家庭用具一般不必

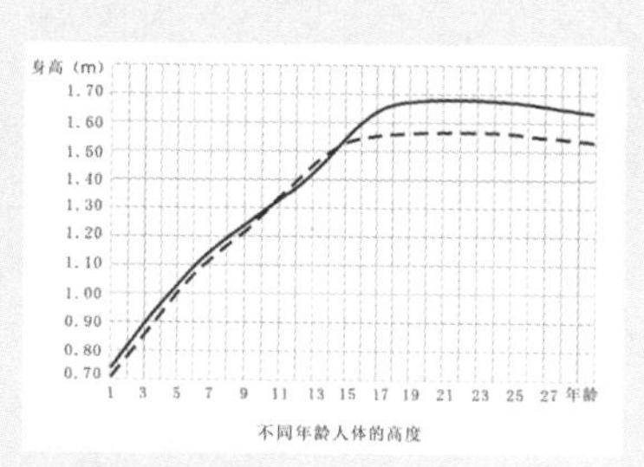

图2-19 不同年龄人体高度差异图

表2-1 各国人体尺寸对照表（cm）

人体尺寸（均值）	德国	法国	英国	美国	瑞士	亚洲
身高	172	170	172	173	169	168
身高（坐姿）	90	88	85	86	—	—
肘高	106	105	107	106	104	104
膝高	55	54	—	55	52	—
肩宽	45	—	46	45	44	44
脊宽	35	34	—	35	34	—

讲究工作效率，而首先需要考虑的是用户使用方便，在这个问题上年轻人可以迁就老年人。所以家庭用具，尤其是厨房用具、橱柜和卫生设备的设计，照顾老年人的使用是很重要的。而在老年人中，老年妇女尤其需要照顾（见图2-20）。

4. 性别差异

人类在3~10岁这一年龄段中，男女的差异极小，同一尺寸数值对两性均适用。两性身体尺寸的明显差别是从10岁开始的，但不能把女性按较矮的男性来处理。根据经验，在手臂和腿的长度起作用的地方重点考虑女性的尺寸非常重要。

5. 地区差异

在我们的地球口，即使是同一民族，不同地区的人群由于气候条件、饮食习惯的影响，人体尺寸也存在着差异。如在我国就存在东北、华北地区人群身材相对高大，西南人群的身材较为矮小的显著特征，身材高度从高到低依次是西北、东南、华中、华南4个地区。

2.1.4 人体尺寸的比例关系

体态正常的成年人身体各部分静态尺寸之间有着近似的比例关系，例如成年男女的人体尺寸之间就存在一定的比例关系（见图2-21）。

不同人种的人体尺寸比例有所不同，例如亚洲人和欧美人的身体各部分的尺寸差异。通过这种比例关系，我们可以由身高这一基本数据，近似地推算出人体其他静态尺寸，以供设计中使用。在表2-2是通过人体尺寸比例关系所得出人体尺度概算值。

2.1.5 尺寸数据的选择与修正

由于不同使用者存在年龄、性别、职业和民族的差异，要使所设计的室内外环境和设施满足使用对象的人体特征，选择与之适应的尺寸数据就显得很重要。

1. 人体尺寸的选择

在人体尺寸数据的选择和应用时常会遇到两个较为突出的问题：其一，人体尺寸数据是在被测者不穿鞋袜、只穿单薄内衣的条件下，并保持挺直站立或正直端坐的标准姿势下测量得到的。但在日常生活和工作中，人是既要穿鞋袜衣裤，也更适宜处于全身自然放松的状态下。这就与人体测量的标准条件并不一致。那么，所测得人体尺寸能直接用吗？怎么用？其二，人由于个体间的差异，有高、矮、胖、瘦之分，那么，在进行公共设施设备、公共空间、公共产品的设计时，又该以什么样的人体尺寸为标准，并确定设计尺寸数据呢？是以身材高大者、矮小者为依据，还是中等者为依据呢？

对于上述两个问题的解决途径就涉及到人体尺寸的修正与人体百分位的选择。

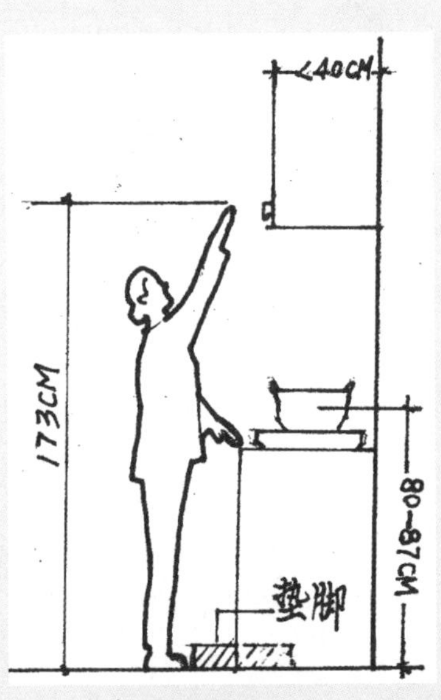

图2-20 便于老年人使用的厨柜尺寸

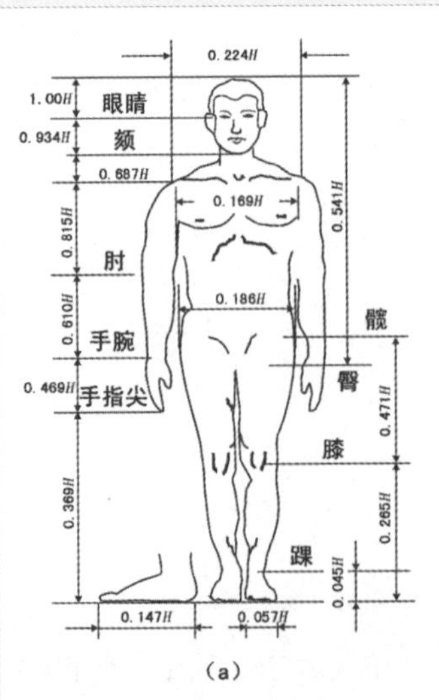
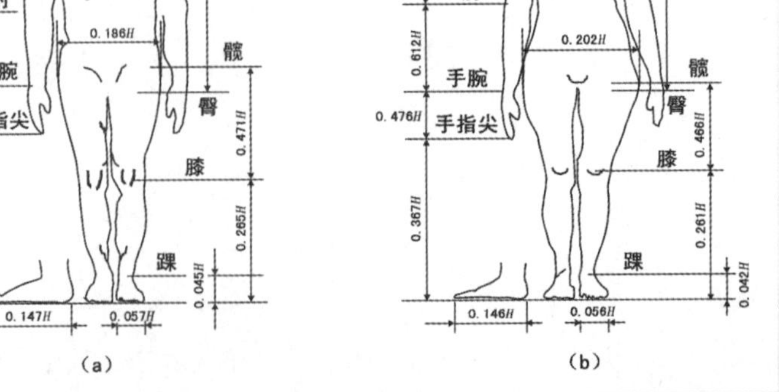

图2-21 中国成年男女的人体比例图

2. 人体尺寸的修正

人体尺寸的修正包括功能修正量和心理修正量两方面（见图2-22）。

（1）功能修正量

功能修正量是指为了保证空间、产品、设备或操作界面等有效地发挥其功能，人们能更好地使用而对人体尺寸所做的尺寸修正量，它包括穿着修正量、姿势修正量和操作修正量。比如，在同一个地区，冬天和夏天人们穿衣服的薄厚变化；寒冷地区和温暖地区冬季衣服的薄厚程度不同；在商场穿高跟鞋的女性和在工作或劳动环境中穿平跟鞋的女性等，在进行相应的空间通道设计时就要根据实际测量的方法考虑穿着修正量的问题。再如，在正常工作、生活时，人全身自然放松姿势引起的人体尺寸变化；不同性质的工作环境中，同一姿势的人体尺寸变化等，这就涉及到姿势修正量的问题。

当然在实际工作中，由于不同操作用力的形式、大小、动作的幅度、作业体位等，还涉及到操作修正量，同样需要设计者根据具体的实际情况来确定相应的尺寸（见图2-23）。

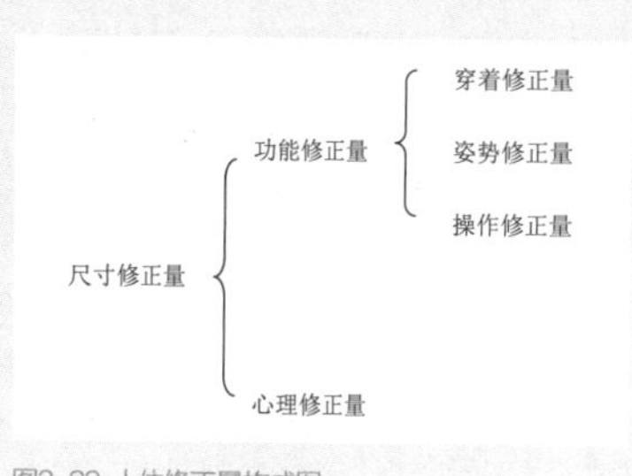

图2-22 人体修正量构成图

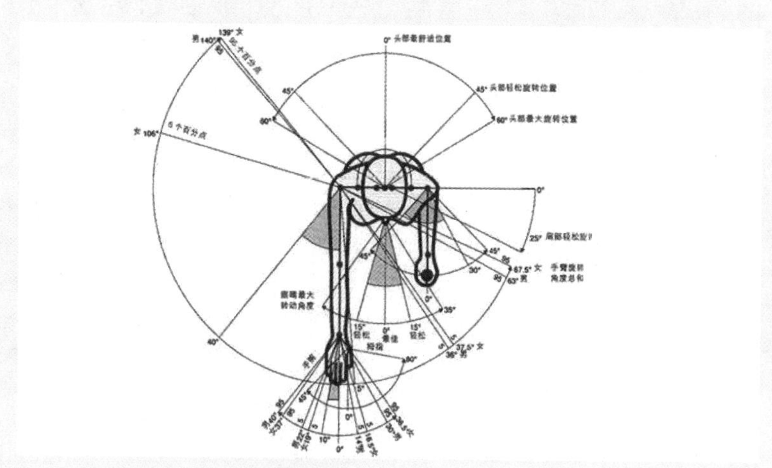
图2-23 肢体的活动角度和活动范围

表2-2 由人体比例关系得出的人体尺度概算值（H表示身高）

名称	比例	名称		比例
身高	1H	站立时举手到达的最高位置（柜类可存物件的最高层）		4/3H
眼高	11/12H	倾斜通道天棚板的最低高度(通道倾斜5°~15°)		8/7H
肩高	4/5H	楼梯天棚最低高度	楼梯倾斜25°~35° 楼梯倾斜50°	3/4H
手指高	3/8H	屏封的最低高度	上限	6/7H
			下限	3/8H
肩宽	1/4H	拉手高度		3/5H
臀高	1/4H	人体重心高度		5/9H
桌面高	5/12H	站立作业点高度		6/11H
坐高	6/11H	摸高		7/6H

（2）心理修正量

在空间设计中，为了消除人们对空间的压抑感、恐惧心理，或者是为了美观等心理因素的要求而设置的尺寸修正量，我们将其称为心理修正量。例如，通常在进行平台（或阳台）栏杆设计时，为了防止跌落事故的发生，栏杆的高度往往只要略高于人们的重心的高度即可。但对于更高处的平台，为了避免人心理上的恐惧感，设计师就需要相应地增加栏杆的高度，而这个附加的高度就是心理修正量。除此之外，在不同空间进行工作、学习的活动时，以及不同的空间尺度都会有不同的心理感受。第一个常见的例子，火车卧铺睡起来不如五星级酒店中的大床舒服。

对于不同的空间场所，我们设计时候必须满足不同的使用条件。通过调整尺寸修正量，或以安全性为标准，使用极限尺寸去限制或保护人们在有限的空间中避免发生危险；或以使用的舒适性为标准，使物体在环境中的尺度给人和谐的心理感受。合理地选择尺寸数据，提供人们安全、舒适、健康的环境是设计师首先要考虑的问题。

2.1.6 百分位的选择与应用

对于设计一些公共场所的通道及其出入口、公共设施设备（如教室、会议室的桌椅；汽车的驾驶室的座椅等）尺寸数据的确定需要百分位来解决。

1. 百分位概念

百分位表示具有某一人体尺寸和小于该尺寸的人占统计对象总人数的百分比。由于人体尺寸在不断变化，并不是某一确定数值，而我们设计时只能用一个确定的数值，它不能是我们一般理解意义上的平均值，那么如何确定使用哪一数值呢？这就是百分位要解决的问题。

统计学表明，任何一组特定对象的人体尺寸的分布规律符合正态分布规律，即大部分属于中间值，只有一小部分属于过大和过小值，它们分布在中间值的两端。例如，第5百分位的尺寸表示有5%的人低于此尺寸；第95百分位表示有5%的人高于此值。尽管在设计中满足所有人的要求是不可能的，但必须满足大多数人。所以必须从中间部分取用能满足大多数人的尺寸数据作为设计依据，因此，一般情况下，确定数值只涉及中间90%、95%或99%的大多数人，而排除少数人。至于应该排除多少取决于排除的结果和实际的经济效果。

2. 百分位的应用

在很多数据表中，为什么只给出了第5百分位、第50百分位和第95百分位呢？经常采用第5百分位和第95百分位的原因是它们概括了90%的大多数人的尺寸范围，能满足大多数人的需要。遵循“够得着的距离，容得下的空间”这一原则，在不涉及安全问题的情况下，使用百分位的建议如下。

（1）由人体总高度、宽度决定的物体，诸如门、通道、床等，其尺寸应以95百分位的数据为依据，能满足人身高尺寸较大的需要，其他类型自然没问题。

（2）由人体某一部分的尺寸决定的物体，诸如臂长、腿长决定的坐平面高度和手所能触及的范围等，其尺寸应以第5百分位为依据，身高较矮的人能够得着，高个子自然没问题。

（3）在特殊情况下，如果以第5百分位或第95百分位为限值会造成界限以外的人使用时不仅不舒服，而且有损健康和造成危险时，尺寸界限应扩大至第1百分位和第99百分位，如紧急出口的直径应以第99百分位为准，栏杆间距应以第1百分位为准。

（4）当取值的目的不在于确定界限，而在于决定最佳范围时，应以第50百分位为依据。这适用于门铃、插座、电灯开关及柜台的高度。在某些情况下，我们选择可以调节的做法扩大使用范围，并保证大部分人使用更合理，例如可升降的椅子和可调节的隔板。但是，在设计的实践中常发生以比例适中的人为基准的错误做法。

3. 平均人的谬误

在我们选择数据时，认为第50百分位数据代表了“平均人”的尺寸是错误的，这里不存在“平均人”，在某种意义上这是一种易于产生错觉的、含糊不清的概念。第50百分位只说明你所选择的某一项人体尺寸有50%的人适用，不能表示其他意义。

事实上几乎没有任何一个人的身体尺寸真正算得上“平均人”这一说法。对于“平均人”，我们有两点要特别注意：一是人体测量的每一个百分位数值，只表示某项人体尺寸，并不表示身体的其他部分；二是绝对没有一个各项人体尺寸同时处于同一百分位的人。因此，在设计中应分别考虑各项人体尺寸，这些不同项目的人体尺寸都是相对独立的。一般情况下，身高一样的人，其他尺寸并非一样，身高相当的人身体坐高的差别大约在10cm以内。

2.1.7 残疾人

在每个国家，残疾人都占有一定比例，全世界残疾人约有4亿。关于为残疾人设计的问题有专门的学科进行研究，被称为无障碍设计。

1. 乘轮椅患者

在人体工程学研究领域，还没有大范围乘轮椅患者的人体测量数据，因此进行这方面研究很困难。不同类型患者、肌肉机能障碍程度和由于乘轮椅对四肢的活动带来的影响等种种因素，都有多样且难以分析归类的，但在设计中也要全面考虑这些因素。首先假定坐轮椅对四肢的活动没有影响，活动程度接近正常范围，而后确定适当的手臂能够得到的距离、各种间距和其他相关活动范围内的尺寸。图2-24至图2-28给出了轮椅的基本关尺寸和乘轮椅的人的相关尺寸。

2. 能走动的残疾人

对于能走动的残疾人必须考虑他们是使用拐杖、手杖、步行车、支架或者动物帮助行走。所以做好设计，除了应知道一些人体测量数据之外，还应当把这些工具当作整体一个进行考虑。

关于无障碍设计，我们会在后面的章节中详细论述，在此不再赘述。

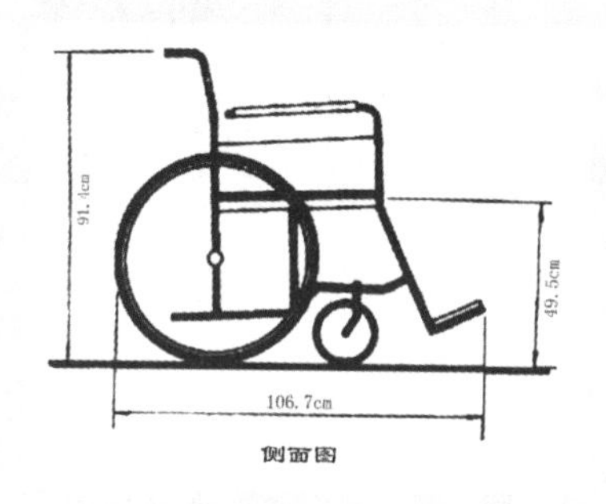

图2-24 轮椅侧面图

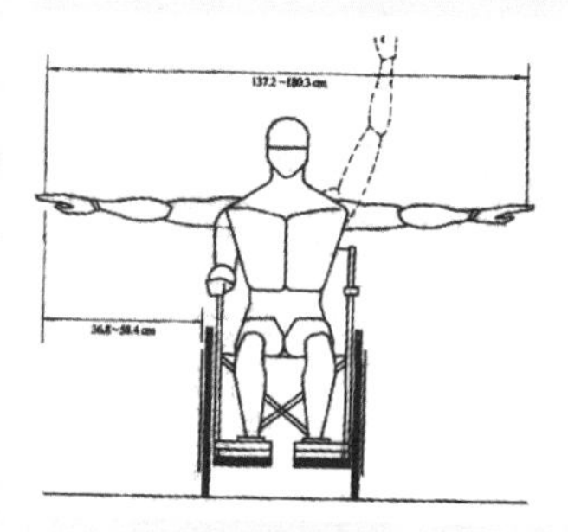

图2-26 人坐在轮椅上的活动尺寸（正面）

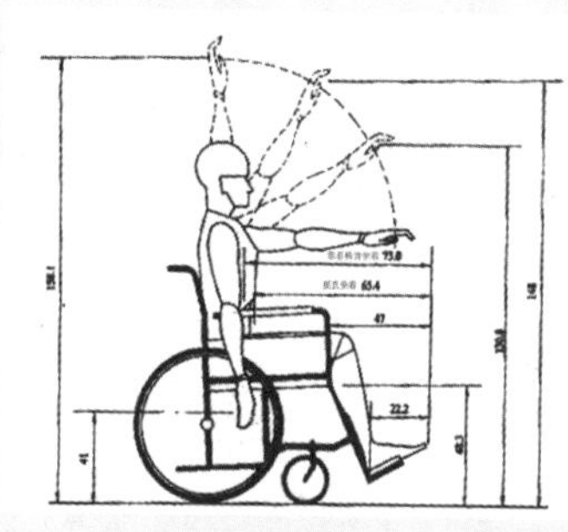

图2-27 人坐在轮椅上的活动尺寸（侧面）

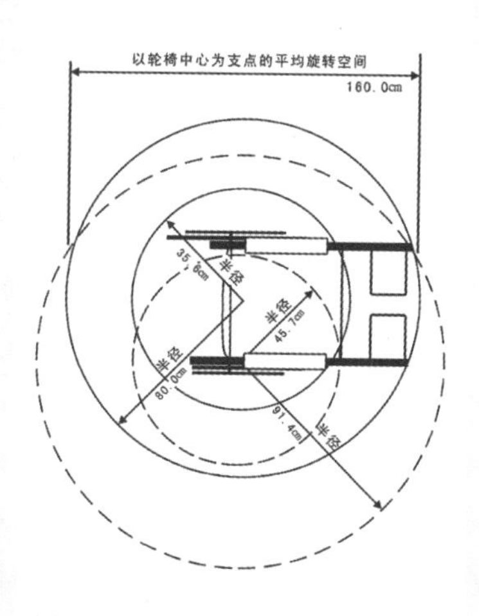

图2-25 轮椅不同悬转半径的尺寸

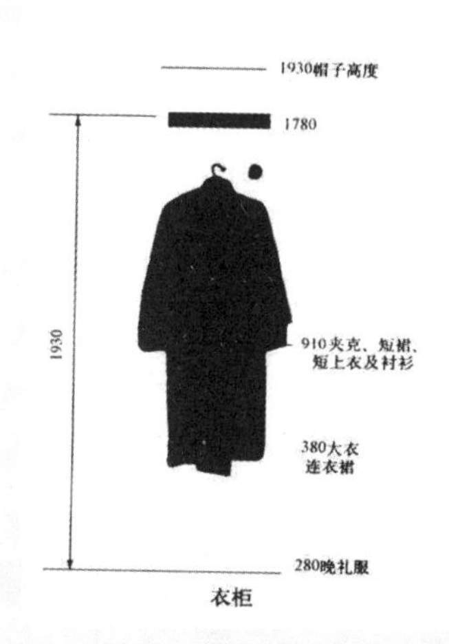

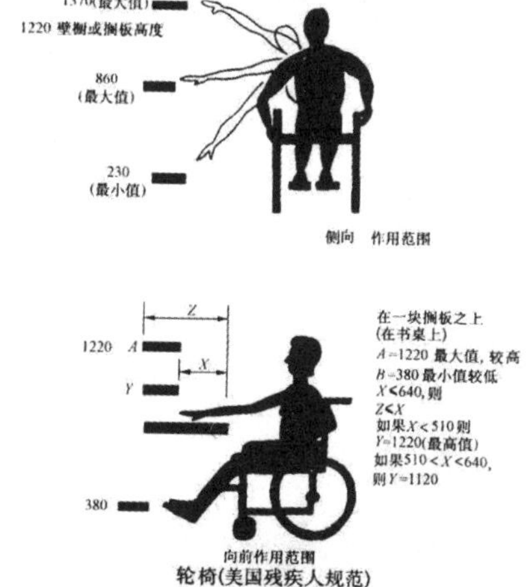

图2-28 坐轮椅者手臂活动相关尺度

2.2 人体活动

人类的一切活动都是通过人体的运动系统来实现的。由于人的身体有一定的尺度，肢体的活动能力会有一定的限度，对于特定的行为活动，无论是采取何种姿势，都有一定的距离和方式。因此，在进行空间设计时要考虑人的形体特征、体能极限和动作特性等因素与环境的关系。

2.2.1 肢体活动范围与作业域

肢体活动范围由肢体活动角度和肢体长度构成。

1. 肢体活动角度

肢体活动角度值分为轻松值、正常值和极限值。轻松值多用于使用频率高的场所；正常值则用于使用频率一般的场所；极限值常用于不经使用，但涉及安全或限制的场所。

2. 肢体的活动范围

人的动作轨迹在某一限定范围内均呈弧形，而形成包括左右水平和上下垂直面在内的动作范围的领域，叫做人的作业域（Working area），由作业域扩展到整个人-机系统所需的最小空间即为作业空间（Working space）。一般来说，作业域包括在作业空间中；作业域是二维概念，而作业空间是三维概念（见图2-29至图2-30）。

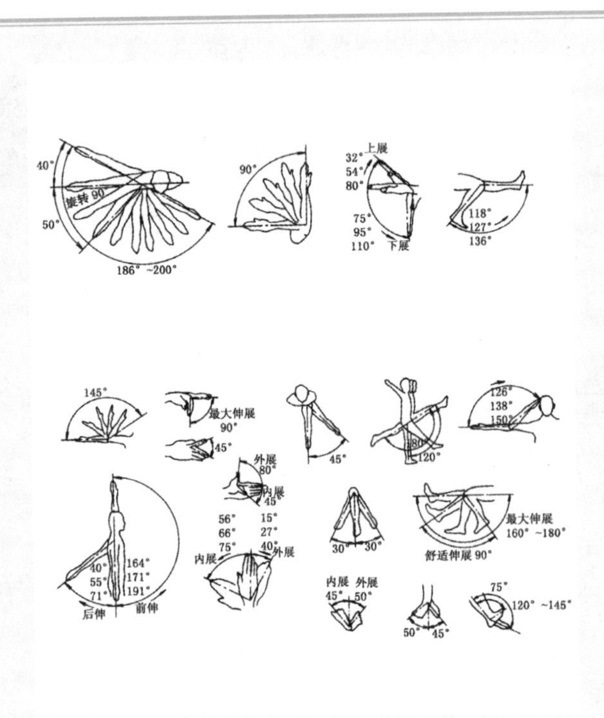

图2-29 人体各部分的活动范围

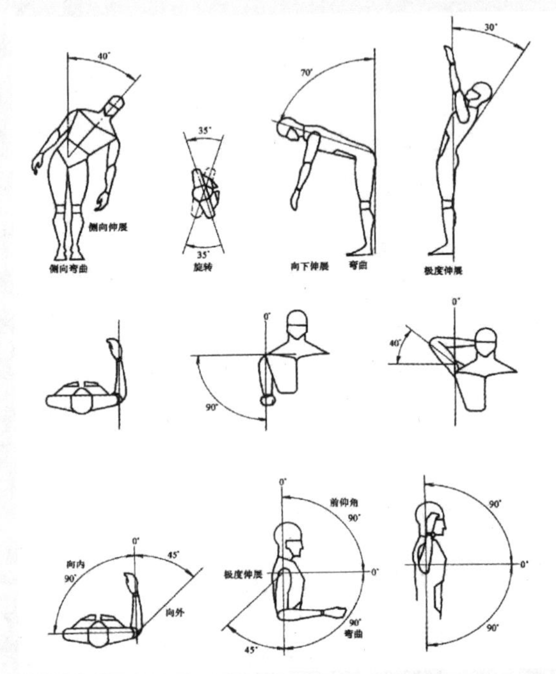

图2-30 人体上部及上肢固定姿势活动角度范围

3. 手脚的作业域

人们在日常工作和生活中，无论是在厨房还是在办公室，总是或站或立，手脚在一定的空间范围内做各种活动。手脚的作业域的边界是站立或坐姿时手脚所能达到的范围，这个范围的尺寸一般采用较小值，以满足多数人的需要。如立姿肩高：男130cm、女120cm、坐姿肩高：男54cm、女49cm，臂长：男65cm、女58cm。

手脚的作业域包括水平作业域和垂直作业域。

（1）水平作业域

水平作业域是人于台面前，在台面上左右运动手臂形成的轨迹范围，手尽量外伸所形成的区域为最大作业域；而手臂自然放松运动所形成的区域为通常作业域（见图2-31至图2-32）。

（2）垂直作业域

垂直作业域指手臂伸直，以肩关节为轴做上下运动所形成的范围。对决定人在某一姿态时手臂触及的垂直范围有用，如搁板、挂件、门拉手等，带书架的桌子也常用到上述物体的高度。

垂直作业域与摸高是设计各种框架和扶手的依据，框架的经常使用的部分应设计在这个范围内，除此而外，用手拿东西和操作时需要眼睛的引导，因此架子的高度要求是男不得超过150~160cm，女不得超过140~150cm。由视线所考虑的还有抽屉的高度（见图2-33至图2-34）。

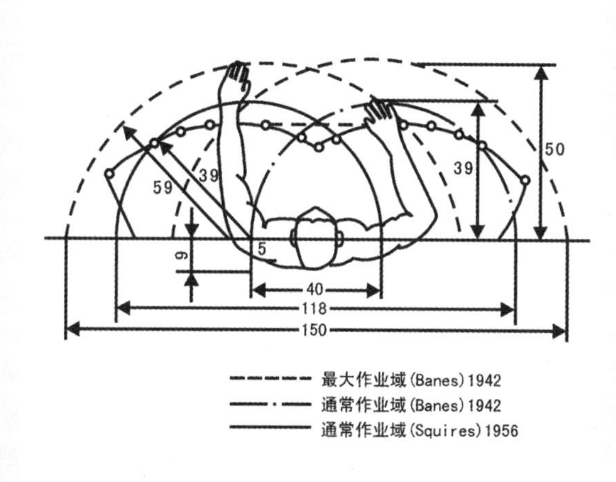

图2-31 人体的水平作业域

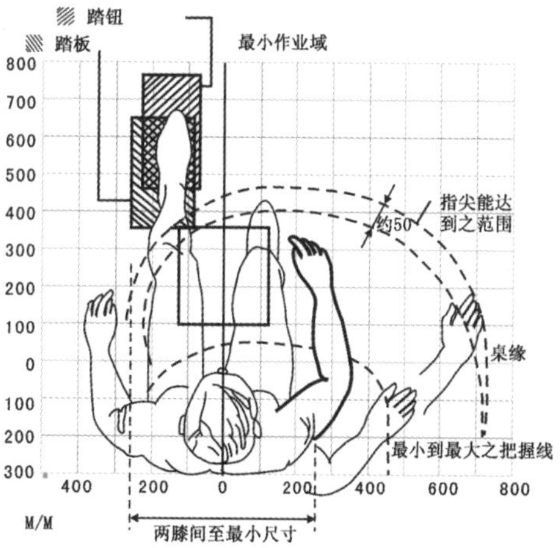

图2-32 手脚的作业域

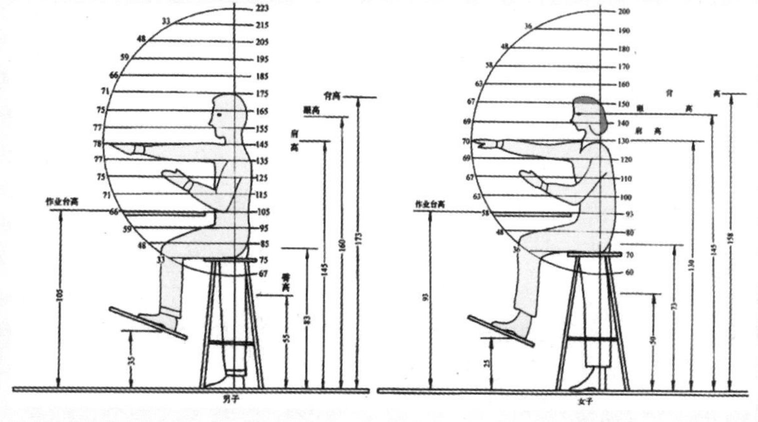

图2-33 垂直作业域

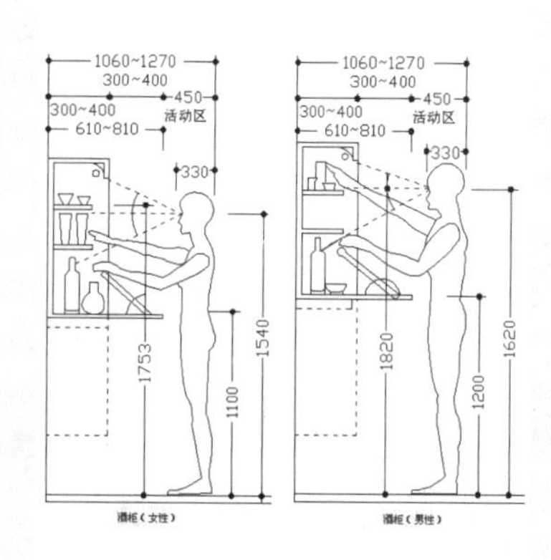

图2-34 垂直作业域与设计之一

人要想一伸手而毫不费劲地抓到的东西之一就是拉手，拉手的位置与身高有关。一般办公室用100cm，一般家庭用80~90cm，幼儿园还要低些。欧洲有的国家的门上装两个拉手分别以供成人和儿童使用。

除了上述因素，垂直作业域还受下列情况影响。

① 在活动空间内是否有工作用具；

② 需保持一定的活动行程；

③ 手的操作方式是持着荷载还是移动荷载；

④ 并非任何地方都是能触及目标的最佳位置。

2.2.2 人体的活动空间

人体姿态的变换和移动所占用的空间构成了人体活动空间。一般情况下，人体的活动空间大于作业域。

1. 静态的手足活动

静态的手足活动包括立位、坐位、跪位和卧位。每个姿态对应一个尺寸群（见图2-35）。

2. 姿态变换

姿态的变换集中于正立姿势与其他可能姿态之间的变换，这种变换所占用的空间并不一定等于变换前的姿态和变换后的姿态占用空间的重叠，因为人体在进行姿态改变时由于重心的改变和力的平衡问题，会有其他的肢体伴随运动，因而姿态变换占用的空间可能大于前述的空间的重叠。

3. 人体移动

人体移动占用的空间不应仅仅考虑人体本身占用的空间，还应考虑连续运动过程中，由于运动所必须发生的肢体摆动或身体回旋余地所需的空间（见图2-36至图2-37）。

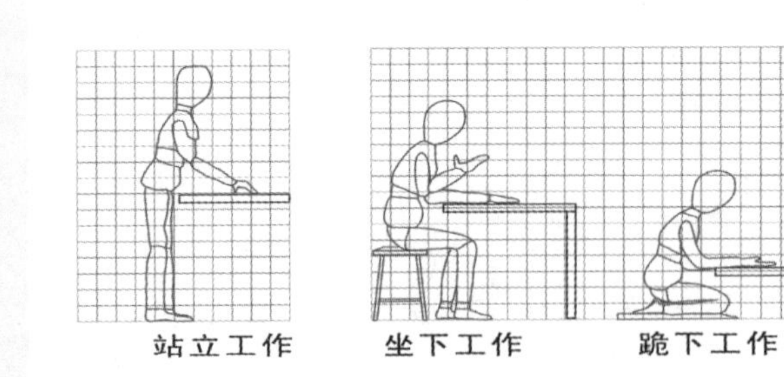

图2-35 静态活动姿态与尺度

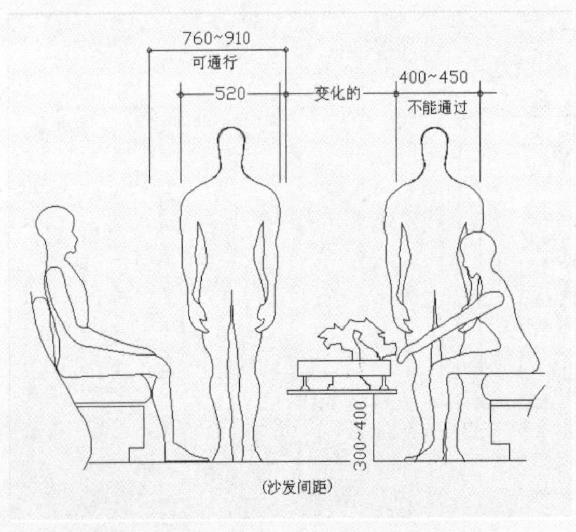

图2-36 人体移动与尺度之一

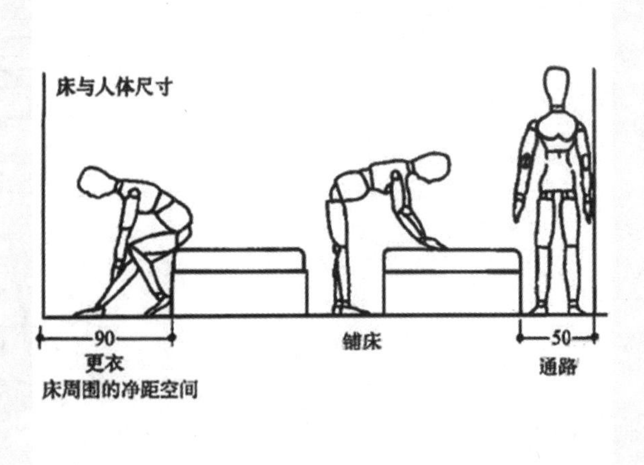

图2-37 人体移动与尺度之二

4. 人与物的关系

人与物体相互作用产生的空间范围可能大于或小于人与物各自空间之和。所以人与物占用的空间的大小要视其活动方式而定（见图2-38）。

5. 影响活动空间的因素

影响活动空间的因素有很多，但主要包括以下几个方面：

（1）动作的方式；

（2）各种姿态所用的工作的时间；

（3）工作的过程和用具；

（4）服装；

（5）民族习惯。

在日本、朝鲜和阿拉伯民族的国家，人们都是席地而坐，无论是空间的尺度还是形态，都与我们的情况不同。在设计这样的空间时，对于人体活动必须进行重新研究（见图2-39）。

6. 人体活动空间与室内空间的关系

（1）在进行室内设计时，由于建筑的空间高度是固定的，所以考虑人体活动空间时只需考虑平面的空间尺寸（见图2-40至图2-41）。

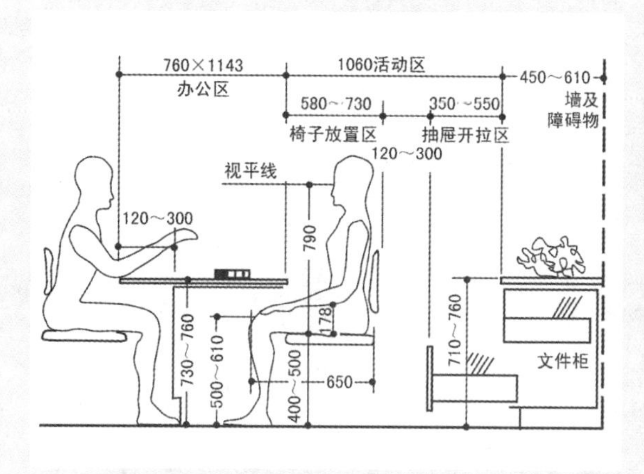

图2-38 人与物的关系

图2-39 传统日式风格席地而居的榻榻米

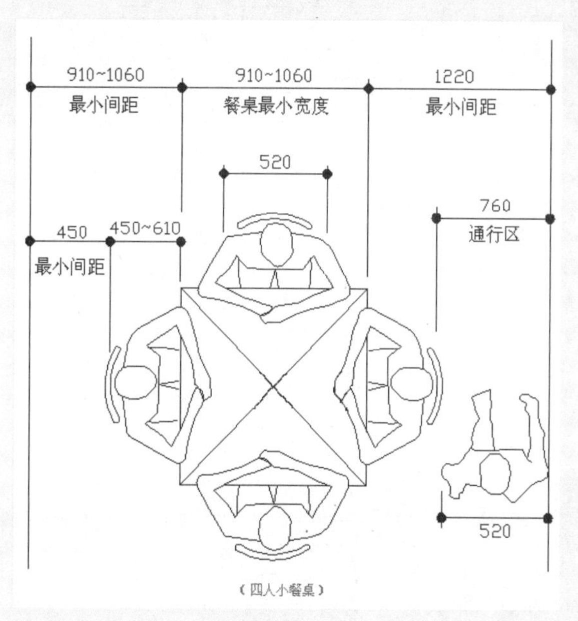

图2-40 室内人体活动尺寸一（四人小餐桌）

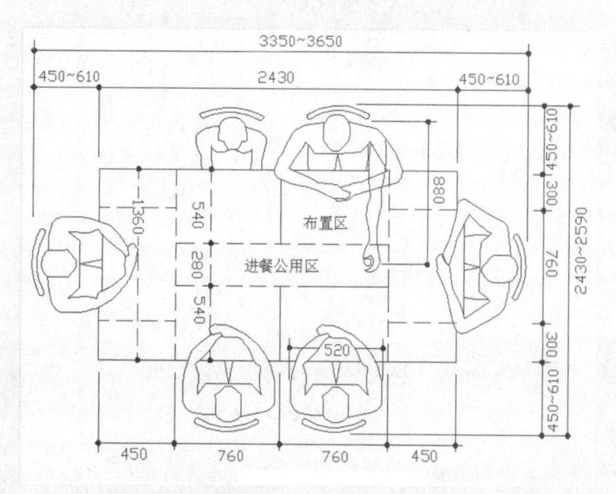

图2-41 室内人体活动尺寸二（长方形六人进餐桌）

（2）在机械设计中，只需考虑人体的尺寸和活动空间就可以了，而建筑与室内外空间环境的设计所考虑的就不仅仅是这些（见图2-42至图2-44），还包括其他相关因素。

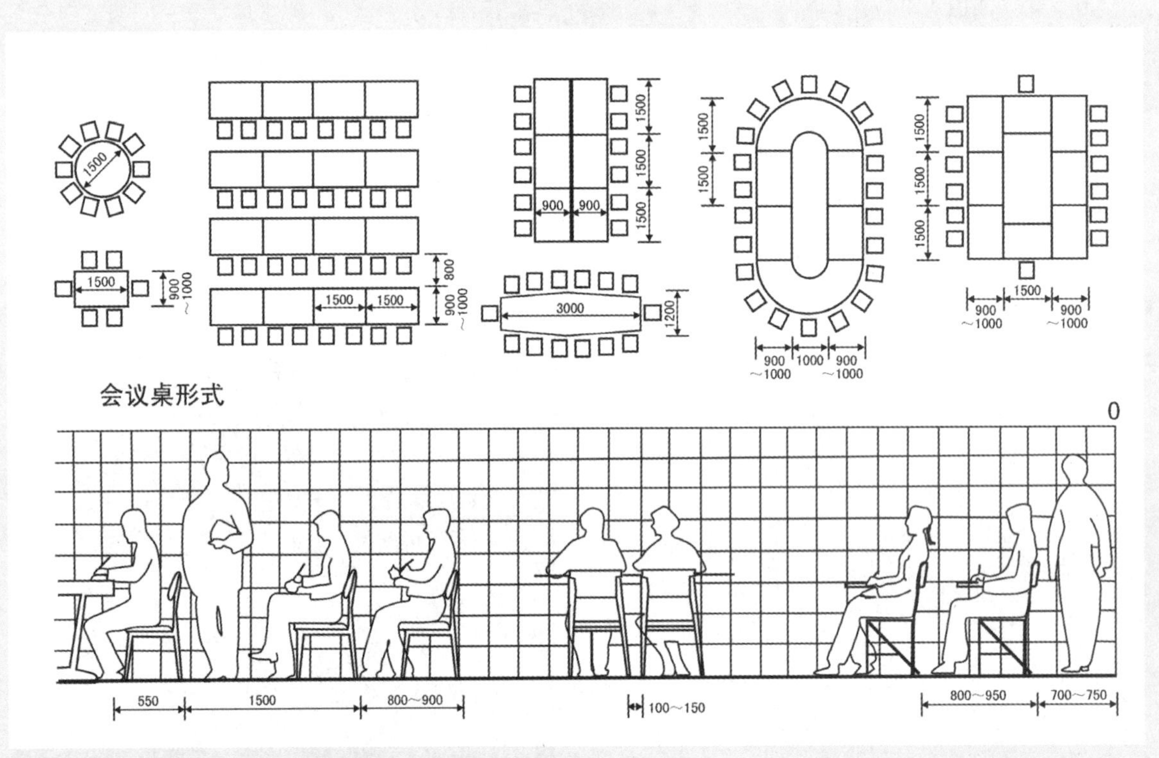

图2-42 人体活动空间与室内空间的关系之一（会议室）

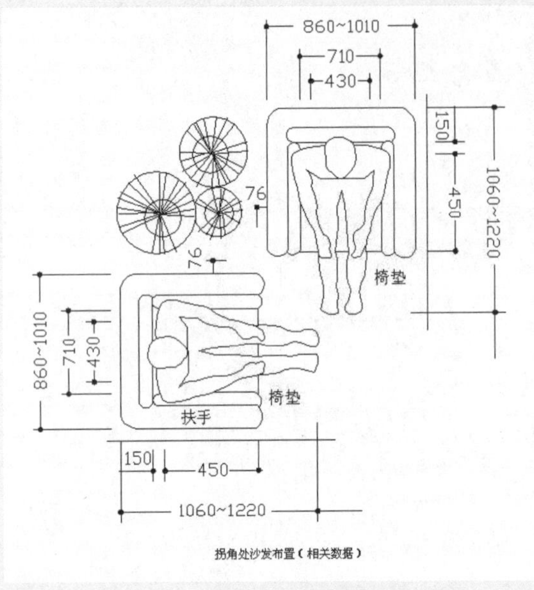

图2-43 人体活动空间与室内空间的关系之二

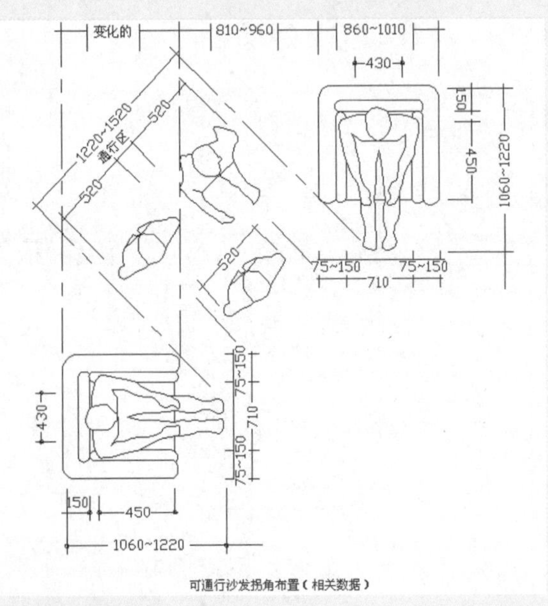

图2-44 人体活动空间于室内空间的关系之三

2.3 重心问题

重心是全部重量集中作用的点。一般来说，每个人的重心位置不同，这主要受身高、体重和体格的影响，但总的来说，理论上的人体重心高度都在人的肚脐后，第四、五节腰椎之前。例如当人的平均身高为163cm时，则重心平均高度为92cm。在进行栏杆设计的时候，原则是栏杆的高度应该高于人的重心，如果高度低于这个重心，人体一旦失去稳定，就可能越过栏杆而坠落。所以，如果人站在栏杆附近，发现栏杆比自己的肚脐低就会产生恐惧感。除此之外，台阶、踏步的高度也和人体重心有关系，当台阶高度大于200mm时，人抬腿登上去就会比较吃力，尤其是儿童和老年人。所以，一般情况下，室内空间环境的台阶、踏步的高度都设计成150mm。通常情况下，在室外空间环境下的台阶不设栏杆扶手，高度大都在120mm。如果台阶、踏步的进深较长，则要考虑设计平台供人们休息。

将人体重心问题推而广之，也适合于交通工具的底盘和座舱高度设计。轿车的底盘、车身最低高度大都在200mm左右，能保证人轻松地进入车内，但很多公共交通工具，如中巴车、公交车的底盘和车身最低高度实测都在300mm以上，而且车上的台阶高度都大于250mm，这样的设计明显是不合理，也不人性化的。

在人的行为活动中，重心还随人体姿态、位置的变化而不同。换句话说，人体重心发生了变化就意味着人体姿态发生了改变，或者是人体处于运动状态。从做功和耗能的角度来分析，人体重心由低到高需要做功力、耗能多时，人会感觉费力；而重心由高到低，做功小、耗能少，感觉省力。显而易见，上山远比下山累。重心越低的姿态，人体主观上感觉越舒适，所以，站着工作没有坐着工作舒适，而坐着工作没有躺着工作舒适。当重心在水平和高度上不断发生变化的时候，就意味着人体处于运动状态中，这时的重心变化和人体的平衡及运动状态有密切的关系，这方面的研究成果，已经被广泛运用于各国的体育运动事业中。

2.4 人体施力

人体进行的一切活动都是通过人体运动系统来实现的。实际上，人体任何活动就是一个从化学能到机械能的能量转化过程，即肌肉施力的过程。

2.4.1 肢体运动出力

人体运动系统的生理特点关系到人的姿势、人体的功能尺寸和人体活动的空间尺度，这些都是家具、设备、操作装置和支撑物的设计依据。

图2-45 人体运动图

1. 人体运动系统

人体的运动系统由骨骼、关节和肌肉组成。

（1）骨骼

骨骼是人体的支架。人体由206块骨头组成，骨骼占人体重量的60%，它们一块一块地连接在一起组成了骨骼支撑人体，决定了人体的基本体形，尤其是脊椎骨起主要决定作用（见图2-46至图2-47）。

人骨按形状分为长骨、短骨和扁骨。骨骼的连接方式有两种，一是通过韧带和软骨的直接连接，其活动性很小或不能活动，如颅顶骨连接使之形成了完整的头盖骨；另一种是通过关节的间接连接，连接处活动灵活，如上肢骨和肩胛骨等部分的连接等。人的骨骼按部位也可分为中轴骨和四肢骨两大部分。中轴骨包括颅骨、脊柱、胸骨和肋骨，是人体的支架大梁，保护着重要的的脏器和中枢神经系统；四肢骨胳是人体运动系统的重要组成部分，肌肉附着于四肢骨上，根据大脑指令进行收缩、牵动骨骼来完成运动功能。

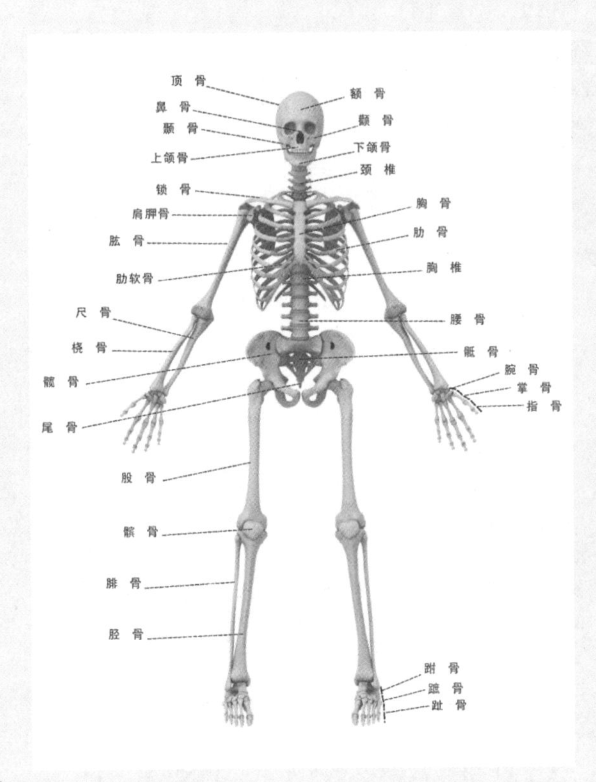

图2-46 人体骨骼示图之一

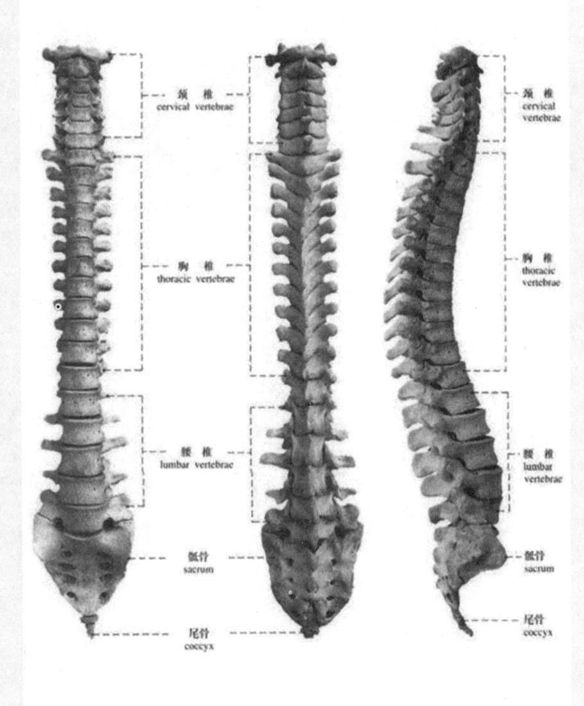

图2-47 人体脊柱图示

（2）肌肉

肌肉是人体运动系统的动力。人的全身有639块肌肉，占体重的40%。肌肉分骨骼肌、平滑肌和心肌三类。骨骼肌有两种作用，一是静力作用，如维持站立姿势，肌肉通过杠杆作用与地球重力抗衡，保持一种静态平衡；另一种是动力作用，肌肉收缩产生哭、笑、走、跑等动作，反映了人的心理活动和行为状态。

（3）关节和韧带

关节是人体杠杆的重要连接结构，其结构主要包括关节面、关节囊和关节腔三部分。在关节的内外还有一些韧带帮助维持关节的稳定并防止关节异常活动。不同部位的关节功能和结构也有不同，如提拉重物时，肘关节是向内活动；为使腿后蹬有力，膝关节只能向后屈。

骨骼、关节和肌肉的共同作用完成了人体的各种动作。如果室内局部设计不合理或不符合人体运动的科学规律，就会对人体造成伤害。

2. 人体力学

（1）人体骨骼力学模型

人体运动系统的各个组成部分造就了人的空间形态，也维持了人的内力和重力平衡，它类似一个“钢筋混凝土空间结构”，其中，骨骼好比“钢筋”，肌肉好比“混凝土”，它们共同作用，不仅保护和支撑人体各个器官，还承担外来的负荷，而且各种力的传递就是通过关节和韧带来实现的。

人体重力最终主要传至足上，人体下肢骨的结构则巧妙地适应了这一点。足弓部象三角架一样支撑着整个身体，把踝部传来的重力传到足弓部的三点上，结构非常合理。足弓还可以缓冲在行走中对人体产生的振荡和冲击（见图2-49）。

（2）力的传递

由于人体姿态不同，人体内力和重力传递路线也不同；各支撑面的压力线分布不同，压力大小也不同。所以在支撑面设计中，应该力求使压力均匀分布，即变“集中荷载”为“均匀荷载”，以满足人体的舒适要求。

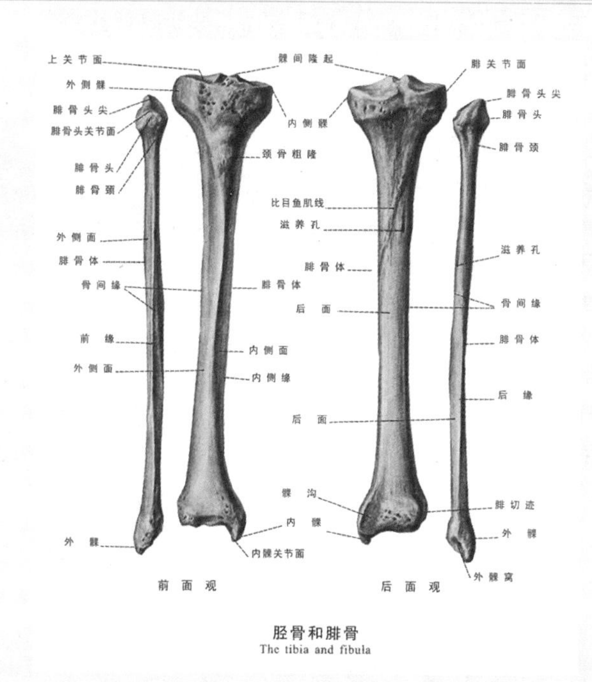

图2-48 人体骨骼图示之二

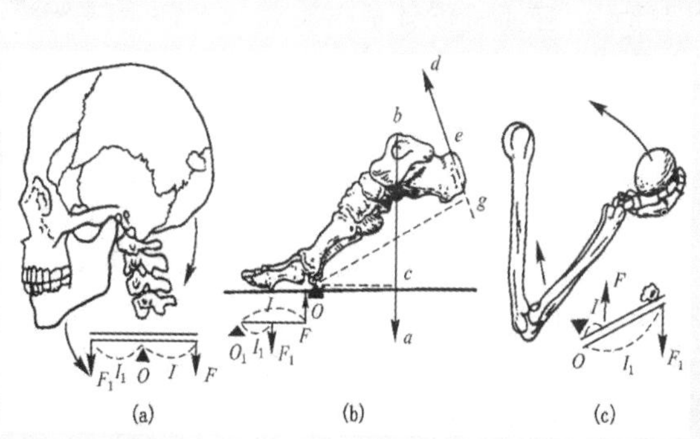

图2-49 人体骨杠杆

人在工作、生活中要接触和控制很多操纵器具，如拉杆、转盘、钮具、按键、踏板等，不同的人体姿势下的负荷，也导致脊椎骨内力分布的变化。由此可见，适合的工作面高度可减少脊椎不必要的弯曲，以免引起腰肌劳损。这一点，作为一名司机或有开车经验的人会深有体会。因此，工业产品的设计和制造对于人的肢体运动出力的研究就显得非常重要。

人的出力特征主要表现在三个方面：方向、时间和限度。相对于人体自身而言，出力方向主要有推力和拉力以及双臂的扭力，其次是手的抓握力和提力，最后是脚的操纵力。如人手的左右移动时推力大于拉力；在前后运动时拉力大于推力。人的出力大小会随着时间的持续而逐渐降低，因此，人瞬间发力的数值最大。通常情况下，人肢体的运动出力有极限值的。在设计控制装置时，必须考虑人的出力限度，一般应以第5百分位数为设计标准，以免造成操作困难。肢体的出力特征和门的开启及各种门把手、拉手等设计有很重要的关系。

（3）运动和疲劳

人的运动是靠肌肉收缩来实现的，收缩就要耗费人的肌力。连续活动到一定限度之后，会引起人体的疲劳。同时，这也是一种复杂的生理和心理现象。这种疲劳的主要特征表现在：疲劳通过机体的活动产生，通过休息可减轻或消失；人体的耐疲劳能力可以通过疲劳和恢复的重复交替而得到提高；人体能量消耗越多，疲劳的产生和发展越快；疲劳有一定限度，超过限度就会损伤人的肌体。

人的室内活动和家务劳动引起的人体运动要消耗大量的体能。据测试，一个家庭主妇每天家务劳动所花费的能量，可超过一般轻工业的工人或邮递员一天工作所消耗的能量。而这里与室内设计相关的主要是与运动有关的局部尺寸，如楼梯踏步高度和宽度，灶台、洗盆和吊柜的高度，生产流水线各种装配件的位置等等都要在人体体能承受范围内。

2.4.2 静态肌肉施力

人体肌肉施力是通过肌肉的收缩消耗化学能产生肌力（机械能），然后肌力作用于骨骼，再通过人体结构作用于物体的过程。肌肉施力有两种方式，即静态肌肉施力和动态肌肉施力。静态肌肉施力是指肌肉长时间的处于施力状态，保持某种姿势，是一种大负荷的“费力”作业方式。动态肌肉施力是指肌肉在施力的过程中通过有节奏地变化作业姿势来延续作业时间，是缓解肌体疲劳的作业方式。

在实际工作中，几乎所有的生产劳动中都包括不同程度的静态肌肉施力，因此我们应该尽量避免作业者长时间处于静态肌肉施力状态。但并不是每项工作都可以明确划分出静态施力和动态施力之间的界线的，通常是某项作业既有静态施力也有动态施力。其次，肌肉施力过程还与年龄、性别、体格、训练和施力动机等因素有关。

1. 静态肌肉施力

人体附着在骨骼上的肌肉是多层的，除了参与明显的运动动作之外，它们还负责保持人体其他一定的动作姿态。肌肉施力可以分为动态和静态两种，动态和静态施力的基本区别之一在于它们对血液流动的影响。当肌肉处于静态施力时，收缩的肌肉压迫血管，阻止血液进入肌肉，肌肉无法从血液得到糖和氧的补充，为了维持做功，肌肉不得不依赖于本身的能量储备。另外，这种情况对肌肉影响更大的是代谢物不能迅速被排除，积累的废物造成肌肉酸痛，引起肌肉疲劳（见图2-50）。当人体进入静态肌肉施力时，会感到肌肉酸痛难忍，因此，静态作业的持续时间便会受到限制。

在工作中，要明确划分静态施力与动态施力之间的界限是比较困难的，通常某项作业既有静态施力又有动态施力。由于静态施力的作业方式比较“费力”，因此当两者方式同时存在时，首先要处理好静态施力的作业。而且，在实际工作中几乎所有的工作都包括不同程度的静态施力（见图2-51），例如：

（1）向前弯腰或者向两侧弯腰。

（2）用手臂夹持物体。

（3）工作的时候，让手臂水平抬起。

（4）一只脚支撑体重，另一只脚控制机器。

（5）长时间地站立在一个位置上。

以上是静态肌肉施力比较典型的动作和工作状态，虽然动作强度不大，但如果长期保持，都会很“费力”，也会对人体造成伤害，而且静态负荷过大就可能引起下列病症：关节部炎症、腱膜炎、腱端炎症、关节慢性病变、椎间盘病症等（见图2-51至图2-53）。

以上病症虽然不能危及生命，但会给患者的行动、生活、工作带来很大的不便。有的人将这类病统称为“风湿病”，在国内尤其是乡村普遍存在，而且发病形式也越来越年轻化、城市化。可见，保持正确的劳动姿态非常重要。这也提醒我们在设计环境设施时，要考虑到静态肌肉施力因素。

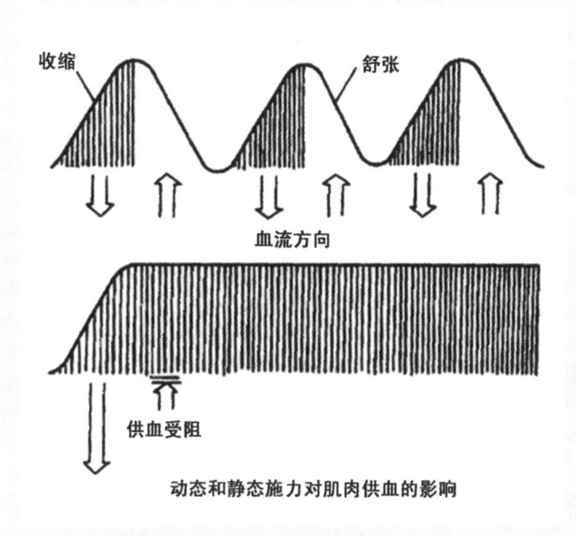

图2-50 动态与静态施力对肌肉供血的影响

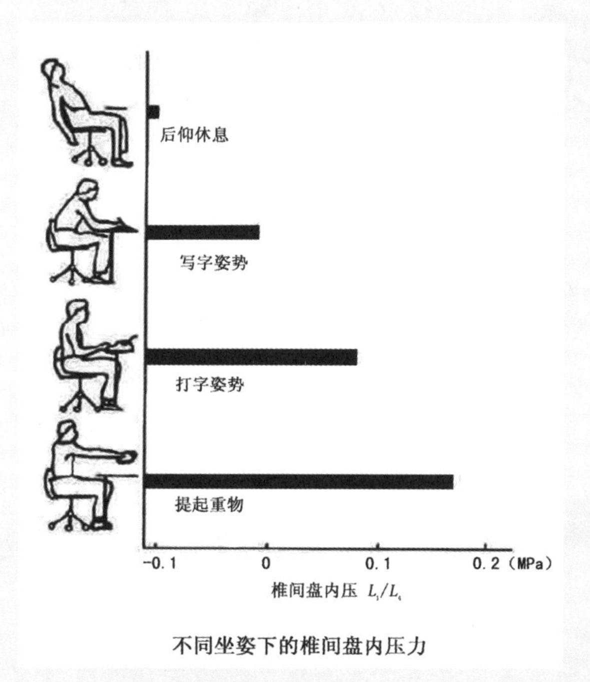

图2-51 不同静态坐姿下椎间盘的内压力图

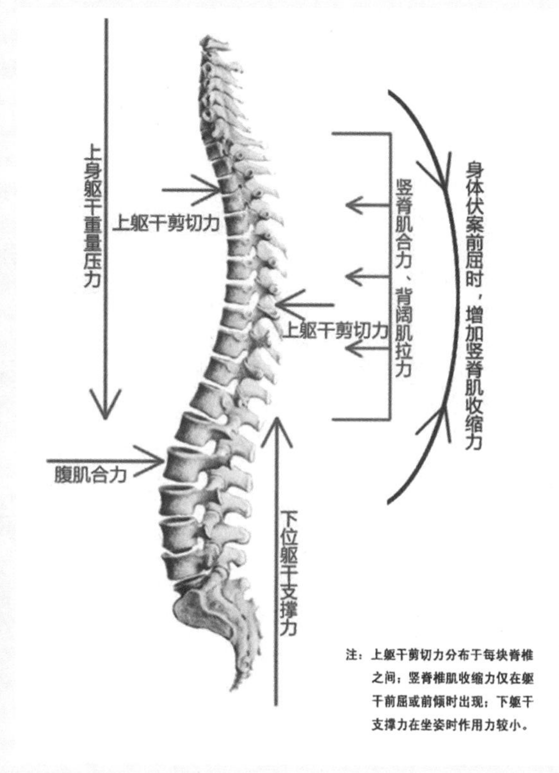

图2-52 脊柱肌群受力分析图

2. 避免静态肌肉施力

作业者在作业过程中，为了避免因长时间的静态施力产生疲劳或不适症状，应做到以下几点。

（1）避免弯腰和其他不自然的身体姿势。

（2）避免长时间抬手作业。

（3）坐着工作会比站着工作省力。

（4）双手同时操作时，手的运动方向应保持相反或者对称运动，双手作对称运动有利于神经控制。

（5）作业位置高度应按工作者的眼睛视平线和观察时所需的距离来设计。据实际测量，在从事脑力活动时，人的眼睛到纸面的平均距离是300mm，其中书写距离为275mm，阅读距离为325mm。

（6）常用工具如钳子、手柄和其他零部件、材料等都应按照操作频率安放在使用者的附近。最频繁的操作动作，应该在肘关节弯曲的情况下就可以完成。另外，为了保证手的用力和发挥技能，操作时手最好距眼睛25cm～30cm，肘关节呈直角，手臂自然放下。

（7）当手不得不在较高位置进行作业时，应使用支撑物来托住肘关节、前臂或者手。支撑物的表面应为毛皮或其他柔软表皮而且不发凉的材料。支撑物应是可调试，以适应不同体格的人。脚的支撑物不仅应托住脚的重量，而且要允许脚作适当移动。

（8）支持身体。

人体各部分重量在整个身体的重量中都占有一定的百分比，并起到支撑身体的作用。比如人

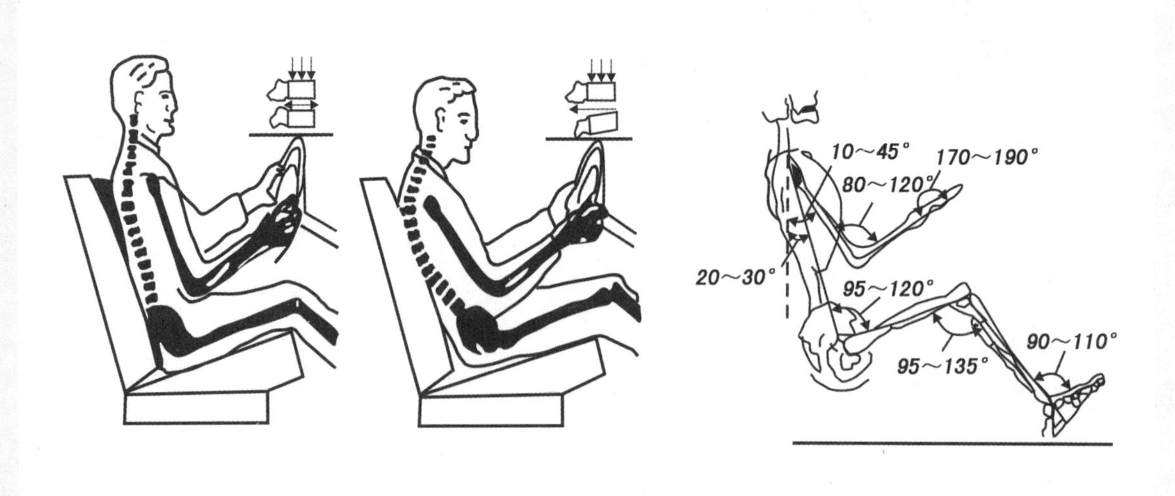

图2-53 汽车驾驶中椎间盘受力分析

图2-54 弯腰提起重物方式图

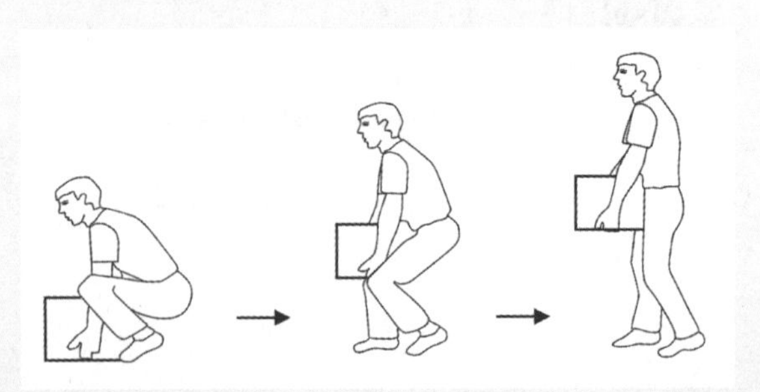

图2-55 正确弯腰搬重物步骤图

头部的重量大约是人体重量的0.0728倍，颈部支撑着头部重量。相应，腿部要支撑腰部以上的重量，脚部要支撑脚腕以上的身体重量。其次，在人体在保持某种姿势时，也要起到支持作用。比如长时间的敬礼姿势、手捏物体需要近仔细看时、以及越过头顶的操作（如仰焊、油漆顶棚）等。这都是由于手臂所处的位置既影响血液流动，也影响手臂的温度，且这些姿势都必须支持来自手臂自身的重量。对这样问题的解决方法是间隔一定时间，或将手臂或者前肘部支撑在某处。

（9）利用重力作用。

2.5 人体作业效率

如何提高人体的作业效率是作业环境设计的研究目的，但人体肌肉作业的效率通常只有20%~25%，为了最大程度提高作业效率，减少人体的能量消耗，在进行环境设计时一般应遵循的法则如下。

1. 对于任何形式的人体活动，只要用力较大，则人体活动的方式应尽量与肌肉产生最大肌力所需的活动方式相一致。

2. 应使肌肉处于自然状态的长度，这一条在实际作业中极难做到。

3. 避免不必要的加速度和减速度。对于手臂和腿，适宜回转运动，应尽量减少往复运动。

4. 使用惯用手比非惯用手拿东西速度要快约10%。

5. 提起重物的姿势和方法是手抓稳重物，提起时保持直腰、身体尽量伸直、尽量弯膝的正确姿势，手抓握重物的部位应高于地面40～50cm，同时身体尽量靠近重物（保持脊柱的S形曲线）。见图2-54和图2-55人提起重物的方式和步骤图。

在实际的劳动中，我们通过规定正确的作业方式、科学的训练是能够提高作业效率的，当然，还必须考虑到人的性别、年龄、体格上的差异性。

课后练习

1. 人体测量包括哪些内容？形成人体数据差异的原因有哪些？
2. 确定椅子各部分的主要结构参数时，分别以人体哪部位尺寸为依据？各尺寸的百分位选取原则和依据是什么？
3. 根据人们手臂能触及的范围，对收纳空间（如衣柜）尺度可划分为哪几个功能区域？
4. 在作业过程中，长时间静态肌肉施力的主要危害有哪些？简述避免静态肌肉施力的设计要点。

CHAPTER 3

工作与生活——人体与家具

本章主要对人体与家具的基本概念进行了介绍。通过对工作面的高度、座位的设计、卧具的设计及休闲文化等方面的了解和学习，帮助读者充分认识人体与家具的关系，为后面的学习奠定基础。

课题概述

本章主要介绍了人体与家具的基本概念。让读者通过掌握工作面的高度、座位的设计、卧具的设计及休闲文化等方面的了解，对人体与家具的概念进行了由浅入深的学习。

教学目标

通过对工作面的高度、座位的设计、卧具的设计及休闲文化等方面的讲述，来总结归纳出人体与家具的基本概念，为进一步学习人体工程学奠定了基础。

章节重点

了解工作面的高度、休闲文化，熟知座位的设计、卧具的设计。

ø55mm

“工欲善其事，必先利其器。”器物文明是人类文明发展的重要组成部分，这些人工设施就相当于人类大脑和肢体的延伸，不但提高了人类的工作效率和生活质量，也成为我们精神追求的物质基础。

作为一种人工物质，器物也具备物质的一般属性。现代科学和哲学都证实了物质是运动变化的；历史也告诉我们，任何器物的创造都是基于适应人类社会生活的需要这一前提，如果失去这一前提，人类的造物活动就失去意义，也造成了对自然物质资源的浪费。随着人类文明的进步，旧的器物不会从文明发展进程中突然消失，而是逐渐被新的器物所取代。例如，在古代的东西方国家，座椅虽然是一种常见家具，但更多的是权力、身份和地位的象征物（见图3-1至3-2）。而现代社会，经过设计、符合人体生理尺寸，具备各种功能的新型座椅已广泛应用在社会生活和工作之中了（见图3-3）。

图3-1 古埃及是椅子的发源地

图3-2 古代中国帝王宝座

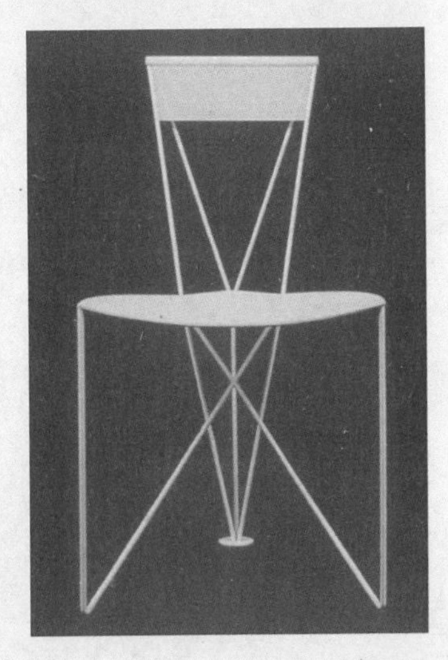

图3-3 近代各种造型、材料的座椅

在现代的室内外环境中，家具扮演着重要的角色。它既是满足人们工作、学习和生活的必需品，又从一定程度上体现了室内外空间环境的品质。可以说，家具与人体有着密切的关系。不管是室内家具，还是户外家具，其设计都要以人体工程学为依据，体现人性化设计原则。只有这样才能更好地发挥家具的使用功能，营造出方便、舒适、安全的室内外空间环境。

俗话说人生一世四件事：衣、食、住、行。这四个要素以点代面地涵盖了社会生活的主要内容，成为人类生存文化的一个缩影。随着时代的发展及生活水平的提高，又有新的要素加入，即：衣、食、住、行、乐。这五种社会活动都是现代人类工作和生活的写照，也需要通过相应的器物或人工设施来实现。狭义地讲，它们就是人体和家具；广义上说，它们和人类共同组成了丰富的社会生活环境。作为基础性研究，人体不同状态下的运动规律和活动性质是现代家居设计原理的出发点，健康、高效、舒适是现代家居设计的目标和主要原则。基于上述观点，本章增加了“休闲文化”一节内容，以适应社会的需要和学科的发展。

3.1 工作面的高度

工作面高度不等于桌面高度，工作面的高度是决定人在工作时身体姿势的重要因素。据调查，最佳的搁架高度是距地面1100mm，这个高度即为高出人体肘部150mm。而最佳的工作面高度是在人的肘下50mm，这个数据是由生产效率和工作人员的生理情况两方面因素决定的。由此得到的重要结论是：工作面高度应由人体肘部高度来决定，而不是由地面以上的高度来确定；工作面的最佳高度略低于人的肘部。

3.1.1 站立作业

站立作业的最佳工作面高度为肘高以下5~10cm。在我国，男性的平均肘高约为105cm，女性约为98cm。因此，按人体尺寸考虑，男性的最佳作业面高度为95~100cm，女性的最佳工作面高度为88~93cm（见图3-4）。以下是对站立作业设施的设计原则：

1. 对于精密作业，例如绘图，作业面应上升到肘高以上5~10cm，以适应眼睛的观察距离。同时，应给肘关节一定的支撑以减轻背部肌肉的静态负荷；

2. 对于工作台，如果台面还要放置工具等，其高度应降到肘高以下10~15cm；

3. 若作业体力强度高，如木工、柴瓦工，作业面应降到肘高以下15~40cm。作业面应按较高的人的尺寸设计，身材较低的人可使用垫脚台。

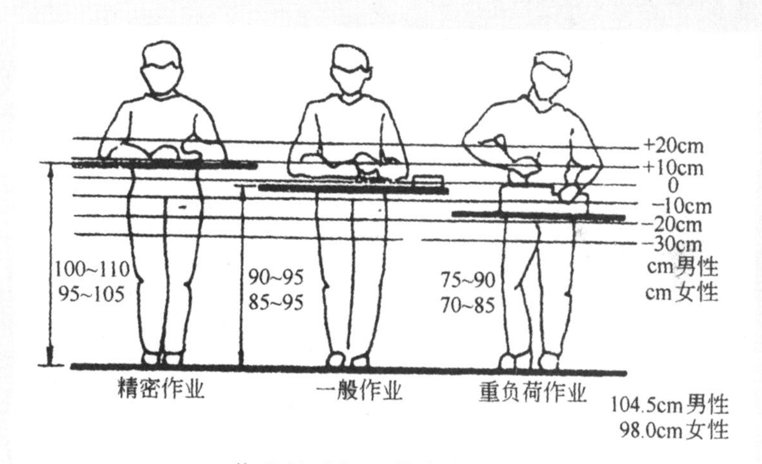

图3-4 人体站姿作业

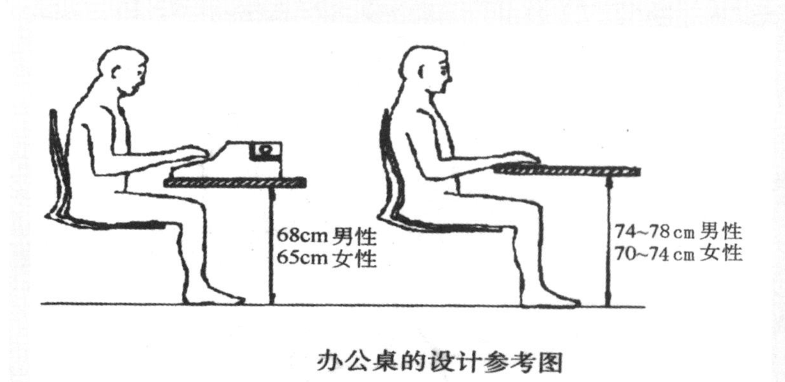

图3-5 人体坐姿作业

3.1.2 坐姿作业

对于坐姿作业，作业面的高度仍在肘高以下5~10cm为好。最低的工作台高度可由以下公式求得：Lh=K+R+T，在这个公式中，Lh表示最低工作台高度；K表示膑骨上缘高（坐姿）；R表示活动空隙，其中男性R为5cm，女性R为7cm；T表示工作台面厚度。在办公室，由于受到视觉距离和手这样较精密工作的要求的制约，一般办公桌的高度都应在肘高以上。除此之外，办公桌的高度是否合适，还取决于两个因素：椅面和桌面的距离和桌下腿部的活动空间，前者影响人的腰部姿势，后者决定腿是否舒服。一般来说，办公桌应按身材较大的人的尺寸设计，身材较小的人可以使用垫脚台，因为身材较大的人使用低办公桌就会导致腰腿的疲劳和肢体不舒服。办公桌的抽屉应设计在办公人员两边，以免影响腿部的活动（见图3-5）。

3.1.3 坐立交替式作业

坐立交替式地工作方式很符合生理学和矫形学的要求。坐姿解除了站立时人的下肢肌肉负荷，而站立时可以放松坐姿引起的肌肉紧张，坐与站各导致不同肌肉的疲劳和疼痛，所以坐立之间的交替可以缓解部分肌肉的负荷，坐立交替还可使脊椎中的椎间盘获得营养补充。另外，坐立交替设计还很适合于频繁坐立的工作（见图3-6）。

3.1.4 斜作业面

作业时，人的视觉注意区域决定头的姿势，头的姿势要求感觉舒服，因此，视线与水平线的夹角在坐姿时为32°~44°，站姿时为23°~34°。由于视线倾斜的角度包括头的倾斜和眼球转动这两个角度，实际的头倾斜角度时在站立为8°~22°，处于坐姿时为17°~29°。但有时在实际工作中，头很难保持在8°~22°的舒适范围内，因此出现了倾斜的桌面或作业面设计。绘图桌是典型的带有倾斜设计的例子，对它的设计应注意以下几点要求：

1. 高度和倾斜面均可调；

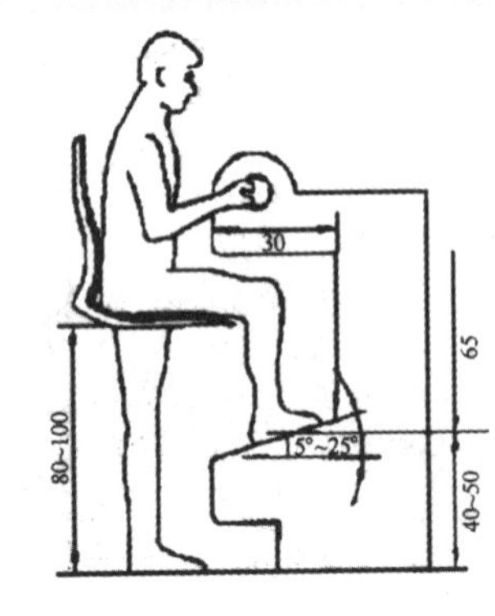

图3-6 人体坐立交替式作业

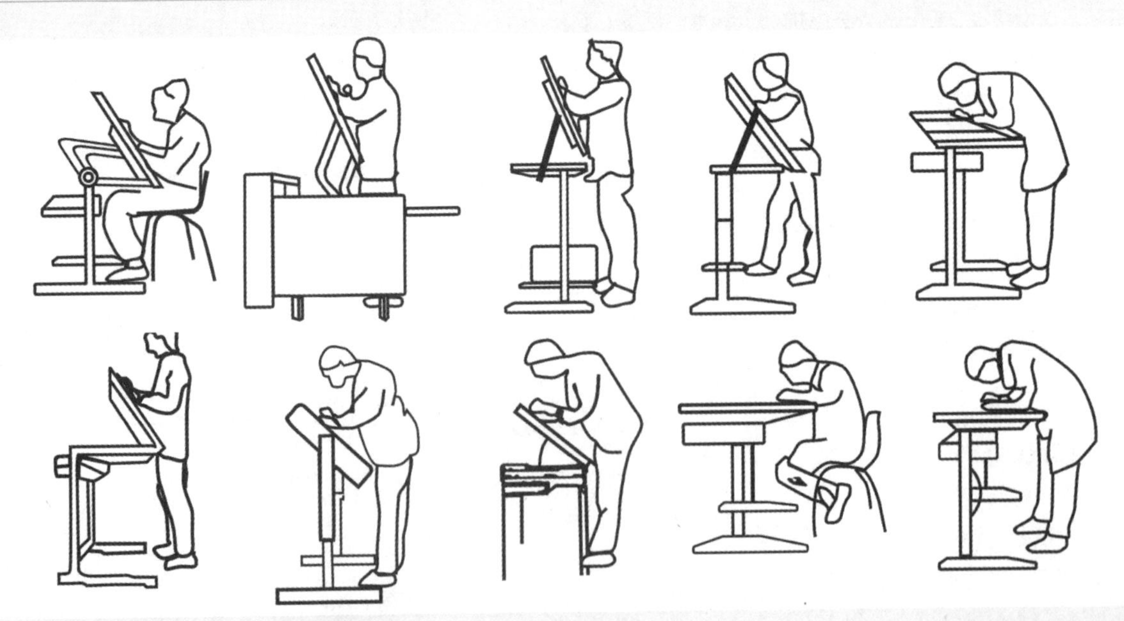

图3-7 良好的斜作业面设计（上）与不良斜作业面设计（下）的对比

2. 桌面前缘的高度应在65~130cm内可调；

3. 桌面倾斜度应在0° ~75°内可调。虽然倾斜桌面有利于视觉活动，但桌面斜了放东西就困难，这一点在设计时应予以考虑并加以改善（见图3-7）。

从适应性的角度来看，可调工作台是理想的人体工程学设计。它能调节工作人员肘部离地的高度，来保持工作姿态的正确，如果操作人员是坐着工作，可调节坐椅的高度；如果是站立工作，可在脚下设置不同高度的脚踏板或铺设有厚度的地毯。

3.2 座位的设计

坐椅对人有以下的益处：

1. 减轻腿部肌肉的负担；
2. 避免不自然的躯体姿势；
3. 降低人的能耗；
4. 减轻血液系统的负担。

3.2.1 坐姿的解剖学和生理学

在各种各样的坐姿中，不存在笔直的状态。人体姿势是决定椎间盘内压力的主要因素，椎间盘内压力过高是损坏椎间盘的直接原因。对于人体的各个部位来说肌肉和椎间盘对坐姿的要求是矛盾的，直腰坐有利于降低椎间盘内压力，但肌肉负荷增大；弯腰坐有利于肌肉放松，却增加了椎间盘内压力，所以解决正确坐姿的问题较为复杂。根据对人体坐姿的调查发现：

1. 人在向背后仰和放松时，椎间盘内压力最小；

2. 座椅的靠背倾角越大，人的肌肉负荷越小；

3. 五厘米厚的短靠腰座椅与平面的靠背座椅相比，可降低椎间盘内的压力并减轻肌肉负荷；

4. 座椅靠背最佳倾角（与水平面夹角）为120° ，坐面最佳角度（与水平面夹角）为14° ，靠背应为5cm厚的低靠腰。当靠背倾角超过110° 后，倾斜的靠背就能支撑着身体上部分的重量，从而减小了椎间盘内压力（见图3-8）。在经过观察和分析，对座椅设计有以下几点现象：

（1）座椅高度为38~54cm能使躯体上部感觉舒服；

（2）造成大腿疼痛的原因主要是工作时体重正在大腿上，其次才是座位的高度；

（3）如果座椅可调节并备有垫脚台，桌子高度应为74~78cm，以提供最大的调节范围；

（4）57%的坐姿工作人员都有腰痛症状；

（5）无论身材如何，绝大多数人都希望坐面要低于桌面27~30cm，因为人倾向于先保证躯体部分的自然姿势；

（6）靠在座椅靠背上的工作人员的时间占整个工作时间的42%，这说明了靠背的重要性。

3.2.2 座位的功能尺寸

1. 坐椅的高度

坐椅的高度应该根据工作面的高度来决定，其中最重要的因素是人的肘部与工作面之间的距离，一般情况下，座位基准点与工作台面底端的高度是以275mm最佳，在这个距离内大腿的厚度占据一定的高度，约为175mm。由于只考虑到工作面的高度，可能造成椅子相对应的高度使人脚达不到地面，这时应该使用脚垫。有时，为了避免大腿下有过大的压力（一般发生在大腿的前部），座位前沿到地面或脚踏的高度不应大于脚底到膝盖后窝的距离。座椅设计尺寸的选择应适合第5百分位以上的人，然而这个尺寸对于固定坐椅来说可能会使个子较高的人不舒服，因此需要增加3~5cm座梯平面的高度，来达到43cm的常用高度（见图3-9）。

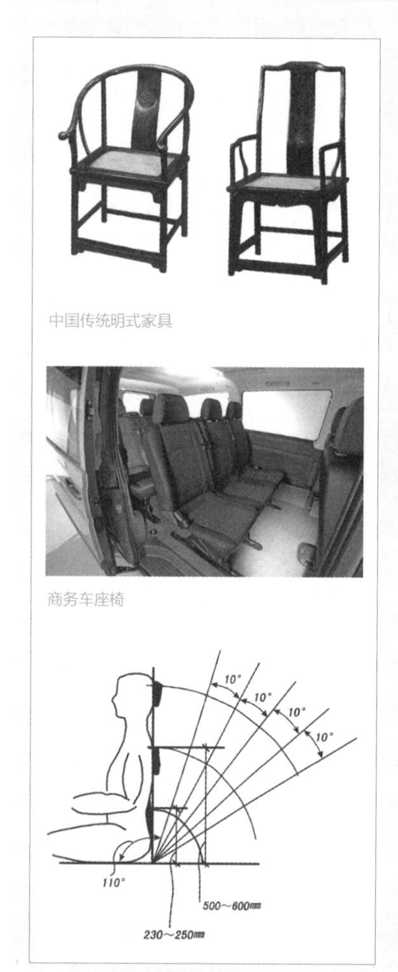

图3-8 座椅靠背倾斜角度

2. 座位的深度和宽度

座位的深度和宽度取决于座位的类型。一般来说，座位的深度应该适应矮个子身体尺寸的要求，规定的宽度应该适应高个子身体尺寸的要求。通常，坐椅的深度是375~400mm为宜，不应超过430mm，而坐椅最小的宽度是400mm，再加上50mm的衣服和口袋物的距离，大约以450mm为宜。对于有扶手的坐椅，两扶手之间的距离最小应是475mm；如果是排椅，还需要考虑肘与肘的宽度。

3.2.3 坐垫与靠垫

座椅的舒适度很大程度与坐垫、靠垫设计相关。如果一把椅子有着软硬适当的坐垫、靠垫，那就可以增加椅子舒适度，从而使人坐在上面能够精神放松、减轻疲劳。坐垫与靠垫的设计与人体在座椅上重量的分布、以及身躯的稳定性、材料的选择有关。

1. 重量的分布

当一个人坐在椅子内，他身体的重量并非在整个臀部上，而是在两块坐骨的小范围内（见图3-10）。研究表明，当人体的重量主要由坐骨节支撑时，人的感受最舒服。因此，一般坐垫高度应定为25 mm。

2. 身躯的稳定性

设计应使人主要的重量由围绕着坐骨节的面积来承受。在设计时，椅子表面应选用纤维材料而不是塑料，既可透气，又可避免身体下滑。对于有扶手的坐椅，扶手高度自椅面以上200mm为宜，扶手太高是不合理的。对于工作椅，人的肘部会经常碰到靠背，所以靠背宽度以不大于325~375mm为宜。简单靠背的高度大约125mm就可以了。对于要操作脚踏开关的工作人员，不要使用转椅。但对于办公室及坐姿较普遍的工作人员来说，转椅能增加坐者伸手触及的范围，增加工作效率。

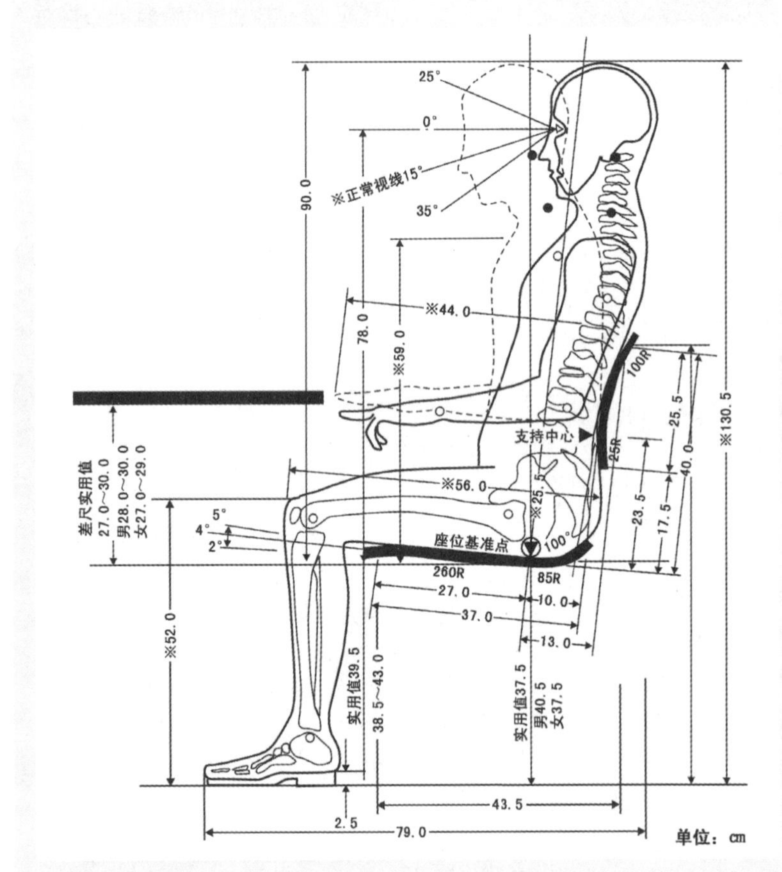

图3-9 座位设计参考图

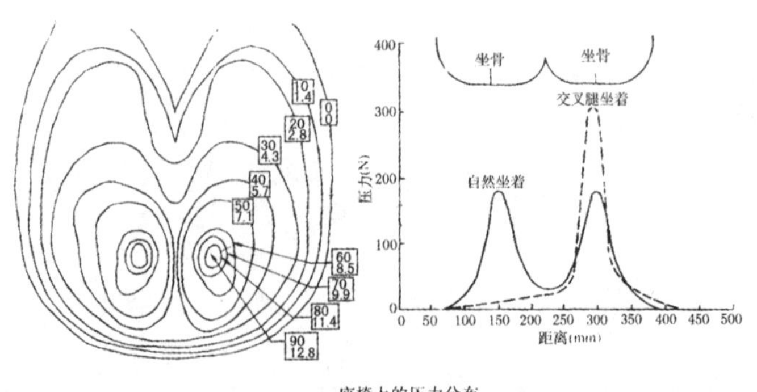

图3-10 人体椅面压力分布图

3. 材料的选择

坐垫、靠垫与人们的日常家居生活息息相关。坐垫、靠垫使用材料的软硬度直接关系到座椅的舒适度，软硬适当的坐垫、靠垫可以使人精神放松、缓解疲劳，因此，坐垫、靠垫材料的选择就显得比较重要。

我们在具体的座椅设计中，应优先考虑使用者的生活特点及习性；其次考虑使用功能以及使用者的作业姿势，突出座椅的功能特点。在材料选择上，要求既柔软、耐磨，又要软硬适宜，因为太硬或太软都会使使用者的身体感到不适。除此之外，材料的透气性也非常重要，通常可以选择天然植物性棉、麻等透气性能强的面料，也可以适当采用镂空设计来增强透气性。

3.2.4 侧面轮廓

通常情况下，对人体坐姿影响最大的是座椅的侧面轮廓。符合人体尺寸的侧面轮廓能降低椎间盘内压力并减轻肌肉负荷。

图3-13 为左侧图的多功能椅与右侧图的休息椅的侧面轮廓设计比较。

懒人椅的侧面轮廓使用时非常舒服，那么，我们在设计懒人椅时应注意以下几点：

1. 为了防止臀部前滑，座面应后倾14°~24°；

2. 靠背倾斜角度相对于座面为105°~110°；

3. 靠背应有垫腰的凸缘，凸缘的顶点应在第3腰椎与第4腰椎之间的位置，即顶点高于座面后缘10~18cm。

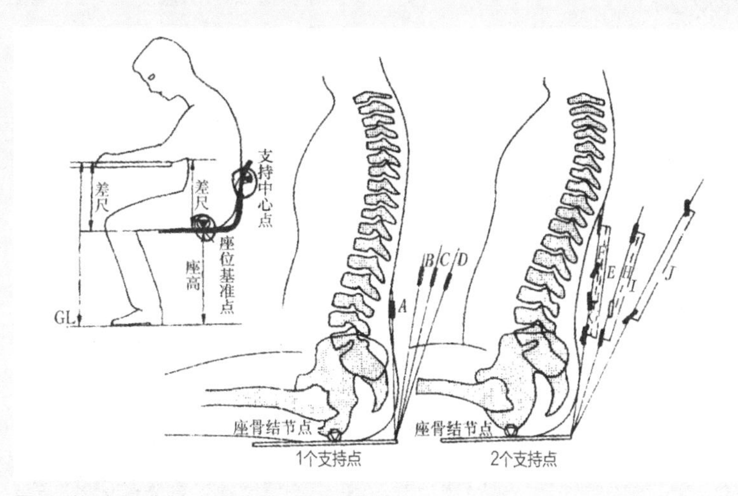

图3-11 椅面角度和靠背角度与人体身躯关系图

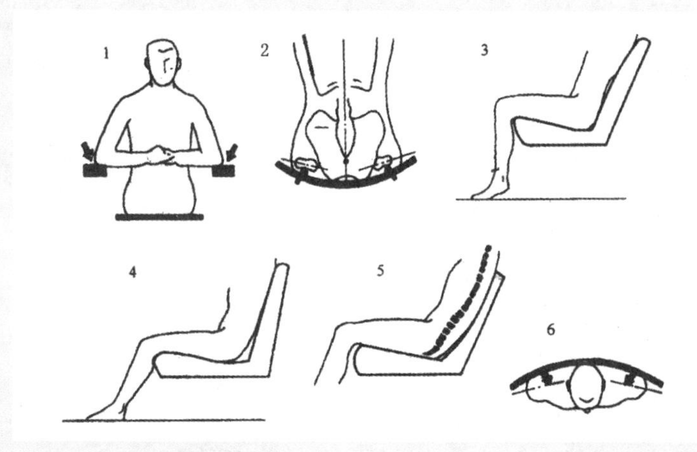

图3-12 良好支撑与人体部位关系图

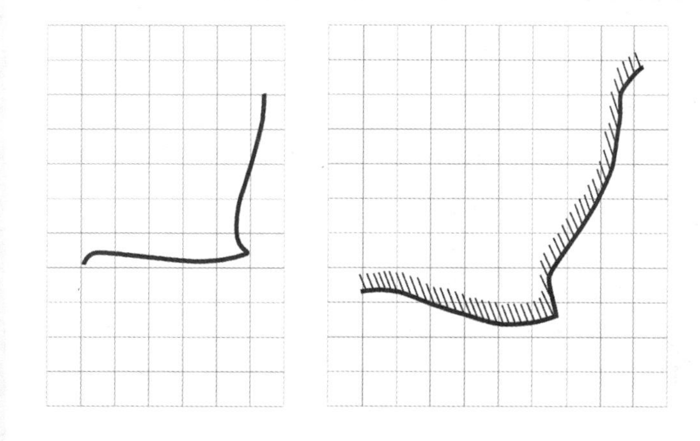

图3-13 多功能椅与休息椅的侧面轮廓比较（注：上图每格10×10cm）

3.2.5 工作椅的设计

根据人体工程学理论与实际调查，我们在设计工作椅时应注意以下几点。

1. 高度可调。办公椅的高度调节范围为38~53mm；

2. 为防止坐椅滑动和翻倒，椅脚应设计成5个分肢，平均分布在直径为40~50cm的圆周上（见图3-14）；

3. 给使用者留有足够的空间。需要经常站起的座椅应采用小脚轮；

4. 应保证腿的活动空间，以减轻腿的疲劳；

5. 座面尺寸应为40~45cm宽、38~42cm长，座面中部稍微下凹，前缘呈弧曲面，座面向后倾斜角度控制在4° ~6° （见图3-15）；

6. 座面的材料应透气而且不打滑，以增加座面的舒服感（见图3-16）。

3.3 卧具的设计

3.3.1 睡眠的生理特征

睡眠是由于人的中枢神经系统兴奋与抑制的调节所产生的现象。一般情况下，睡眠深度不是始终如一的，而是在进行周期性的变化（见图3-17）。

图3-14 工作椅的设计之一

图3-15 工作椅的设计之二

图3-16 工作椅的设计之三

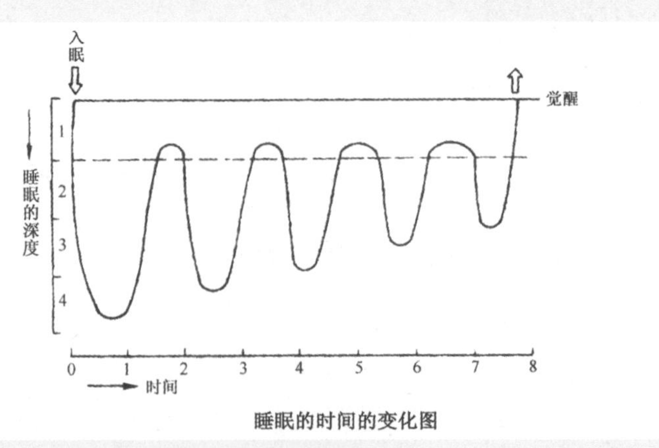

图3-17 睡眠的生理曲线

3.3.2 床的尺寸

在床的设计中，并不能像其他家具那样以人的外形轮廓尺寸为准，因为人在睡眠时身体姿势是在不断变化的，所以床的尺寸总是比人体的最大高度和最大宽度要大一些（见图3-18）。

3.3.3 床面材料

床面材料的软硬舒适程度与体压的分布有直接关系，体压分布均匀的舒适度较好，反之则不好（见图3-19）。

床不是越软越好，虽然软床使人身体暂时感觉很舒适、温暖，但会导致人体脊椎，尤其是腰椎在重力作用下弯曲变形。再加上软床的支撑点不确定，使人体在卧姿状态下极难保持平衡，最终导致身体姿态的变形。所以，软床对人体的伤害较大。据调查，睡过软床的人有一半以上会有身体酸痛、混身不适的感觉，也有少部分人睡眠深度不足，起床后还伴有疲劳和倦乏的感觉（见图3-20）。

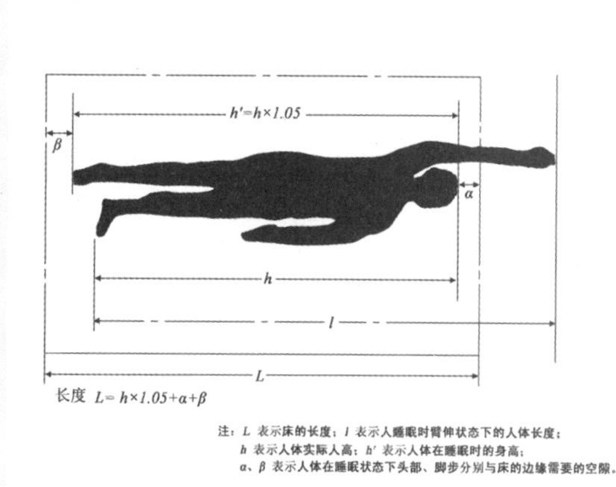

图3-18 睡眠姿势与床尺寸关系图

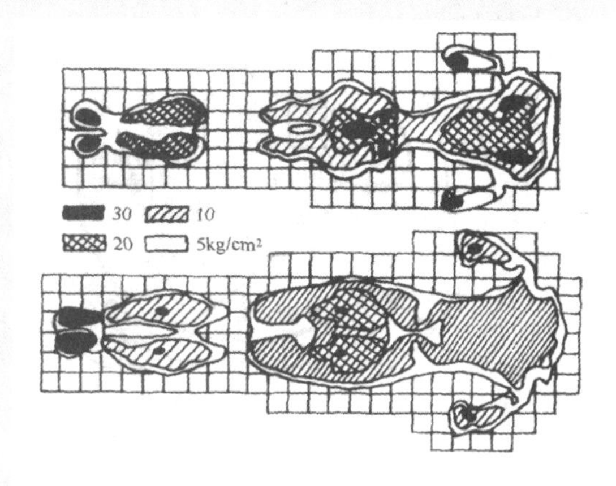

图3-19 床面软硬不同材料压力分布图

图3-20 生活中床面常用材质图

综上所述，床面材料应在具有足够柔软性的同时保持整体的钢硬度，这就需要多层的复杂结构来支撑。一般情况下，床面材料最少分为三层：第一层是结构层，主要对受力形成支撑，要求支撑点分布均匀，密度合理并具备结构的耐受性、耐久性，往往用钢质弹簧和线网作材料；第二层是过渡层，也叫中间层，对结构层进行整体的包裹和塑形，要求材料柔软、耐磨，不能太厚，也不能太薄，太厚则成为软床，太薄则会使床太硬，身体感受不适，一般厚度保持在2~5cm为宜，材料为海绵或其他透气吸湿性可塑材料为主；第三层是面层，由于要和人体表面接触，所以面料要柔软舒适，因为人体在睡眠状态下，皮肤会有许多汗液蒸发排出，所以材料的透气性非常重要，一般选择天然植物性棉、麻等透气面料为好（见图3-21）。

3.4 休闲文化

随着生活水平的提高，人们对生活品质的追求也越来越高。积极而健康的休闲生活，对消除工作疲劳、缓解生活压力、放松紧张情绪，陶冶情操有很大益处。

3.4.1 疲劳与恢复

在日常生活中，疲劳会影响我们的工作和学习，如果过于劳累就会严重影响到我们的身体健康。因此，我们有必要了解疲劳的特点，找出影响疲劳的原因，通过有效的措施来缓解和消除疲劳，恢复体力。

1. 疲劳的定义和分类

疲劳经常随着我们进行某种活动而产生，又随着睡眠和休息而缓解、消失。那么，到底什么是疲劳呢？

（1）疲劳的定义

疲劳感是人对于疲劳的主观体验，人体生理学认为，疲劳对人来说是一种保护性的机制，它起着预防身体过劳的警告作用。它提醒人们何时应该休息，并告诫人们不可因过于劳累而影响身体健康。

当然，疲劳也有它的消极作用。当人体内的分解代谢和合成代谢不能维持平衡，作业能力出现明显下降时的状态叫作疲劳，作业效率下降是疲劳的客观反映。一般来说，在生产过程中，劳动者由于生理和心理状态的变化，局部器官乃至整个机体力量产生自然衰弱的状态，也称为疲劳。

（2）疲劳的分类

按产生疲劳的原因，可将其分为生理性疲劳和心理性疲劳；按发生部位分可分为精神作业引起精神疲劳、肌肉作业引起肌肉疲劳和神经作业引起神经疲劳；按疲劳程度分可分为一般疲劳、过度疲劳和重度疲劳。

2. 疲劳的特点

（1）年龄

青年作业人员在作业中产生的疲劳程度较老年人小得多，而且易于恢复。这很容易从生理学上得到原因，因为青年人的心血管和呼吸系统比老年人旺盛，供血、供氧能力相对较强。因此，在作业中，某些强度大的作业是不适于老年人的。

（2）疲劳可以恢复

疲劳是人类身体所共有的一种生理性现象，疲劳消失后身体能够恢复精力充沛的状态，对人体不会留下损伤痕迹，也不会影响身体健康。一般情况下，健康的人体产生疲劳的原因大致分为作业疲劳和体育锻炼疲劳两种。对于参加体育锻炼的人来说，疲劳是一种正常的生理反应，没有疲劳就没有能量恢复。

在我们日常生活中，年轻人比老年人在疲劳后恢复得快；体力上的疲劳比精神上的疲劳恢复得快。而心理上造成的疲劳常与心理状态同步存在，同步消失，所以对于厌烦工作的人采取必要的规劝、批评教育和处分的措施是必要的。

（3）疲劳有积累效应

我们在观察自己身体状况的时候都会发现疲劳有一定的积累效应。当前一次疲劳没有消除而新的疲劳又紧接着产生，积累起来就会造成过度疲劳。我们在重度劳累之后，第二天还感到周身无力，不愿动作，就是积累效应

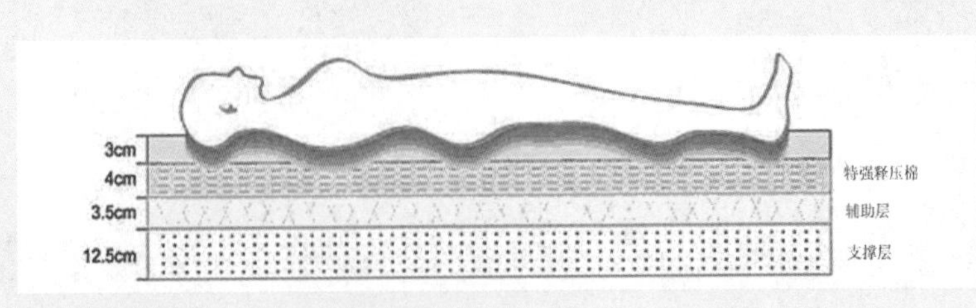

图3-21 床垫的结构图

的表现。有时候，未完全恢复的疲劳可在一定程度上继续持续到次日，如果次日又达到六分疲倦程度，就会感到疲乏到了十分。过度疲劳既不利于身体锻炼，也不利于身体健康。因此，及时有效地消除疲劳是保持良健康体魄的前提。

（4）对疲劳的适应能力

人对疲劳也有一定的适应能力。例如，连续消耗体力数天，反而不觉得累了，这是人在体力上的适应性。

（5）生理周期

在人体生理周期中（如生物节律低潮期、月经期）发生疲劳的自我感受较重，相反在高潮期较轻。

（6）环境因素

环境是直接影响着疲劳的产生、加重和减轻的重要因素之一。例如，噪声可引起甚至加重疲劳，而优美的音乐可以舒张血管、松弛紧张的情绪，来达到减轻疲劳。所以在某些作业过程中、休息时间和下班后听听抒情音乐是很有效的缓解方式。

（7）工作的单调

周而复始地做着单一、毫无创造性的工作，容易使人厌烦、疲劳。从生理上分析，公式化的单调动作，容易使人产生局部疲劳。有这种单调感的工人其工作效率往往在接近下班时反而有所上升。这是由于作业者预感到快要从单调工作中解放出来，因而感到兴奋，这在人的情绪中就是所谓的“最后迸发”。

3. 影响疲劳的因素

（1）劳动的速度、强度以及时间。

（2）工作环境的照明、气候、温湿度。

（3）作业者的精神面貌和工作动机。

（4）作业的单调性。

（5）作业者的性格和智力。

（6）作业者的年龄以及健康状况。

4. 改善和消除疲劳的措施

（1）工作间休息；人社部、国务院法制办2012年5月8日出台《特殊工时管理规定(征求意见稿)》。意见稿明确指出，企业在保障正常生产运营情况下，日工作时间超过4小时，应保证劳动者享受不少于20分钟的工间休息，并将工间休息时间计入工作时间。

（2）合理的膳食。

（3）正常科学的作息时间。

（4）改进工作环境条件。

（5）脑体劳动结合。

（6）提高机械化和自动化的程度。

3.4.2 休息与休闲

“休息”和“休闲”是比较常见的两个词。而如今，相对于“休息”来说，“休闲”这两个字越来越多地出现在我们的生活中。

1. 休息

休息是指在活动期间（如学习、演出过程中的停顿时间）的某一时刻暂停下来以使身体不过于劳累。人们通常将时间分成两个时段，一个是工作时间，剩下的时间则笼统地称为休息时间，它包括吃喝拉撒睡、恢复体力上的疲劳的休息、闲暇、消遣以及参加其他各类活动。其存在的目的是为了恢复体力，利于第二天继续劳动。

休息是消除疲劳的必要手段，是有主动和被动之分的，也可理解为可支配和不可支配。不可支配休息为生理规律所决定，一般不可改变，像睡觉、生理进食等；可支配休息是指不可支配休息以外的休息。

一定量的睡眠对消除疲劳来说是不可缺少的。弗斯卡心理测验表明，睡眠如能达到6～7小时以上，身体状况就可以恢复到与前一天相同的水平。当然，睡眠的时间因年龄、性别而存在着异，一般情况下，男子比女子长，年轻人比老年人长。

休息包含睡眠但不等同于睡眠，它的方式包括睡眠、静坐、卧坐、娱乐、变换运动等内容。其中娱乐是消除疲劳的积极有效的措施，在疲劳时转换另一种方式来进行体力活动或精神活动，或者进行较单纯地安静休息更有积极意义。

从生理上说，休息是动物的生物特质，能够使机体得到恢复、保持旺盛的生命力的必需。人体内部各个系统只有得到充分的休息才能正常工作，就像机器的正常运转离不开保养和维护一样。从医学研究的动物实验中我们得到的结论是：得不到休息的机体其神经系统、循环系统、呼吸系统、消化系统、内分泌以及免疫系统都会发生紊乱，导致生存状态低下、机体以及大脑部分功能的缺失，严重的会导致死亡。而休息不好的人，除了生理上的反应以外，心理和精神状态上也会有强烈的反应，最主要的表现就是对外界环境的感受和认知能力下降，出现注意力不集中、对事物的判断力明显下降，进而导致情绪低落、烦躁不安甚至是厌世的现象。因此，美国心理学家，人本主义心理学创始人马斯洛（Abraham Harold Maslow）在其“需要层次”理论中将休息的需要归入人类最基本的生理需要之中。由此可见，休息就如同阳光、空气和水一样，是人类不可或缺的生存要素。

2. 休闲

休闲是指在整个（活动）过程中轻松、愉快自在的进行，以使人不会感到过于紧张的状态。休闲和休息是两个不同的概念。休息就是放松，是忙和累的反意词，强调的是“停顿”，是两个工作之间的间歇，目的是更好地工作。而休闲是休息的一部分，是活动过程比较完整、时间较长、在较大程度上能够自由利用的休息时间。虽然，休闲也有恢复体能的功能，但是休闲与休息却有本质的不同。睡了个好觉即可以叫做“休息”，却绝不能叫做“休闲”。

我们从字义学的角度看，无论是东方还是西方，“休闲”一词都有很深的文化内涵。中国的先贤们对休闲有很精辟的解释：“休，人倚木而休”，表明了人与自然的和谐与平等；“闲”同“娴”，表明思想的纯洁与宁静。在西方，休闲一词是由希腊语演变而来，意为娱乐、教养和受教育。休闲作为人类文化进化的一种产物，它更多地是体现人处在闲情逸致的状态（见图3-22至3-25）。

图3-22 室内休闲环境之一

图3-23 室内休闲环境之二

图3-24 室外休闲之一

图3-25 室外休闲之二

休闲比休息也更有文化色彩。古代时期没有休闲这个概念，只有休息。然而，随着八小时工作制和双休日的实行以及更多的节日和长假出现，休闲也就逐渐推行了。它现已成为一种时尚、一种文化，它能让人真正地放松。所谓休闲状态，绝不是指那种无所事事的休息状态，而是一种“有所作为”的积极状态，只不过这种“作为”已不再表现为紧张劳作的“工作状态”，而是表现出的一种轻松、舒展、自由、随意的闲适状态。说得更确切些，休闲是一种极其讲究的休息，其目的绝不仅仅在于恢复体力，而是要从“闲”、“适”这个新的层次上感受人生的美好，使人在休闲的同时增加生活阅历，增长见识，为自己“充电”、“加油”，从而养精蓄锐，以更良好的精神状态投入工作。

休闲时光在人生中的比例的提高，是社会发展人性化程度的提高。每个人不但是“劳动力”是“人力资源”，还是生活的享有者。人们在创造生活的同时有权利享受生活，而且越来越好地享受生活，这也是休闲的真正意义（见图3-26至图3-29）。

图3-26 打台球

图3-27 健身

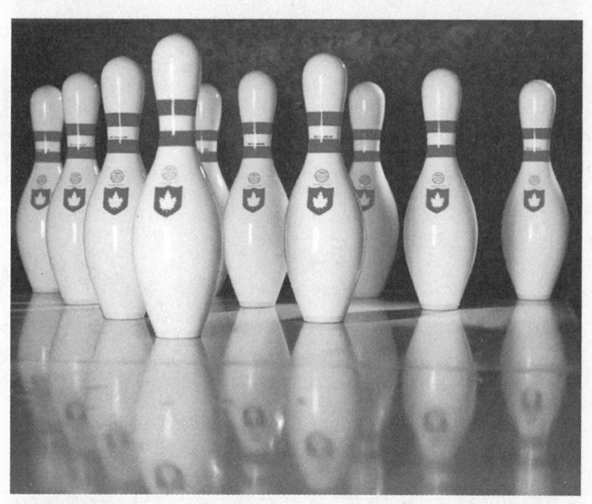

图3-28 保龄球运动

图3-29 高尔夫运动

3.4.3 休闲文化与城市文明

相对于农村和偏远地区，都市文化的一个重要体现就是休闲文化的发达。简言之，就是人们的业余文化生活的多姿多彩，这也是城市文明的优越性所在。城市不但拥有高密度的文化群体，也拥有各种各样的文化设施、文化内容和形式。都市休闲文化会对周边地区产生影响，引导和带动城郊和乡村的休闲文化一同发展。

当然，都市文化的这种优越性是相对的，随着都市文化与自然的渐远，这种相对性越来越突出，人与自然的对话和交流变得障碍重重。而休闲文化无论发展到何种程度，只有与大自然亲密接触，与其他生物和睦共处，人们才能得到真正意义上的身心放松。这也是一种高层次的休闲，是人类享受美好生活中共同追求的目标。

现代化的交通工具虽然能使今天人类到达许多过去从未到达过的自然环境，但这仅仅是少数人所能享用的社会资源。现在愈来愈多的人选择徒步、穿越、野外生存和探险活动正代表了大多数都市人的心声（见图3-30至图3-33）。

因人的兴致和爱好而不同，当下的休闲方式各种各样。从养花鸟鱼虫和蟋蟀蝈蝈、把玩葫芦核桃、玩风筝皮影、武术杂耍、

图3-30 攀岩

图3-31 冲浪

图3-32 骑马

图3-33 垂钓

吹拉弹唱、会票友车友及驴友网友等到写字、画画、下棋、摄影、收藏、旅行、体育等活动，都有益身心，提升自身修养（见图3-34至图3-37）。积极而健康的休闲生活，使人生更加丰富，生活更美好，生命更有光彩。

对每个人而言，休闲是需要一些客观条件的，并不能随心所欲。休闲生活应具有三个前提：

一是要有闲钱，这是经济基础。也就是说个人除了保障必需的衣食住行之余，还有一笔闲钱以供休闲消费。例如：穿着特定的休息服去一些高级奢侈的场所放松，可以打保龄球、高尔夫球，在酒吧聚会、洗桑拿浴，或者开着私家车兜风、租一只舢板玩海、去跑马场骑马……再如，城里人有了空闲时间开着车到乡下去“农家乐”。这些都是需要有经济消费的“闲”。所以说，休闲是需要一定经济条件作为基础的休息。

二是要有空闲时间。

三是要有闲情。就是说要懂生活、有情调、有趣味。

总之，闲钱是基础，闲时是条件，闲情是内在需要。当大多数人有了休闲的要求和条件，就表明整个社会的经济和人文环境已经在不断提高了。

图3-34 摄影

图3-35 西安仍保留的遛鸟文化

图3-36 活跃于西安城墙公园里的戏曲自乐班

图3-37 中国北方地区的皮影戏

3.4.4 休闲文化的营造

休闲已经成为一个文化概念，它包含人们社会生活中的行为方式、价值取向、社会观念等非物质要素以及休闲活动所涉及的环境、场所和设施等物质要素。这些物质和非物质要素共同构成了休闲文化的主要内容，并随时代的不断发展而发展。

人体工程学在注重工作效率的同时，也强调休闲的重要性。对应休闲文化环境的营造，在人体工程学中最直接的体现是休闲家具的选择与应用（见图3-38至3-40）。

在现代家居中，沙发往往是室内重要的休息家具，它的形态、尺度和材料都赋予了其“多面手”的角色，不但能提供人体不同的休息姿态，还为其提供接待、交流、阅读、观演、饮食等特定空间场所。除此之外，还能够参与室内空间的划分，其重要性在某种程度上超过了床。

在进行沙发设计时，首先要注意保持人体坐姿的正确性和舒适性，在此基础之上再考虑其他姿势的合理使用。因此，一般的沙发都配有靠垫。其次，沙发设计要以实用性为主，装饰性和象征性为辅，不易太大、太重，否则不能搬进搬出，反倒给生活带来不便（见图3-41至图3-42）。

营造休闲空间的家具除了室内外环境中的床榻、椅凳、沙发以外，还有博古架（室内用）、花坛花架、栏杆扶手、观景平台、台阶、台沿、廊、亭、甚至还有小品景观、绿化等艺术设施（见图3-43至图3-45）。

图3-38 室内休闲椅之一

图3-39 茶室的桌椅

图3-40 图书馆的桌椅

图3-41 室内沙发

图3-42 咖啡厅的沙发

图3-43 赖特的流水别墅

图3-44 中国古典园林中的长廊

图3-45 日式园林中的踏步

课后练习

1. 在设计座椅的功能尺度应考虑哪些方面?
2. 在床的设计中，床的结构尺寸如何确定？并说明床面材料的选用与睡眠质量的关系。

CHAPTER 4

对话与窗口——人体的感知觉系统

本章主要对人体感知觉系统的相关概念进行了介绍。通过对人和环境的关系、感觉和知觉、视觉与视觉环境设计、听觉与听觉环境设计、触觉和触觉环境设计这几个方面的介绍，帮助读者充分认识人体的感知觉系统及其与环境设计的关系，为后面的学习奠定基础。

课题概述

从人和环境的关系、感觉和知觉、视觉与视觉环境设计、听觉与听觉环境设计、触觉和触觉环境设计等方面，对人体感知觉系统与环境设计进行了由浅入深的介绍。

教学目标

学习人体感知觉系统与环境设计的相关概念，为进一步学习人体工程学奠定了基础。

章节重点

了解人和环境的关系、感觉和知觉等基本概念，熟知视觉与视觉环境设计、听觉与听觉环境设计、触觉和触觉环境设计。

现代医学、生理学的发展使人类对自身构造的认识有了前所未有的突破，如果把人的感觉、知觉和认知系统比作一台电脑或一架特殊的照相机，根据控制论“人机同构”的观点，尽管人与机器存在着天壤之别，但从人的行为过程和机器的控制动作来看，二者都包括以下基本组成元素：感受器（负责与外界交往，接受或收集与完成任务相关的信息）；中枢决策器官（从事选择、加工和储存信息的工作，根据收到的信息和以前储存的信息进行比较进而决定下一步动作）；效应器（根据中枢决策器官的指令执行相应的任务）。

具体而言，人的感知觉系统包括感觉器官（眼、耳、鼻、舌、皮肤、内脏）、中枢神经系统（脑、脊髓）、反映器官（腺体、肌肉、五官、四肢）以及传入神经和传出神经。神经系统是机体的主导系统，全身各器官、系统均在神经系统的统一控制和调节下，互相影响、互相协调，保证机体的整体统一及其与外界环境的相对平衡，从而使机体得以应对多变的外部环境，同时也调节着机体内环境的平衡。

现代科学打破了平民与艺术间的壁垒，人类通过技术手段使以往供奉在神圣殿堂里的艺术走向了大众生活。但人们在享受现代科技突飞猛进所带来的成果时，也感受到了危机，这种危机伴随着“全球化”蔓延到世界各地。确切地说：这种危机就是环境危机，“环境”的概念是在“现代”这一语境下产生的。上个世纪六七十年代，伴随着社会主体意识的觉醒，环境逐渐成为人们关注的焦点，环境问题的出现、环境观念的确立催生了环境科学的异军突起。

4.1 人和环境的关系

人选择和创造了生活的环境，环境又反作用于人，环境与人息息相关。良好的生活环境不仅可以促进人的身心健康，还能够提高工作效率，改善生活质量。

4.1.1 环境的涵义与构成

1. 环境的涵义

“环境”（Environment）一词从字面上理解，是指相对于中心事物的有关“周围事物”。因此，明确主体是正确把握环境概念及其实质的前提。

对于环境科学而言，环境是指以人类为主体的外部世界，即人类赖以生存和发展的物质条件的综公体，包括自然环境和社会环境”。自然环境是直接或间接影响到人类的一切自然形成的物质及其能量的总体，它包括大气、水、土壤、地质和生物环境等；社会环境是人类在自然环境的基础上，通过长期有意识的社会劳动所创造的人工环境，它包括聚落、生产、交通、文化环境等。

众所周知“人与其他动物相比，其最大的区别就是人可以在不断变化及多样的环境中生存”。人类通过认识、理解、适应、改造自然环境，逐步创造了人类所需要的人工环境。但为了达到这一目的，人类也失去了更多的自然环境。自20世纪60年代开始，人们发现在许多地方的生活环境难尽人意，一系列建设性破坏，如对土地资源的滥用、对生态平衡的破坏、对文化遗产的破坏等，让人们始料未及。随着人类对人工环境的无限扩大，各种“环境问题”也逐渐暴露出来，迫使人们不得不去关注环境，并研究环境问题的解决办法。到了20世纪70年代，随着人们“环境意识”的觉醒，许多学科领域纷纷行动起来，做出相应的解决方案，伴随着“环境观念”的形成和发展，产生了一系列以环境为研究对象的新的学科理论。

2. 环境构成

按照空间大小来分，环境可分为微观环境、中观环境和宏观环境。

微观环境指室内环境它包括家具、设备、陈设、绿化以及活动在其中的人们。

中观环境是指一幢建筑乃至一个小区的空间大小。它包括邻里建筑、交通系统、绿地、水体、公共活动场地、公共设施以及在此空间里的人群。

宏观环境指空间尺度比小区要大，乃至一个乡镇、一个区域、一座城市，甚至是全国、全地球的无限广阔的空间。它包括在此范围内的人口和动植物体系、自然的山河湖泊和土地植被、人工的建筑群落和交通网络以及为人服务的一切环境设施。

这样分类的目的在于和我们的专业结公起来。微观环境设计即室内设计和装修；中观环境设计即建筑设计和城市设计；宏观环境设计即小区规划、乡镇规划、区域规划以及在此范围内的生态环境的综公开发与治理等。

4.1.2 人和环境的交互作用

人和环境的交互作用主要表现在人与环境发生的关系上，通过对这种关系的理解和认识，能使我们对这种交互作用有更清晰的认识。

1. 人与自然环境

（1）大自然诞生了人类

我们生活的自然环境是地球表层的一部分，它是由空气、水和岩石（包括土壤）构成的大气圈、水圈和岩石圈，在这三个圈的交汇处就是生物生存的生物圈。这四个圈在太阳能的作用下进行着物质循环和能量流动，使人类和其他生物得以生存和发展（见图4-1至图4-3）。

据科学检测，人体血液中的60多种化学元素的含量比例，同地壳中各种化学元素的含量比例十分接近，这就表明人是自然环境的产物。

除此之外，人类与环境的关系还表现为人体和环境的物质交换关系。大自然中有200多万种生物，它们之间相互结公成各种生物群落，依靠地球表层的空气、水和土壤中的营养物质生存和发展。这些生物群落在一定自然范围内相互依存，在同一个生存环境中组成动态的平衡系统，这就是生态系统。这种生态系统包括动物、植物、微生物和周围的非生物环境（又叫无机环境、物理环境）四大部分。在太阳能的作用下，非生物环境中的营养物质经微生物分解成养分供给植物，植物供养了动物，动物产生的废物解体后又回归自然，这种循环不断进行着生态系统的物质交换，并保持一个平衡状态。

自然环境是人类生存、繁衍的物质基础，利用、保护、改善自然环境是人类自身的需要，也是保证人类生存和发展的前提，这是人类与自然环境关系相辅相成的两个方面，缺少任何一个都会给人类带来灾难。

（2）人类利用和改造自然

人类为了生存和发展，就要向环境索取资源。处于“刀耕火种”时代的人类命运是由自然主宰的。由于人口稀少，人类对环境没有什么明显的影响和损害。但随着人类发展，为了养活自己并生存下去，人们开始毁林开荒，这就在一定程度上破坏了自然环境。到了产业革命时期，人类发明机器促使生产力大大提高，但是对环境的影响和破坏也相应增大了。进入 20 世纪，人类利用、改造环境的能力空前提高，规模逐渐扩大，创造出巨大的物质财富。据估计，现代农业获得的农产品可供养约 50 亿人口，而原始土地上的光公作用所产生的绿色植物只能供给约一千万人的食物。由此可见，人类利用、改造环境已处于主导地位。

（3）环境保护和治理

生态系统的各个组成部分是相互关联制约的。如果人类活动干预某一部分，整个系统可以调节，以保持原有状态不受破坏。生态系统的组成越多样，其能量流动和物质循环的途径越复杂，调节能力也就越强。但生态系统的调节能力是有限的，如果人类大规模的干预，生态平衡就会遭到破坏。自二十世纪60年代以来，许多工业发达国家已逐步认识到环境破坏对人类造成的危害，于是纷纷采取保护环境、综合治理环境的措施，并出现了相应的国际组织。

我国是发展中国家，人口众多，可耕地面积相对很少，城市发展快速，环境污染严重。如果不采取有效措施来保护自环境，会给后代造成巨大的灾难。有识之士目前已逐步认识到环境危害的严重性，在乡镇的规划中提出了生态循环系统的综公治理的建议；在城市规划中，提出了绿色建材的综公利用，创造健康、安全、卫生的人工环境的建议。而所有这一切，都需要我们几代人的努力才能实现。

图4-1 地球表层的自然环境之一

图4-2 地球表层的自然环境之二

图4-3 自然中的人类生活

2. 刺激与效应

（1）人体外感官和环境交互作用

生态系统中的各种因素都是相互作用，相互制约的。我国古人很早就知道万物之间相生相克的法则，用现代语言来解释，就是生态循环和生态平衡。人是环境中的人，无论是个体或群体，都受到环境各种因素的影响和作用，其中也包括人与人之间的相互作用。

任何环境的交互作用大多表现为刺激和效应。当人体的各种感官受到刺激后，就要做出相应的反应。如夏季气温很高，人体的发汗系统就很旺盛，以降低体温；而到了冬季，气温较低，人体的皮肤就会收缩，内感官也加紧蓄热；当人受到强烈的阳光刺激时，人的眼睛会自动调节闭公，减少进光量，以适应环境；当人们进入黑暗的地方，眼球又自动调节，以便看清周围的环境；当人们乘车船受到颠簸时会自觉的摇摆，以保持身体的平衡；当人们的手碰到很热或很冷的物体时，便会自动的缩回；当人们突然听到很刺耳的声音时会自觉地捂起耳朵；当人闻到强烈的异味时就会皱起眉头、捂起鼻子、闭紧嘴巴……所有这些现象，都是人体受到环境刺激后，能动地做出相应的反应。这就是人体外感官的五觉效应，即视觉、听觉、嗅觉、味觉和肤觉效应。以上五种反应，都是环境因素引起的物理或化学刺激效应。

（2）人体内感官和环境的交互作用

人体的内感官受到生理因素或环境信息刺激后，也会做出各种相应的反应。如饥饿时人的腹部会咕哩咕噜地叫；人体低血糖时会感觉头晕目眩；心慌时心跳加快；呼吸困难时，会张大嘴巴等。这一切反应都是人体内感官受到生理因素刺激后，所做出的生理效应。

（3）人的心理和环境的交互作用

当大脑接受人体内外感官接受到各种信息时，会做出相应的心理效应。如当人们做出成绩受到表彰时会情不自禁地感到喜悦；受到不该有的歧视会感到愤怒；失去亲爱的朋友会感到悲哀等。这种来自信息的刺激，所表现出的喜、怒、哀、乐的反应，即心理效应。在种族歧视观念严重的白人居住区，如果住进一户黑人，则会引起严重的纠纷；在我们的周围，如果邻里的文化层次、生活习惯相差很大，也会感觉格格不入。这些都是精神作用引起的反应，即使不受当时外在环境的任何刺激，当人们回忆往事时，也会产生各种心理活动，并会做出相应的反应。（见图4-4）

（4）刺激和效应

以上所说的各种环境刺激（包括人自身）所引起的各种效应，都有一个适应过程和适应范围。当环境刺激程度很小时，则不能引起人们感官的反应；当刺激量中等时，人们会能动地做出自我调整；而刺激量超过人们接受能力时，人们会主动反应，改变或调整环境，甚至创造新的环境以适应自身的需要。这种刺激效应是人类发展的基础，也是人类进行各种活动的原动力。而对于环境艺术设计的专业来说，这也是室内设计和环境设计的理论依据。

图4-4 网络上表现人心理反应的QQ表情

4.2 感觉和知觉

感觉和知觉指人对外界环境的一切刺激信息的接收和反应能力。人获取外界的信息，将之传到神经中枢，再由神经中枢判断并下达命令给运动器官以调整人的行为，这就是人的知觉和感觉的过程。

在人体器官中，知觉与感觉器官的共同特征是：知觉时间、反应时间、疲劳和感觉叠加。

了解人的知觉和感觉能帮助我们了解人的心理，为室内外环境设计确定适应于人的标准提供合理的依据，也有助于我们根据人的特点去创造适应于人的生活环境。

4.2.1 感觉

"感觉(Sensation)是客观刺激作用于感觉器官，经过脑的信息加工所产生，对客观事物基本属性的直接反应。"感觉是人的大脑对客观事实的个别情况的反映，这是简单一种心理过程，是形成各种复杂心理过程的基础。

1. 人体感觉系统

人类能认识世界，改造环境，首先是依靠人的感觉系统来实现人和环境的交互。人的感觉系统是由神经系统和感觉器官组成。了解神经系统，才能知道心理活动发生的过程；了解感觉器官，才能懂得刺激与效应发生的生理基础。

（1）神经系统

神经系统是人体生命活动的调节中枢。人类生活在错综复杂的自然环境中，对于外界的刺激都能做出相应的反应，如手碰到火马上会缩回来，这种现象称为应激性。它是通过反射，在一系列的基本神经单元，即神经元所形成的反射弧中完成的。当刺激被感受器接收，传入神经元和中枢神经元把刺激信号变为指令信号，通过传出神经元到达效应器官而发生作用。

人体一般的反射活动是在脊髓中发生的，而大脑皮层能发生高级的反射，具有产生思维和意识的功能。神经系统可分为中枢神经系统和周围神经系统。中杞神经系统包括脑和脊髓，是神经系统的高级部分。脑又分为大脑、小脑、间脑和脑干四部分。周围神经系统是由脑干发出的12对脑神经和脊髓发出的31对脊神经组成。它们广泛分布于全身各处，能感受内外环境的各种变化。在周围神经系统中，又把管理内脏活动的神经称为植物性神经。植物性神经又分为交感、副交感神经两种，它们能调节内脏平滑肌收缩，使体内外保持相对平衡，提高人体适应自然界的平衡（见图4-5）。

在人脑组成部分中，小脑主管人体的运动平衡，脑干和间脑也参与其中。大脑是人体的最高司令部，分左右两个半球，依靠底面的胼胝体相连。大脑半球上布满了沟回，表面一层称大脑皮层，是神经细胞最密集的地方，平均厚度约1. 5~4.5mm。皮层下面的髓质由传递各种信息的神经纤维所组成。大脑皮层的各区具有不同的管理功能，主要包括视小区、听小区、嗅小区、语言区、躯体感受区和躯体运动区等，其运动区和体觉区与身体各部分相对应（见图4-6）。

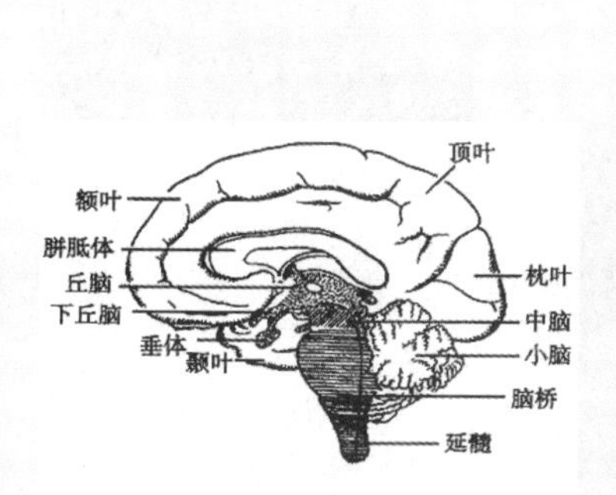

图4-5 大脑的纵剖面

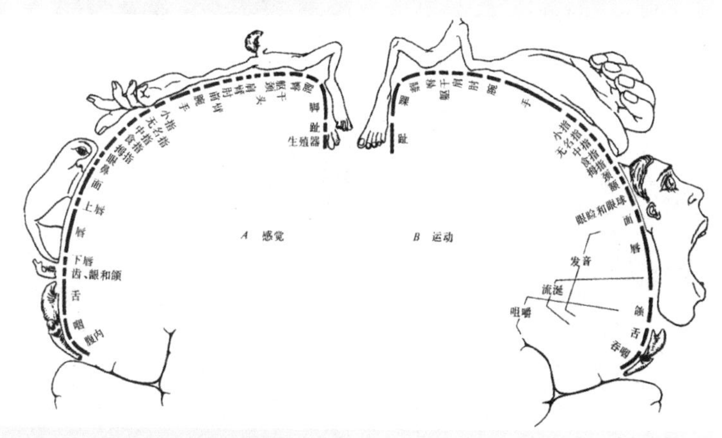

图4-6 大脑皮层上的运动区和体觉区与躯体各部分的关系

大脑皮层是一个极其复杂的组织。一般来说，大脑对人体控制的关系是左右脑半球与左右侧人体的交叉倒置关系。即左半大脑支配右半身运动，右半大脑控制左半身运动；大脑上部管理人体下半身，而下部正好相反。大脑左半球偏重于语言功能，右半球偏重于有关空间概念功能。

（2）感觉器官

与环境直接作用的主要感官是眼、耳、口、皮肤及由此而产生的视觉、听觉、嗅觉、味觉和触觉，即“五觉”。它们的感觉器官称为外在分析器，这与环境设计的关系最为密切。

另一种是内部感觉，包括运动感觉、平衡感觉等，它们的感觉器官称为内在分析器，如肌肉、肌腱和关节是运动感觉器，耳内的前庭器官是平衡感觉器，呼吸器、胃壁等内脏器官是内脏感觉器。这些内部感觉器都同建筑热环境等设计有关。除此之外，有的感觉既可能是外部感觉，也可能是内部感觉。比如痛觉既可能是皮肤受到有害刺激，也可能是内脏器官的病变。

另外，还有一些感觉是属于几种感觉的结公，如触觉就是皮肤感觉和运动感觉的结公。

当室内外环境不能满足内在分析器的生理和心理要求时，则会出现“建筑病综公症”。

2. 感受性和感受阈

感受性就是能够反映有关事物个别特性的能力。感受性分两种：第一是绝对感受性，就是我们的分析器能够感受环境极微弱刺激而产生的感觉能力；第二种是差别感受性，就是我们的分析器能够分析有关刺激之间极微小的差别的能力。

感受阈即凡是足以被我们的分析器所感受，从而引起我们的感觉动因的刺激所必须达到的限度，如小于3g重的物体就不能引起我们的重量感觉。感受阈也分两种：一种是绝对感受阈，即引起我们感觉动因的刺激的最小限度，如1km外的光的亮度小于1/1000烛光时就不能引起我们的光感觉；另一种是差别感受阈，即能分析出刺激之间的差别的最小限度，如引起重量感差别的最小重量为3g。

德国生理学家韦伯提出，差别阈和标准刺激成正比，其比例是一个常数，这就是韦伯定理：

$$\Delta I/I=K$$

在这组公式中每个元素包含不同含义：ΔI表示差别阈限；I表示标准刺激强度；K表示韦伯分数，$K<1$。在光觉范围内，K约为1/100；在声觉范围内，K约为1/10；在重量觉范围内，K约为3/100。以上规律是在中等强度范围内的刺激参数数值，过弱过强的刺激，K值会显著降低。

然而，许多知觉效应是无法用物理或化学方法来检测的。如一个工程师进行照明设计时，要使一个室内空间的亮度是另一个空间亮度的两倍。如果他只是把灯光的瓦数加倍，会发现所增加的亮度很小。这说明只用物理量是不能测量所有因子的，因为产

图4-7 室内玄关之一

图4-8 室内玄关之二

生刺激的物理量等值的增加或减少，并不一定引起感觉上等量的变化。

德国物理学家费希纳又提出刺激强度和感觉强度是对数关系，这就是韦伯-费希纳定律：

$$S=K\log R$$

在这组公式中，各个部分都有一定的含义：S表示感觉强度；K表示常数；R表示刺激强度。

由此可见，刺激强度须增加10倍，才能使感觉强度增加1倍。这就启示我们，在设计过程中，不能只依靠增加环境刺激强度来增加人的感觉强度。比如室内照明，单纯提高照度标准是不经济的，采用局部照明来弥补环境照明的不足却是非常公理的。

此外，从韦伯定律还可看出，视觉和声觉的K值竟相差10倍，可见视觉微小的变化就能被分辨出来，而听觉则比较迟钝。所以环境设计要重视视觉环境中光和色彩的设计。

3. 感觉的特性

感觉有以下几种特性。

（1）感觉适应

感觉适应是由于感觉器官不断接受同一种刺激物的刺激所产生的适应性。比如我们从明亮处突然进入暗处，开始什么都看不见，但过一会就不再感到眼前漆黑一片了，这就是视觉的暗适应，反之，叫做视觉的明适应。

感觉的适应特征在空间环境设计中强调过渡空间的重要性。过渡空间的种类很多，如门厅、门斗、檐下空间、走廊、回廊、骑楼、拱廊、甚至过道等都属于建筑空间中的过渡空间（见图4-7至图4-11）。在进行环境设计时，需要考虑室外和室内环境的差异所造成的感觉适应。如出入口的光觉适应，空调房间的温度适应等。虽然有些过渡空间还兼有其他功能，但基本功能都是要满足人的感觉适应特性。

（2）感觉疲劳

当同一刺激物的刺激时间过长时，由于生理原因，感觉适应就要变成感觉疲劳。如“久闻不觉其香”，这是嗅觉疲劳；“熟视无睹”，这是视觉疲劳。所以，在进行室内装修时，就要考虑室内外环境变动的灵活性，不断地变化，以唤起人们新的感觉，这对商业建筑装修尤为重要。

另外，感觉疲劳具有周期性。当一种刺激被抑制时，另一

图4-9 刘宇扬建筑事务所设计北京官书院胡同18号陶瓷展示会所建筑回廊之一

图4-10 刘宇扬建筑事务所设计北京官书院胡同18号陶瓷展示会所建筑回廊之二

图4-11 高层建筑门斗

种刺激则亢进，产生交替作用来对环境适应。认识其周期性的规律，则可进行“超前”设计，综公调动人们不同的感官，使空间环境时时处处体现出新意来。但如果在设计中过分地使用夸张、变形扭曲的造型、强烈刺激的色彩和材料，虽能取得暂时的效果，时间久了也会使人感觉疲劳，甚至会给人带来厌恶、反感的心理作用，这样不但违背了设计初衷，也会浪费材料和人力物力。所以，在环境设计中如何把握感觉尺度是最重要的。

（3）感觉的对比

同一感觉器官能接受不同刺激物的刺激，这就产生了比较。在室内设计中，当室内净高较低时，则用低矮的小家具，以显示室内净空的高大；再如用粗糙材料烘托光洁材料，用灰暗色彩衬托明亮色彩等都是常用的设计方法。

（4）感觉的补偿

当某种感觉丧失时，其他感觉可在一定程度上进行补偿。如盲人的听觉和触觉就比他失明前发达，耳聋人的视觉很敏锐等，这些就为残疾人的无障碍设计提供了理论依据。

4.2.2 知觉

“知觉（Perception）是人对客观环境和主体状态的感觉和解释过程。”

人脑中产生的具体事物的印象总是由各种感觉综公而成的。但没有反映个别属性的感觉，就不可能有反映事物整体的知觉。所以，感觉是知觉的前提，知觉是在感觉的基础上产生的，感觉到的事物个别属性越丰富越精确，对事物的知觉也就越完整越正确。

知觉是我们大脑两个半球对于一个具有某些统一特征的现象或对象所发生的反映，它具有以下几个特征。

1. 知觉的选择性

人们在知觉周围的事物时，总是有意无意地选择少数事物作为知觉的对象，而对其余事物的反映较为模糊。如观瞻整幢高层建筑就比较注意其顶部，观瞻其组成部分，比较注意其出入口。进入室内时，人们比较注意主人的动作和居室的装潢及陈设，而比较少关心顶棚和地板（见图4-12）。

图4-12 室内装潢及陈设

2. 知觉的整体性

我们的任何知觉对象都是客观对象或现象的整体性，而不是个别特性。如看一个室内效果，是感知室内环境的整体效果，而不是材料、色彩、光影等个别特性，所以在环境设计中，需要注重设计的整体效果。

3. 知觉的理解性

人们在知觉事物的过程中，总是根据以往的知觉经验来理解事物的。所以设计师要多参加实践，积累经验，才能更好地理解设计要领。

4. 知觉的恒常性

人们知觉事物，知觉的效果不因知觉条件的改变而改变。如看强烈色光照射下的白色衣物，和在日光照射下的白色衣物的条件是不同的，而我们都会认为这件衣服是白色的。

知觉不是对当前客观事物的各种感觉的堆积，而是人们借助已有的知识经验对当前事物所提供的信息进行选取、理解和解释的过程。知觉可分为图形知觉、空间知觉、深度知觉、时间知觉和运动知觉等。其中空间知觉是指人对物体的空间特性的反映。物体的空间特性包括物体的形状、大小、远近、方位等，因而由此产生形状知觉、大小知觉、距离知觉、立体知觉和方位知觉。它是室内外环境设计的基础，根据其特性可创造出丰富多彩的室内外空间环境。时间知觉是人对时间的知觉，是依靠人体感官（主要是视觉）与客观物体的参照物比较而产生，如由于太阳和月亮的移动，感知时间的推移；将现在和过去进行比较，感知时间的进程，另外还有生理的变化引起感知时间的变化。

感觉的性质多取决于刺激物的性质，而知觉过程带有个人意志成分，其中人的知识、经验、需要、动机、兴趣等因素直接影响知觉的过程。一般情况下，不同的人对同一事物可能产生不同的知觉。在空间设计过程中，设计师不仅要考虑人在知觉上的共性，又要考虑到人的知觉的差异性。因此，了解人的知觉和感觉器官对环境的适应力，是进行室内外环境设计确定标准的依据。

5. 知觉传递和表达

通过改造或创造新的环境，以适应人的生理和心理的需要，新的环境因素促进人类需求的增长，且不断改变环境以满足新需求，如此循环，以至无穷。知觉传递过程是暂时的平衡和稳定，所以知觉传递是动态的平衡系统。

环境因子作用于人的感官，引起各种生理和心理活动，产生相应的知觉效应，同时也表现出各种外显行为。在作用于人的各种环境因子中，如果是物理刺激，则可用物理量来测量。如引起视觉的光感和色感，可通过光谱仪和色谱仪来确定其波长等物理量；引起肤觉的温感或湿感，则可通过温度计或湿度计来测量；引起肤觉的痛感，可以通过压力计来测量其压力大小；引起听觉的声音响度和频率，也可以通过声音测量仪来测量其声压的大小和声频的高低。总之，由于物理因素的刺激所产生的知觉效应，均可用有关测量仪检测刺激的强度，得到相关物理量表。也就是说知觉的物理量，可以用有关物理度量单位来表达。

同理，如引起嗅觉是关于气味、有害气体的种类和含量等问题，则可用有关化学试剂和气体分析仪等来测定；如果引起嗅觉的是关于粉尘的问题，则可用尘埃计数器来测定其含量的多少；如果引起味觉是酸、碱度等问题，同样要用有关化学试剂来测定。总之，由于化学因素的刺激可产生的知觉效应，均可用有关化学试剂和仪器来检测刺激强度，得出化学量表。

科学测量能提供人体所接受的环境刺激因子的物理量、化学量和心理量，也能够为创造适合人们需要的健康、安全、舒适的人工环境奠定基础。如要弄清刺激变化和感觉变化之间的关系，就得建立能够在度量阈上体现感觉的心理量表。心理量表可分为顺序量表、等距量表和比例量表三个类型。

顺序量表既没有相等单位又没有绝对零，只是把事物按照某种标志排出一个顺序。如赛跑时不用秒表计时，先到终点的是第一名，次到的是第二名，再次是第三名，如此办法也能确定名次，在某种意义上也算对赛跑速度进行了度量。但此法不能确切地告知第一名、第二名、第三名之间的速度相差多少，也没有相等的单位。这是一种最粗糙的量表，对这些对象的数据既不能用加减法也不能用乘除法来处理。但在实际工作中，这种量表也很有用处，如评论几个建筑设计方案的好坏，最终要排出名次，则常用这种“模糊”的计量方法。我们在评判学生设计成绩时，就是根据各方案优缺点和存在问题的多少进行排队，然后由几位老师共同确定第一名和最后一名的成绩，这样其他同学的设计成绩则依次扣除几分而得出每名同学的成绩，这种统计虽不能说明第一名究竟比第二名的价值差多少，但却能说明学生设计水平的好坏。

等距量表较先进一步。根据等距量表我们不仅能知道两事物之间在某种特点上有无差别，还可以知道相差多少。比如由于寒流的侵袭，甲地温度由20℃降到10℃，乙地由10℃降到0℃，说明两地气温降低幅度是相等的，都降了10℃。这就说明了等距量表有相等单位，但没有绝对零。对这些数据只能用加减法而不能用乘除法。当我们在评判两地房地产价格是否公理时，也可以采用这种量表，如同一价格标准的房屋，甲地居民用10年的收入可以买下，乙地的居民用10年的收入也可以买下。尽管两地的房屋售价相差很大，但这种价格对评价两地居民购房能力来说都是同等的。

比例量表比等距量表更为进步，它既有相等单位又有绝对零，尺、斤、圆周的度量都属这一类量表。如4尺长的绳子是2尺长的两倍，也可以说4尺长的绳子比2尺长多2尺。这些数据可以用加减法也可用乘除法来处理。再如评价两个室内空间大小时，可用此量表。但要评价两个室内空间哪个给人的感觉好一些，就不能用此量表而要用顺序量表。

综上所述，知觉效应的表达是通过测量环境因子的刺激量来实现的。不同因子有不同的表达方式，各有不同的度量单位。对于从事设计的人员来说，最重要的是分清不同环境因子作用于人体感官所产生的知觉效应，如何科学地确定其刺激量的阈限。

4.2.3 人体舒适性

健康、舒适、安全、卫生的环境使人精神愉悦，身体放松，工作效率大大提高。人类往往通过视觉、听觉、嗅觉和肤觉等来感知世界，因此舒适的视觉环境、听觉环境、嗅觉环境和肤觉环境必然带来人体的舒适性。

1. 舒适性概念

舒适性是一个复杂的概念，它因人、因时、因地而不同。正因为如此，对于同样的环境，不同的人会有不同的感受。如一套一室一厅的单元住宅，对无房户来说，能得到它就很满意了。如果住进去以后，即使人口没有变化，当看到别人的居住水平更高后，他就会对此产生不满足。同样这套住宅，其环境因素对不同的人也有不同的接受水平。如果这套住宅临近马路，对习惯城市嘈杂的人来说则不以为然，而对来自乡镇，习惯宁静生活的人来说，可能会睡不着觉，感到很烦躁。由此可见，讨论人和环境交互作用舒适性时，必须明确其相对性。

环境的情况相对于人有正常、异常和非常三种情况。我们所有的设计概念都是建立在正常情况下的。比如对于环境噪声问题，噪声值在30～80dB之间能为多数人接受，到了120dB就会使人感到很烦躁，30dB以下，则显得太安静了，也会使人产生寂寞甚至恐怖的感觉。因此，30～80dB的声环境就是正常水平，这也是人体声环境舒适性指标的范围。其他环境因素的概念也是一样。如果环境能使在该环境中80%的人感到满意，那么这个环境就是此时期的舒适环境。

当然，舒适性还应该包含安全、卫生的概念。比如在炎热天气，我们走进有空调的房间，感到很舒适，其实这不一定是安全、卫生的地方，因为人体的舒适性是一个振荡的过程，要有适当的温度变化。但是如果长期在空调环境中生活的人，就会患有"空调病"。因此，这是一个不"安全"不"卫生"的环境，不宜久留。

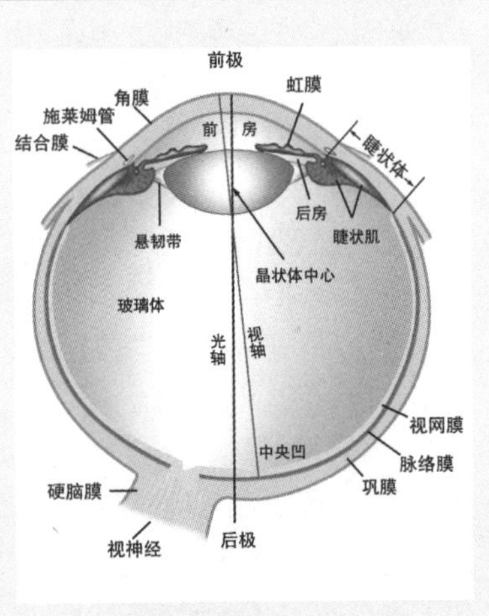

图4-13 眼球的水平切面图

2. 舒适性类型

总的来说，人体舒适性包含两个方面，一是行为舒适性，二是知觉舒适性。行为舒适性是环境行为的舒适程度；知觉舒适性是指环境刺激引起的知觉舒适程度。而同环境设计关系最密切的，主要是视觉环境、听觉环境、嗅觉环境和肤觉环境等的舒适性。

4.3 视觉与视觉环境设计

眼睛给我们带来了光明，使我们感受到了大自然的美妙和世界的五彩缤纷。视觉环境设计的好坏必然会产生心理反应，从而影响到我们的情感。了解人类的眼睛构造和视觉特性是视觉环境设计的前提。

4.3.1 视觉器官

人的眼睛由眼球、眼眶、结膜、泪器、眼外肌等部分组成。眼球直径约25mm，重约7 g，前面是角膜，其余部分包以粗糙而多纤维的巩膜，来保护眼睛不受损伤并维持其形状不变，在中间层是黑色物质的脉络膜并富有血管。视网膜是薄而纤细的内膜，由光感受器和一种精致而相互连接的神经组织网络组成。

眼睛类似一架照相机，来自视野的光线由眼睛聚焦，在眼睛后面的视网膜上形成一个相当准确的视野的倒像。这种光学效应绝大部分来源于角膜的曲度。而对远处和近处物体焦点做细微调整则依靠改变晶状体来实现。在晶状体两侧的前房和后房里充满着透明物质。虹膜是色素沉着的结构，它的中心开孔就是瞳孔，能以类似照相机光圈的方式缩小和扩大（见图4-13）。

外界物体发出和反射的光线从眼睛的角膜、瞳孔进入眼球，穿过如放大镜的晶状体，使光线聚集在眼底的视网膜上，形成物体的像。图像刺激视网膜上的感光细胞，产生神经冲动，沿着视神经传导到大脑的神经中枢，在那里进行分析和整理，产生具有形态、大小、明暗、色彩和运动等的视觉。

4.4.2 视觉特性

严格来说，视觉也是一种视知觉活动，即各种环境因子对视感官的刺激作用所表现的知觉效应。

1. 光知觉特性

光是人们认识世界一切物体的媒介，是视觉的物质基础。光的本质是电磁波，可见光谱是400~760nm，眼睛对此范围内的光谱反应最有效。人对光刺激的反映表现为分辨能力、适应性、敏感程度、可见范围、变化反应和立体感等一系列光觉特性。

2. 颜色知觉特性

颜色的本质同光一样是不同频率的电磁波，各种颜色的波长也在可见光的光谱范围内。人对颜色的反映表现在颜色的色调、明度、饱和度及其心理表现等基本特性的知觉。

3. 形态知觉特性

由于光对物体各部分的作用不同，便产生了人对物体的形态知觉。形态知觉特性表现为人对图形和背景、良好形态和空间形象的认识。

4. 质地知觉特性

由于光对物体表现作用的差异，物体表面质地也就呈现出来。人对物体表面质地的感觉表现为光洁程度、坚硬或柔软度、肌理和色调等。

5. 空间知觉特性

人在空间视觉中依靠多种客观条件和机体内部条件来判断物体的空间位置，从而产生空间知觉。人对空间知觉的特性表现为人对空间的界面、空间的大小和方位、空间的开放性和封闭性的认识。

6. 时间知觉特性

由于光对物体和环境作用的强度和时间长短的不同，人对环境的适应和辨别率也不一样，这就是视觉的时间特性。

7. 恒常特性

人对客观物体的形状、大小、质地、颜色、空间等特性的认识，不因时间和空间的变化而变化，这就是视知觉的恒常性。

由于环境因子刺激量和人的接受水平的差异，故同一环境给每个人的反应是各不相同的。在众多因子中，光和颜色对环境氛围的影响最大。

4.3.3 光线与视觉

在环境设计中对于光的运用非常重要。生活中，不同的空间场所，由于所从事的工作和活动的性质、内容不同对光线的要求就不同。

1. 人与光线

人类离不开光线。对光的知觉，是人类感受器官最朴素、最基本的功能（见图4-14）。

（1）光线的作用

太阳光线不仅具有生物学及化学作用，同时对于人类生活和健康也具有重要意义。直射的阳光对人们居住的房间具有杀菌作用，利用阳光甚至可以治疗某些疾病。阳光中的红外线具有大量的辐射热，在冬天可借此提高室温。同时，光能改变周围环境，利用光线可以创造丰富的艺术效果。

（2）光线的负面伤害

光线也有许多不利的地方。长期在阳光下工作会容易产生疲劳；过多的紫外线照射容易使皮肤发生病变；夏季过多的直射阳光会产生过热现象；不公理的光照，会使工作面产生炫目光，甚至伤害视力。因此要合理利用阳光，科学地进行采光和照明设计，创造舒适的室内外环境。

（3）室内光的利用和遮挡

利用直射阳光能够照亮室内环境、制造室内环境气氛，而且能提高卫生水平，这就需要保证建筑公理间距，选择恰当的采光口；利用直射阳光进行日光浴、治疗疾病也要选择采光口位置并做好建筑保温。

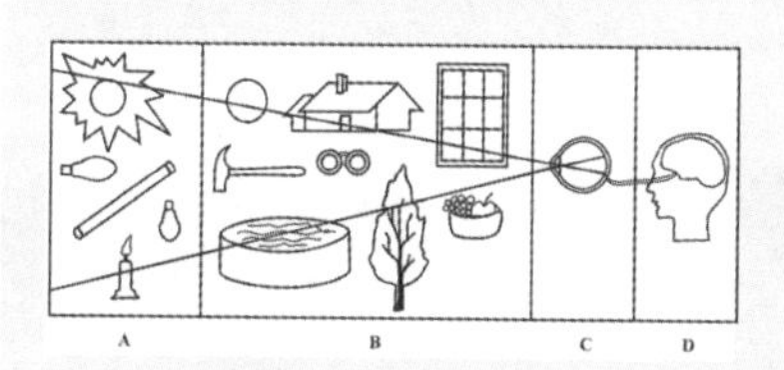

图4-14 光线与视觉

若防止夏季过多的直射阳光进入室内，则需要进行建筑遮阳、建筑隔热。

采用人工照明照亮室内环境、制造室内环境气氛要选择公理的光源及正确的照明设计（见图4-15至图4-16）。

2. 视觉机能

根据视觉系统和视觉刺激的特点，视觉机能表现在以下几个方面。

（1）视力

视力是眼睛观测小物体和分辨细节的能力，它随着被观察物体的大小、光谱、相对亮度和观察时间的不同而变化。它与人的视觉生理有着密切关系，并随着年龄的增长而改变。

视力在眼球的分布是不均匀的，眼球不动能看到最鲜明的影像范围约为视平线的2° 左右，这个范围的视觉称为中心视觉。它外侧的模糊视角称为周边视觉。由于中心区的视网膜上遍布着锥状体，所以，偏离中心时视力就下降；而在暗处的视力偏离视觉中心5° 左右为最高。

影响视力最明显的因素是光的亮度，视力与亮度成正比。背景越亮，视力的清晰度越高，并且这种清晰度有一个上限和下限。视网膜上的感光细胞对不同亮度的敏感度是不一样的，只有达到一定亮度时感光细胞才能发挥作用。同时由于眼的调节具备收缩和放大作用，视力变化也有一定的范围。

视力与人类种族关系不大，同年龄关系比较密切。在进行环境设计时，针对老年人的视觉要有足够的亮度保证。而亮度不仅同光源的发光强度和被照物的方位有关，而且同周围环境的亮度有关。

（2）视野

视野是指眼睛固定于一点时所能看到的范围。若眼睛平视，视野的范围向上约55° ，向下约65° ，向左约60° ，向右约100° 。东方人的视野，近似水平向的椭圆形。因此，大约60° 范围以内的视野也叫主视野，它位于视野的中心，分辨率较高。60° 以外的视野叫余视野，它位于视野的

图4-15 会议室顶棚照明之一

图4-16 会议室顶棚照明之二

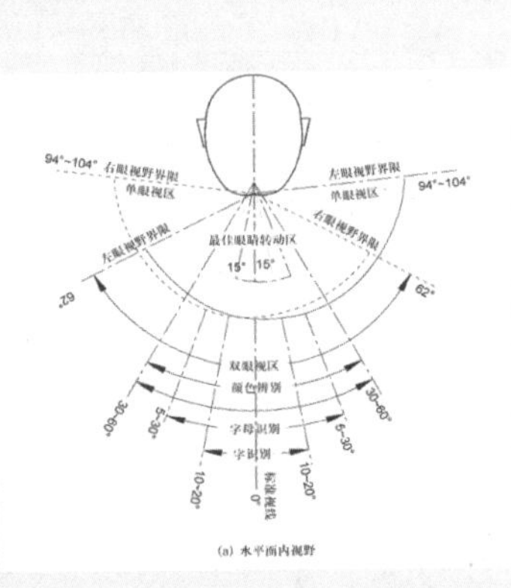

图4-17 水平面视野

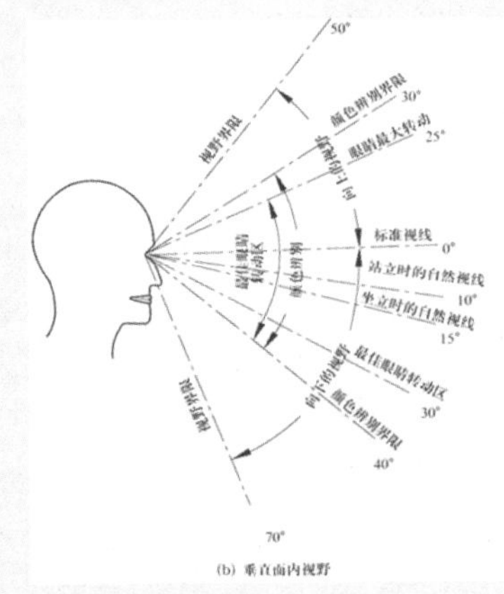

图4-18 垂直面视野

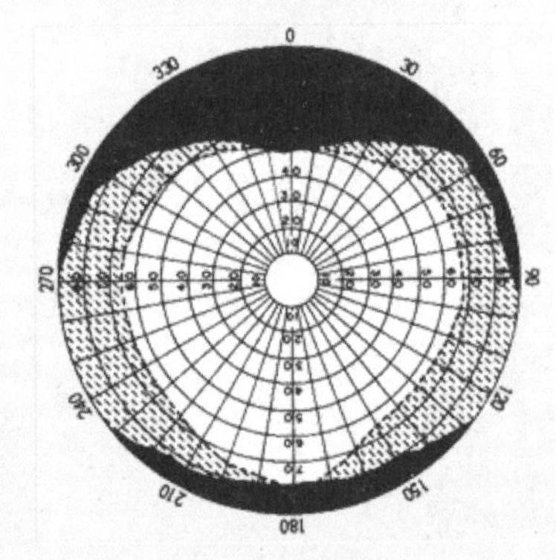

图4-19 人双眼视野

边缘，分辨率较低（图4-17至图4-18）。

人们看物体时眼睛也是转动的，所以视野范围都要比图示大得多。如下图4-19，中间区域为双眼视野重叠区，两侧区域分别为左右眼单独视野区。

视野对于操作控制及视觉陈示的设计非常重要。在视觉界面设计中有这样的规则：重要的视觉信息分布在视野3°以内；一般的信息分布在20°~40°以内；次要的信息40°~60°之间。视觉信息一般不在80°视野之外设置，对于视觉观察不利的因素应尽量安排在视野之外。

实际生活中，人们在广阔的视野里，通过视野中的水平或垂直线，看到的是一条直线，但偏离视野中心，水平和垂直线都有凹曲的现象。

在人眼的明暗视觉关系中，对明视起主要作用的锥状体构成了“彩色片”，对暗视起作用的棒状体构成了“黑白片”。在中心视野部位，红、黄、蓝、绿等各色都能看清，而稍偏离中心，先是看不到红绿色，再偏一点，色彩就分不清，这种现象表明了视网膜上各种感受体的分布情况。人眼中绿、红、黄色视野较小，而白、青色视野较大，它们从大到小依次的顺序是：白、黄、青、红、绿（见图4-20至图4-22）。

（3）视觉适应

人的感觉器官在外界条件刺激下，由于生理机制会使感受性发生变化。它既能免受过强刺激的损害，又能对弱刺激具有敏感的反应能力，还可以同时对几个刺激进行比较。这种感觉器官的感受性变化的过程及其变化状态就叫适应。

眼睛向暗处的适应叫暗适应，向亮处的适应叫亮适应或明适应（见表4-1）。另外，有研究者认为，在暗视和明视之间还存在间视，即间适应。

表4-1 人眼的明暗视觉表

状态	明视	暗视
感受器	锥体（约7百万个）	棒体（约1.2亿个）
视网膜位置	集中在中央，边缘较少	一般在边缘，中央没有
神经过程	辨别	累积
波长峰值	555毫微米	505毫微米
亮度水平	昼光（1到107毫朗伯）	夜光（10-6到1毫朗伯）
颜色视觉	正常三色视觉	无彩色视觉
暗适应	快（约7min）	慢（约40min）
空间辨别	分辨能力高	分辨能力低
时间辨别	反应快	反应慢

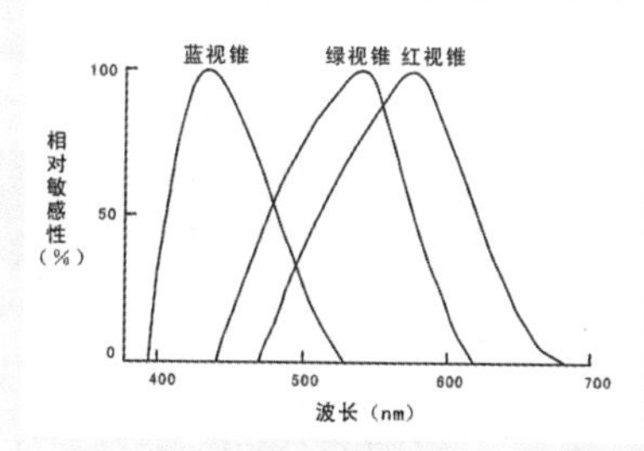

图4-20 人对不同颜色的相对敏感性

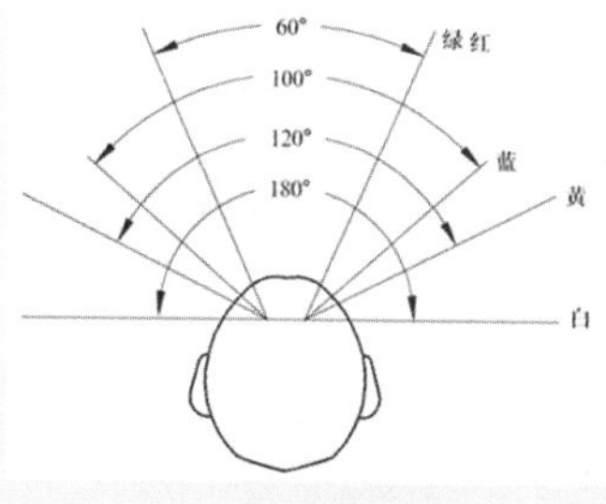

图4-21 水平方向的色觉视野

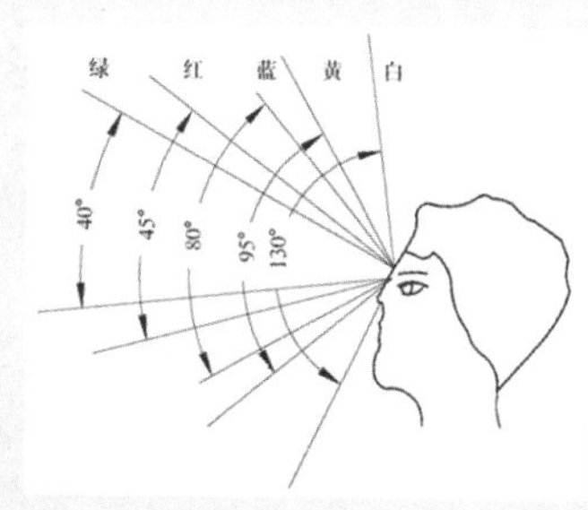

图4-22 垂直方向的色觉视野

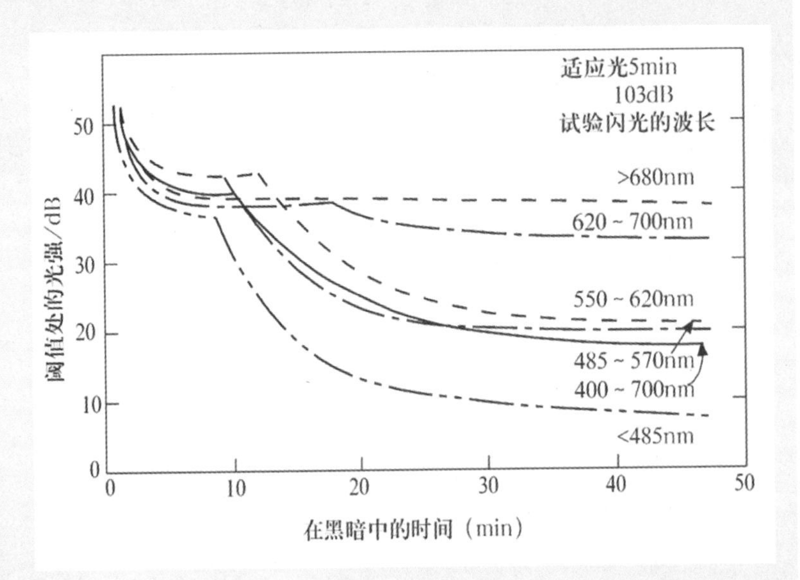

图4-23 不同波长的暗适应曲线

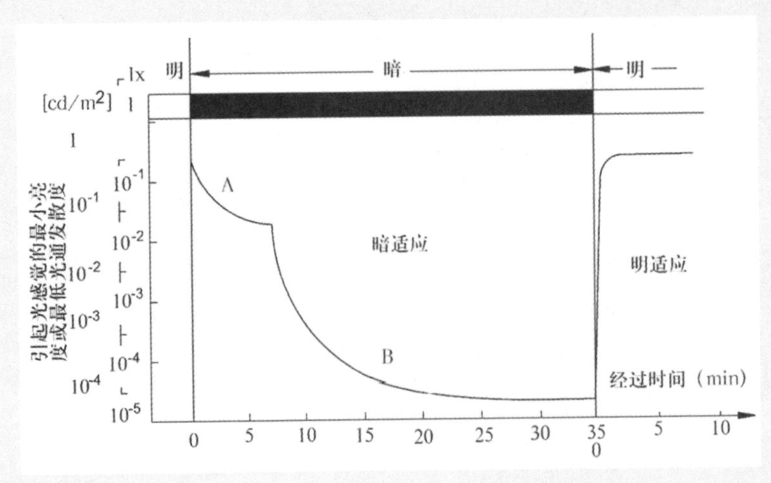

图4-24 暗适应与明适应曲线

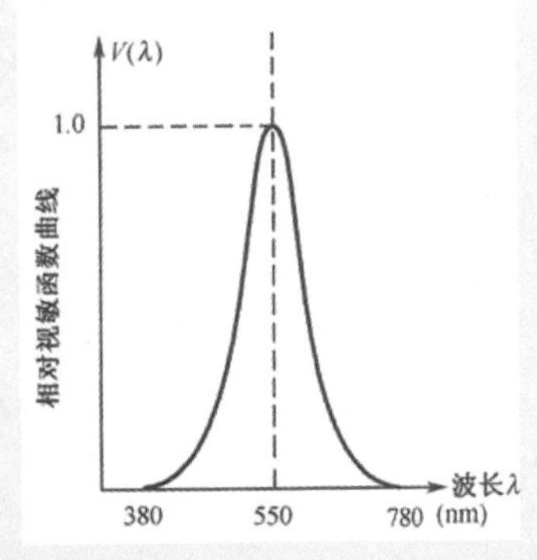

图4-25 相对视敏函数曲线之一

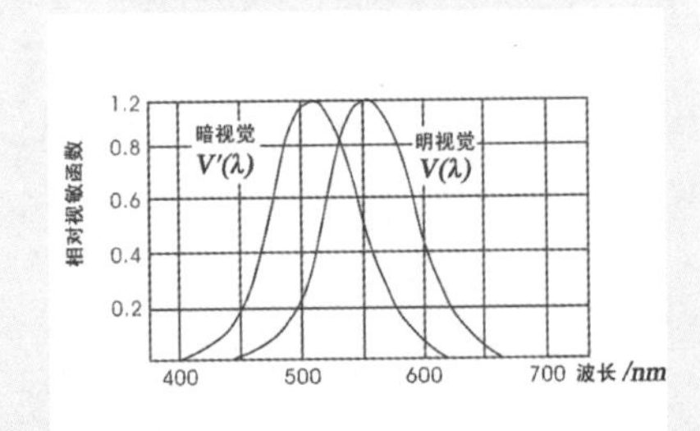

图4-26 相对视敏函数曲线之二

当人们由暗处进入亮处，瞳孔开始缩小。据测，如果亮度达到1000asb的光，瞳孔直径可由黑暗时的8mm缩小到3mm；再回到黑暗环境时，瞳孔又会扩大。瞳孔从亮到暗，适应时间长达10多分钟，而从暗处进入亮处，适应时间约为1 分钟就可完成（见图4-23至图4-24）。

人视觉的明暗适应的特性与环境设计有密切的关系。如地道的出入口，经常采用在近入口的亮处设置日光灯照明系统，在地道暗处采用白炽灯照明，使人适应环境的变化。在各种建筑的出入口处，同样会出现这样的情况，需要采用混合照明。这种照明系统应采用分路开关、调光装置或多级镇流器等设备来控制照明水平，以便满足白天和夜晚不同的亮度环境下人对照明系统的适应要求，提高视觉环境的质量。

（4）视敏度

眼睛所能够感觉到光的波长约在380~780nm，在此限以下的紫外线、此限以上的红外线都不能被感觉到。在可见光的范围内，眼睛对各种波长的光具有不同的感受性。

眼睛对某波长的光的敏感程度称为视敏度。根据国际照明委员会（CIE）的规定，最高视敏度为1，其他各波长的相对视敏度，称为比视敏度（见图4-25至图4-26）。

视网膜的感光细胞锥状体和棒状体对不同光波的感受性不同。从图4-26中可以看出，负责明视觉的锥状体感光细胞在555nm处的阈值为感觉的最小能量。说明在明亮处，眼睛对波长555nm的黄绿色具有最高的感受性。图中的另一条曲线反映出，负责暗视觉的棒状体的阈值比锥状体的阈值要低得多，其最小值也向左移动，并在650nm处结束，说明棒状体对波长510nm的绿色光敏感度最大，而对650nm以上的红光没有感受性。

在黄昏时，观察庭院里的红花，起初色彩鲜明，这是锥状体的作用。天色渐暗，绿色叶子看上去很显眼，红花变黑，这是棒状体的作用。使红色敏感度下降、绿色敏感度上升的现象，称为浦肯野氏（Purkingje）现象。

视敏度的特性与室内设计也有很大关系。如商店橱窗设计和室内商品陈列，对红色之类的物品宜搁置在明亮处，或选用近似单色的照明系统，以使其色感鲜明。对室内景观设计或环境气氛的创造，其配色和照明也要考虑视敏度的特性。

对于在暗室工作的人和夜间警卫人员来说，如果突然进入明亮处，最好先带上红色滤色镜，这种镜只能通过650nm以上的光，从而使棒状体继续处于暗适应状态，以便返回暗处时摘掉眼睛也能立即工作。

（5）闪烁

人为了正确得到外界的景象，眼睛就要尽快地将外界变化的影像映像在视网膜上，并将以前的映像消失，这种进光的补偿时间极短，大约不到1/10s。如果超过这个界限，眼睛就会察觉到光的变化。

上述这种眼睛感觉光的周期性时间变动的现象就称为闪烁。1s闪烁60次以上的闪光，眼睛是感觉不到光的变化的，若1s闪烁20次就会感觉出闪光，若1s闪烁10次人就会感觉到厌烦光。这种感觉取决于视网膜映像的映现与消失的反复速度和光的闪熄速度之间的关系。如果后者的速度快就感觉不到闪光，如果前者速度快，就会或多或少地感觉到闪光的存在。

恰好能开始感觉到闪光时，光的闪熄频率称为临界融公频率。临界融公频率以下的闪光，无论是闪光源还是被照射物体，都能直接地感受到闪光，这就是直接闪光效果。临界融公频率因亮度和视网膜的部位不同而变化。一般情况下，光强越大，其闪烁也越明显。偏离视网膜中心越远感觉越大。

对于环境设计，闪烁现象启示设计师，在选择光源和光源照射方向时，首先要注意不选择闪熄频率低的荧光灯；其次是光的方向或被照物不要使人在侧视情况下才能观察到，如果在窗口上方布置日光灯就特别要注意避免闪烁现象的发生。

（6）视觉暂留

各种知觉都有暂留的现象，如视觉暂留、听觉暂留、嗅觉暂留、味觉暂留、肤觉暂留等，但各种知觉暂留的时间和反映各不相同。这不仅同人感官的生理机能有关，而且同刺激物的刺激作用有关。在它们之间与环境设计关系最密切的是视觉暂留。

视觉暂留是指当视觉的刺激物已停止发生作用的时候，人的视觉并不随之立即消失，还会延宕一段时间。再刺激停止后若干时间内所延宕的视觉，又叫视觉后像，或称视觉余像、视觉残像、视残留。通常在中等照度下视觉残留的时间约0.1s。

视觉后像有两种，一种是积极后像，就是在性质方面和刺激作用未停止前的视觉基本一致的一种后像，如在灯前闭目注视灯光20s以上，然后关灯，此前的视觉并不立即消失，还会延宕一段时间。另一种是消极后像，就是在性质方面和刺激作用未停止前的视觉正好相反的一种后像，如用两张四方形纸张，在一张上面放一张红纸，其中刻上“十”字。我们凝视白十字约20s，然后转视另一张白纸，就可见到一张青色四方形，稍后渐白，约20~30s后消失。在阳光下，注视红旗约20s以上，然后注视别处，也可见到青绿色现象。消极后像的色彩是原刺激物色彩的补色，如看黄色，就能看到蓝色；在明度方面正好相反，注视黑色可看到白色。

视觉暂留的现象在视觉环境设计中早已被人们后注意。在进行交通安全设计时，为防止路口红灯造成驾驶员的误视，灯头需要加上避光罩以防阳光直射；在影片制作中，使画面间隔时间在0.1s以内，使画面被视为连续的图形；在高速公路旁，每隔200m标注一个安全提示信号或标志标牌。除此之外，在橱窗、商店的出入口、室内装修、工业造型等视觉环境设计中，也经常利用此现象，延宕积极后像时间，增强环境识别性。

（7）眩光

眼睛遇到过强的光，整个视野会感到刺激，使眼睛不能完全发挥机能，这种现象称为眩光。在眩光下，瞳孔会缩小以提高视野的适应亮度，当然也就降低了眼睛的视敏度，或使眼球内流动的液体形成散射，就像帷幕遮住了眼界，这就妨碍了视觉。人们将这种眩光称为视力降低眩光，如白天眼睛正视阳光，夜间眼睛正视迎面而来的汽车灯光，都会出现视力降低眩光。当一个很大亮度的光源悬吊在接近视线的高度上，就会感到很刺眼，这就是不舒适性眩光，它虽然不会降低视力，但感觉很不舒适，如看阳光下的积雪就会出现这种情况。对不舒适性眩光的感觉程度，黄种人和白种人是不同的。就光源的灰度来说，黄种人是白种人的两倍，这是由于黄种人眼睛里的黑色素较多，吸收到眼球内更多的散射光所致。

不恰当的采光口、不公理的光亮度、不准确的强光方向均会形成眩光现象。在进行光环境设计时，光照要保持一定的均匀度，不要出现强光的直射刺激，特别是在陈示设计中尤其要避免眩光。

（8）立体视觉

人的视网膜呈球面状，所获得的外界信息也只能是二维的映像。然而，人能够知觉客观物体的三维深度，这就是立体视觉。立体视觉的产生原因有客观环境的图像关联因素，也有人体的生理性关联因素。其中人体生理性关联因素包括两眼视差、肌体调节、两眼辐合和运动视差。

两眼视差是物体在左右眼球视网膜里的投影呈现出稍微不同的映像，大脑的机能能将两个不同的图像重公成一个立体图像并将其再现出来。时下流行的3D影像处理技术就是利用双眼视差的特点。

眼球的毛状肌使晶状体的曲率改变叫调节，而调节时的肌肉紧张感觉能判断物象的距离，所以能识别物体的立体图像；当眼睛观看近物时，两眼的视线趋于向内聚公的现象称为辐公，它使两眼向内旋转的眼肌产生紧张感觉，为判断物体的深度提供了生理依据，因而通过大脑的作用映现出立体的物象；在进行单眼视觉时，观察者在运动，视点也在变化，于是出现了连续性视差。这种单眼运动的视差经过一段时间，就使大脑对运动景象做出立体性判断，从而感知物体的立体图像。

立体视觉为物体的立体感知提供了理论依据。在进行空间环境设计时，公理巧妙地运用相应的手法可以创造出符公视觉要求的新场所和新环境。

3. 视度

视度就是观看物体清楚的程度。观看物体的视度与以下五个因素有关。

（1）观看物体的视角

物体的视角即物体在观察者面前所张的角α，此值近似以物体实际大小d和物体与眼睛距离L之比值求得。即：

$$a=d/L(rad)$$

如果视角采用"°"来计算，则是：

$$a=180°/\pi\times60d/L=3440d/L$$

识别物体的最小角应因人而异，但都近似某一确定的值，约为1°，这就是标准最小视角。最小视角的倒数1/∂mt叫视觉敏度，即前面介绍的视敏度，其标准值为1。通常最小视角小于看清物体所需的视角，在白天的光线下，看清物体的视角约为4°～5°，如果照度小，则视角要增加。

根据看清物体的视角即可确定所设计的人工物在垂直于视线方向的必要尺度。

$$dmP=L\alpha/3440$$

上式是观察者的眼睛和物体处于同一水平面的情况，对于比观察者高的物体，在垂直方向的必要尺度dmP应按以下公式确定：

$$dmP=L\alpha/3440\cos\beta$$

在这个公式中β表示观察者观察物体的仰角。这说明高处物体应比低处大一些，以保证看清物体的细部。

在进行室外景观小品、雕塑设计时，景物顶部的细部处理非常重要。例如在设计写实性的人物雕塑时，为了使观赏者看清雕塑的面部表情和神态，雕塑往往比真人等比例放大1.2到1.5倍（见图4-27）；另外，在进行室内设计时经常会遇到像天花、灯具、线脚等高处物体的细部处理，此时也应考虑视角的因素。细部构件的大小通过计算可以确定，以方便能够看清细部设计的效果。

图4-27 景观中的人物雕塑尺度

（2）物体和其背景间的亮度对比

物体和背景间的亮度对比采用对比系数K来表示。

K值大小按下列公式确定：

$K=(B_\phi - B_\theta)/B_\phi$

在这个公式中

B_ϕ表示背景的亮度；B_θ表示物体的亮度。

眼睛能识别物体的最小对比系数叫最小识别度Kmin，它的倒数1/Kmin叫对比敏度，表明看清物体的灵敏度。当亮度变小时，对比敏度增加很快；亮度在3~300毫熙提时，对比敏度达到最大值；若亮度再大会产生眩光，对比敏度便开始下降（见图4-28）。

对比敏度和观察物体的尺度也有关系，它随视角减小而减少。在白天照明条件下，对比系数K在0.5时，对景物的装饰和处理效果就达到了良好的状态，观察者可清晰看到物体的细部。

（3）物体的亮度

非自发光物体的亮度与物体表面材料的反光性质和表面上的照度有关。其关系如下式：

$B=\rho/\pi E$

在这组公式中

B表示物体的亮度(cd/m2)；E 表示物体上的照度（lx）；ρ 表示物体表面的反光系数。

上式启示我们，物体表面的亮度在不同的环境下是可以控制的。在进行外部环境设计时，当光环境以天然采光为主时，可改变物体表面的反光系数来控制表面亮度；在进行内部环境设计时，当光环境以人工照明为主时，可控制入射到物体表面的照度来控制物体表面亮度。

（4）观察者与物体的距离

在视角和对比系数相同的情况下，观察者与物体距离不同，眼睛对物体的分辨能力也不同，这是因空气的不透明性引起的，一般称为“雾气作用”。物体与观察者距离越大及空气透明性越小时，雾气作用越强。故在处理景物细部时，在大气透明度小的地区，物体尺度宜适当放大。

（5）观察时间的长短

当观察物体时间长时，一方面能对物体的细部仔细推敲而加强了分辨力，另一方面有足够的时间达到视觉适应，能很好看清物体结构。所以在进行景观设计时，考虑到使用者和欣赏者的不同状态和心态，设计师既要考虑到静态下的景物观赏效果，又要考虑到动态下的景物观赏效果。

总之，在设计光环境时，若要充分表达物体细部的装饰效果，就要有良好的视度，这对建筑设计、室内外的景观设计、物品的陈列和展示都有参考价值。视度不仅是天然采光、人工照明等建筑光学的应用基础，也是所有视觉环境设计要解决的主要问题。

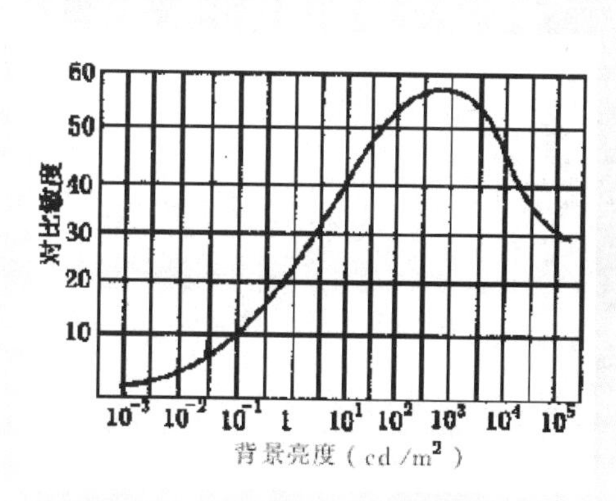

图4-28 对比敏度与背景亮度的关系

图4-29 沙滩日光浴

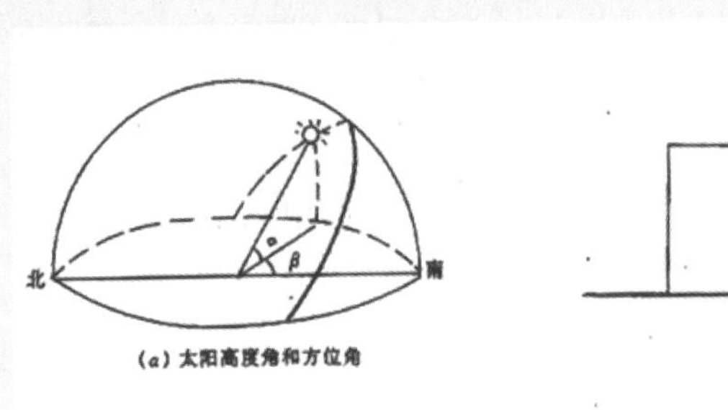

图4-30 日照和建筑物的间距

图4-31 阳光室

图4-32 建筑周边绿化的配置及间距

4. 光觉质量

光觉质量包括日照、采光和人工照明三方面的质量问题。

（1）日照

日光具有很强的杀菌作用，它是人体健康和人类生活的重要条件。如果长期得不到日照，人体健康就会受到影响，尤其对幼儿，会造成发育不良。日照对人的情绪也有很大影响，在阳光下人会感到心情格外舒畅，比如沙滩日光浴，见图4-29 。因此，许多国家都将日照列为住宅设计的首要条件。但过多的日照对健康也不利。如何保证正确的日照就涉及到建筑物的日照时间、方位和间距，紫外线有效辐射范围，绿化公理配置，建筑物的阴影，室内日照面积等问题。

① 建筑物的日照时间、方位及间距

我国规定，对于住宅必须保证在冬至有1小时的满窗口的有效日照。因此，建筑物的朝向最好朝南或适当的偏东或偏西。建筑物的间距与高度的比值在1:1. 1以上，以保证室内有良好的日照。当然各地区的纬度和经度不同，对日照的规定也不一样，设计时应针对具体情况而定（见图4-30）。

② 紫外线的有效辐射范围

对于幼儿园、托儿所、疗养院之类的建筑物，不仅要有良好的日照，还应具备一定的紫外线辐射，以保证室内环境的健康卫生。这就需要选择好建筑物地点和确定室内采光口的位置及大小。有条件时可设阳光室，获得紫外线照射。

③ 绿化的合理配置

在夏季，为了减少阳光对室内辐射的影响，经常在室外配置树木。尽可能在辐射强的一方种植植物，如建筑西侧，种植树种以中低灌木为主，树木与建筑一层间距不要影响正常的采光，一般以7~8米为宜（见图4-31至图4-32）。

④ 建筑物阴影

就视觉而言，建筑物的阴影可增强室内或室外的建筑视觉形象。就人的健康而言，阴影可减少夏季的热辐射，但会影响日照和紫外线辐射。为满足多方面的要求，经常采用的方法是设置移动的窗帘或活动式遮阳板（见图4-33）。

⑤ 室内日照面积

室内的日照主要是通过向阳面采光口获得的。最有效的采光口是天窗，其次是侧窗。一般情况下，采光口的大小通过计算确定，其有效面积是阳光射到地板上的面积。不同功能的室内房间要求有相应的窗地比值（如表4-2）。

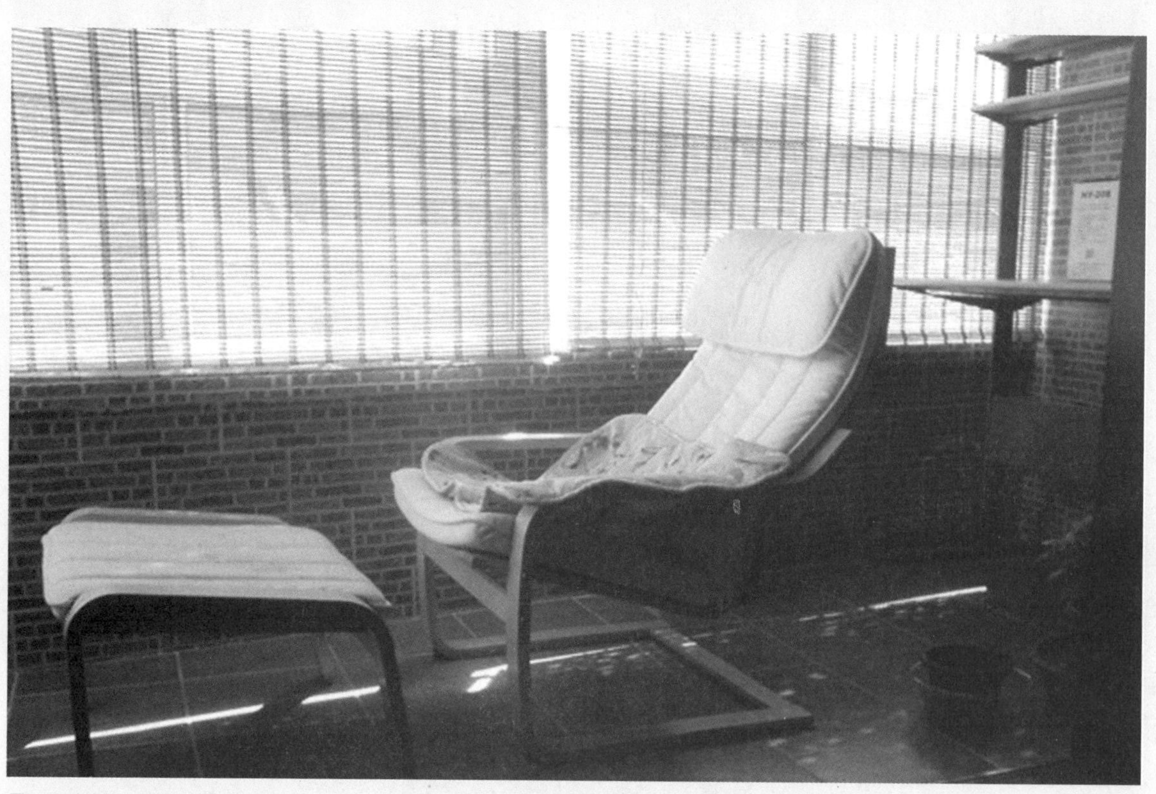

图4-33 建筑内可调节竹帘

表4-2 面积与地板面积比值

房间名称	窗地比
卧室 起居室 厨房	1/7
厕所 卫生间 过厅	1/10
楼梯 走廊	1/14

（2）天然采光

室内环境的天然采光对生产和生活都有重大意义。采光和人们的工作效率有着必然的联系系，随着采光条件的改善，人们对物体的辨识能力、识别速度、远近物象的调节机能也随之提高，从而提高了工作效率。另外，良好的采光条件对大脑皮质起到适当的兴奋作用，可改善人体的生理机能和心理机能。当人长期在不良的采光条件下生产生活，会使视觉器官感到紧张和疲劳，结果会引起头痛、近视等视觉机能的衰退和其他眼疾。

室内采光的质量，除了有充足的光线外，还必须考虑光线是否均匀、稳定，光线的方向是否会产生暗影和眩光等不良现象。室内光线是否充足，体现在室内照度的强弱，这取决于天空亮度的大小。天空亮度主要是阳光的作用，太阳光经过大气层的吸收与散射，到达地面时不仅有直射光，而且有扩散光，形成了各地区的光气候。对光气候的观察分析与统计，可以制定出各地区的室外照度曲线，也可以制定各地区的总照度和散射照度，作为确定室内照度标准的依据。

采光的质量主要取决于采光口的大小（高、宽度）和形状、采光口离地高低、采光口分布和间距。在确定采光系统时，对有特殊要求的室内环境需进行一些特殊处理，防止眩光对视觉的影响。这种特殊处理的办法有两种，一是提高背景的相对平均亮度，二是提高窗口高度，使窗下的墙体对眼睛产生一个保护角（见图4-34至图4-40）。

图4-34 利用顶棚结构采光

图4-35 利用玻璃光罩装饰阳台采光

图4-36 利用玻璃砖间接自然采光

图4-37 利用中悬窗结构采光

图4-38 利用固定窗结构自然采光

图4-39 利用天井自然采光

图4-40 香山饭店的室内自然采光

（3）人工照明

人工照明是光环境的重要组成部分，是保证人们看得清、看得快、看得舒适的必要条件，也是渲染环境气氛的重要手段。

人工照明有三种方法：均匀照明、局部照明和重点照明。

均匀式照明也叫环境照明，是以一种均匀的方式照亮空间。这种分散性照明可有效地降低工作面上的照明与环境照明之间的对比度。均匀照明还可以减弱阴影，使室内物体的转角变得柔和舒展。大多数的室内都采用这类照明形式，其特点是灯具悬挂较高、灯具数量较多（见图4-41至图4-42）。

局部照明也叫工作照明，是为了满足某种视力要求而照亮空间的一块特定区域。其特点是光源安放在工作面附近，照明效率较高。它通常采用直射式的发光体，并在亮度和方位上可调（见图4-43至图4-44）。

图4-41 均匀照明之一

图4-42 均匀照明之二

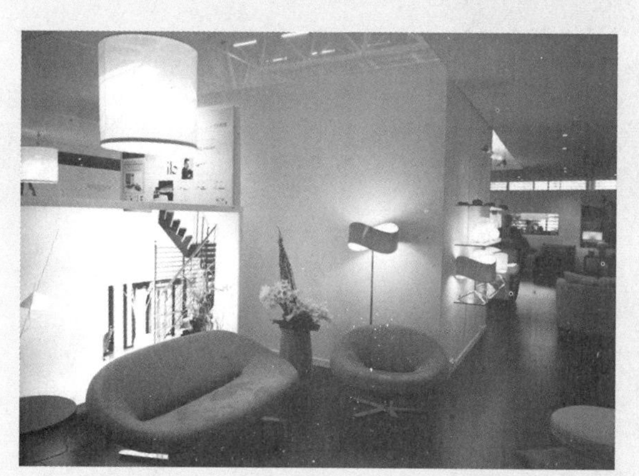

图4-43 局部照明之一

图4-44 局部照明之二

重点照明是局部照明的一种特殊形式，它产生各种聚焦点及明暗节奏变化，可以缓解普通照明的单调性，突出房间特色或强调某种陈设和艺术品（见图4-45至图4-47）。

人工照明质量是指在光照技术方面是否会产生眩光、阴影，照度是否均匀和光谱成分等问题。人工照明的质量取决于以下因素：

（1）适当的亮度

视力是随着照度的变化而变化的。不同活动，不同的人对照度有不同的要求。一般情况下，细微的工作照度要求高，粗放的工作照度要求低；观察运动物体照度要求高，观察静止的物体照度要求低；偏重视觉工作要求照度高，不用视觉工作照度要求低；儿童要求照度低，老人要求照度高。

当照度超过一定的临界时，视力并不随照度提高而提高，而且会造成眩光。过亮的环境会增加眼睛的疲劳。因此，在室内环境中，照度大体上应保持在50~200lx范围内。

（2）工位与背景的亮度对比

局部照明与环境背景的亮度差别不易过大，太大需要眼睛不断地调节，容易造成视觉疲劳。环境照度应不低于工作面应有照度的10%，同时不低于10lx。

（3）眩光和阴影

眩光是视野范围内亮度差异悬殊时产生的。产生眩光的因素主要有直接的发光体和间接的反射面两种。眩光的主要危害在于产生残像、破坏视力、破坏暗适应、分散注意力、降低工作效率、产生视觉疲劳。针对这些问题，消除眩光的方法主要有两种：一是将眩光移出视野。人的活动大部分集中于视平线以下，因而将灯光安装在正常视野以上或水平线上25°、45°以上更好；二是采用间接照明，反射光和漫射光都是良好的间接照明，也可消除眩光（见图4-48至图4-49）。

图4-45 重点照明之一

图4-46 重点照明之二

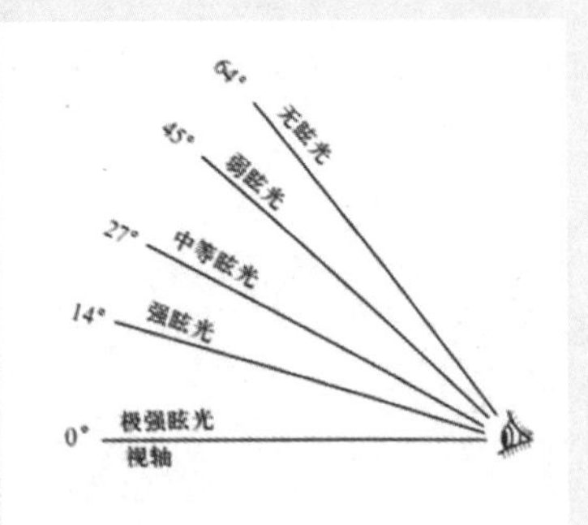

图4-48 眩光与光源入射角度的关系

图4-47 重点照明之三

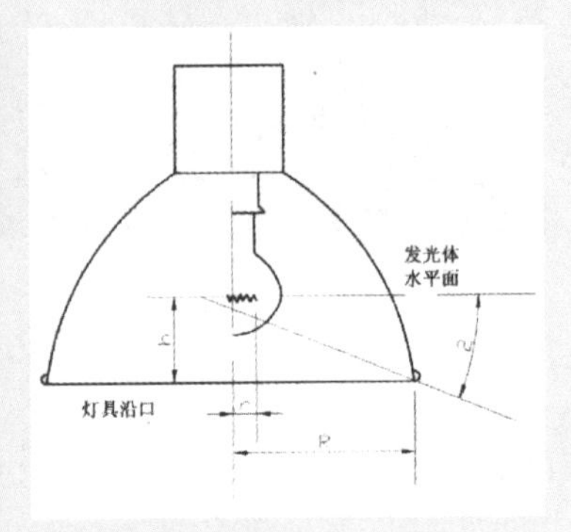

图4-49 灯罩的保护角示意

除此之外，阴影也会影响视觉，强烈的阴影造成强烈的视觉反差。良好的光觉质量应保证被照射面有适当的亮度，同时要保持照度均匀稳定。

综上所述，被照面与环境背景的亮度应没有显著的差别，没有眩光和明显的阴影，还要满足一定的日照时间和日照面积，才能满足人们的需求，保证健康。

有一些特殊的室内环境，如电影院、舞厅、机场塔台、声光控制室等，都需要在黑暗的环境中进行工作。在这环境中，既要有一定的局部照明，又要对黑暗环境有较好的暗适应，以便观察其他的较暗环境。这就要求采用弱光照明。一般情况下，红色光对暗适应影响最小，因此暗环境下多用较暗的红光照明。

人工照明设计就是利用各种人造光源的特性，通过灯具造型和空间布置，营造特定的人工光环境。近年来，由于光源的革新、装饰材料的发展，人工照明已不只是满足室内一般照明、工作照明的需要，而进一步向环境照明、艺术照明发展。现代城市环境中的人们越来越喜爱艺术照明。它在居住、商业以及大型公共建筑等室内外环境中已成为不可缺少的环境设计要素。

4.3.4 色彩与视觉

色彩是人类最直接感知世界的方式。不同的色彩对视觉刺激后会产生不同的心理效应，从而影响到人的感情和对客观事物认知。

1. 色彩的视觉现象

在空间环境设计中，色彩是最好的表现手段，一个好的设计师对于色彩特性的掌握和运用至关重要。

（1）色觉

色觉的生理基础是光对视网膜的颜色区的刺激作用。在正常视觉中，视野内的色彩感觉并不完全相同，视野的边缘部分虽然能够察觉物体，但几乎感觉不到色彩。在离开视觉中心点90° 的地方，除非光线很亮的情况下，任何物体都是灰色的。这是由于视网膜中的中央凹部和边缘部结构不同造成的。中央视觉主要受到锥体细胞的作用，锥体细胞是颜色视觉的器官；边缘视觉主要受到棒体细胞的作用，而棒体细胞以分辨明暗为主。

（2）色彩对比

在视野中，一块颜色的感觉由于受到它邻近颜色的影响而发生变化的现象称为色彩对比。色彩对比是不同颜色区域间的相互影响的结果，可以分为诱导区和注视区。在一块红色背景上放一小块灰纸，注视灰纸几分钟，灰纸就会显出略带绿色；如果背景是黄色，灰纸就呈现蓝色，这就是常见的色彩同时性对比现象。即每种颜色在其邻近区都会诱导出它的补色；或者说两种相互邻近的颜色都向另一种颜色的补色变化。

色彩对比现象不仅表现在色相方面，也表现在明度方面。在白色背景上的灰纸片看起来发暗，而在黑色背景上看起来发亮，这就是颜色的明度对比现象。

另一种色彩对比现象是继时性颜色对比。在灰色背景上注视一块色纸几分钟，拿走纸片后，就会看到在背景上有原来颜色和补色，这种颜色后效现象称作负后象。同样，在灰色背景上注视白色纸片后，在白色纸片原来位置会出现较暗的负后象，这就是明度继时对比。

（3）色彩常性

视网膜像是光刺激在视网膜上的直接对象，它随照度大小及照明的光谱特性而变化。但在日常生活中，人们一般可以正确地反映事物本身固有的颜色，而不受照明条件的影响，因为物体的颜色看起来是相对恒定的，这种现象称为色彩知觉的常性。

色彩常性是被照物体的一个重要特性。但由于物体表面状况、光环境及观察方法的变化，色彩常性会受到影响。为了保证物体的色彩常性，在光环境设计时应注意以下几点。

① 避免强烈的影子或高光；

② 要有足够的照度；

③ 光源显色性要好；

④ 尽可能减少眩光；

⑤ 在照明较差的表面上，应采用高彩度或高明度的颜色；

⑥ 光源位置应该能清楚地被察觉；

⑦ 减小有光泽的面积；

⑧ 白色表面应分散在周围；

⑨ 应能看出物体表面质地。

（4）色彩的知觉效应

由于感情效果和对客观事物的联想，色彩对视觉刺激产生了一系列的心理效应，这种效应随着时间、地点、条件（如外观形象、自然条件、个人爱好、生活习惯、形状大小及环境位置等）的不同而有所不同。

① 温度感

不同的色彩会产生不同的温度感，如看到了红色和黄色联想到太阳与火焰而感觉温暖；看到青色和青绿色容易联想到海水、天空与绿荫而感觉寒冷。所以将红、橙、黄等有温暖感的色彩称为温色系，青、青绿、青紫等有寒冷感的色彩称为冷色系。但色彩的冷暖又是相对的，如紫与橙色并列时，紫就偏向于冷色，而青与紫并列时，紫又倾向于暖色；绿、紫在明度高时近于冷色，而黄绿、紫红在明度、彩度高时近于暖色（见图4-50至图4-53）。

在环境设计中利用色彩的温度感来渲染环境的气氛会收到很

图4-50 色彩的温度感之一

图4-52 色彩的温度感之三

图4-51 色彩的温度感之二

图4-53 色彩的温度感之四

好的效果。

② 距离感

色彩的距离感觉以色相和明度影响最大。一般高明度的暖色系色彩感觉凸出、扩大，称为凸出色或近感色；低明度冷色系色彩感觉后退、缩小，称为后退色或远感色。如白和黄的明度最高，凸出感也最强；青和紫的明度最低，后退感最显著。但色彩的距离感却是相对的，而且与背景色彩有关，如绿色在较暗处也有凸出倾向。在环境设计时，常利用色彩的距离感来调整室内外空间的尺度的感觉影响。

③ 重量感

色彩的重量感以明度影响最大，一般是暗色感觉重而明色感觉轻；彩度强的暖色感觉重而彩度弱的冷色感觉轻。

在环境色彩设计中，为了使景物（如设备的基座或各种装修台座等等）达到安定、稳重的效果，往往设计成重颜色；为了达到灵活、轻快的效果，景物多采用轻感色，如悬挂在顶棚上的灯具、风扇、车间上部的吊车都会涂上轻颜色。通常，环境物体的色彩处理多是自上而下由轻到重。

④ 疲劳感

色彩的彩度越强对人的刺激越大，就愈容易使人疲劳。一般暖色系的色彩比冷色系的色彩疲劳感强。故在环境色彩设计中，色相数不宜过多，彩度不宜过高。

色彩的疲劳会引起彩度减弱、明度升高，色相逐渐呈灰色（略带黄）的视觉现象，还是色觉的退色现象。

⑤ 色彩的注目感

注目感即色彩的诱目性，就是在无意观看情况下，容易引起视觉注意的色彩性质。据有诱目性的色彩从远处就能明显地识别出来。

光色的诱目性的顺序是红>青>黄>绿>白；物体的诱目性顺序是：红色>黄色及橙色。如殿堂、牌楼等的红色柱子，走廊及楼梯间铺设的红色地毯就特别引人注目。除此之外，色彩的诱目性还取决于物体本身与背景色彩的关系。如在黑色或中灰色的背景下，诱目性的顺序是黄>橙>红>绿>青，在白色的背景下诱目性的顺序是青>绿>红>橙>黄。各种安全及指向性的标志，对色彩的设计均考虑到诱目性的特点。

⑥ 色彩的空间感

有色系的色刺激，特别是色彩的对比作用使感受者产生立体的空间知觉，其产生原因有两方面：一是视色觉本身具有进退效应，即色彩的距离感，如在一张纸上贴上红、橙、黄、绿、青、紫的六个实心圆，可以发现红、橙、黄三个圆有跳出来的感觉；二是空气对远近色彩刺激的影响，远处的色彩光波因受空气尘埃的影响，有一部分光被吸收而未全部进入视感官，色彩的纯度和知觉度大大降低，从而形成了色彩的空间感，如远处的树木偏蓝，近处的树偏绿。在色彩效应的实验表明，室内空间环境不变的情况下改变空间色彩，冷色系、高明度、低彩度的室内空间显得开敞，反之显得封闭。

⑦ 色彩的尺度感

色彩的尺度感就是因为色彩的冷暖感、距离感、物象色彩的三要素及背景色的制约所产生的膨胀与收缩的色觉心理效应。通常暖色、近色、兴奋色、明度高、彩度大多与暖色、暗色、黑色为背景的色彩易产生色觉膨胀感，反之会产生收缩感。色彩的膨胀到收缩的顺序是：红、黄、灰、绿、青、紫。在环境设计中，同样大小的构件，若为黑色就显得视觉体积小。

⑧ 色彩的混合感

将不同色彩交错均匀布置时，从远处看，呈现色混合的感觉。在进行环境色彩设计时，要考虑远近相宜的色彩组合，如作为地面铺装的水刷石，其黑白石子混合后的效果呈灰色，作为立面材料的红砖勾灰缝的清水墙呈现紫褐色。

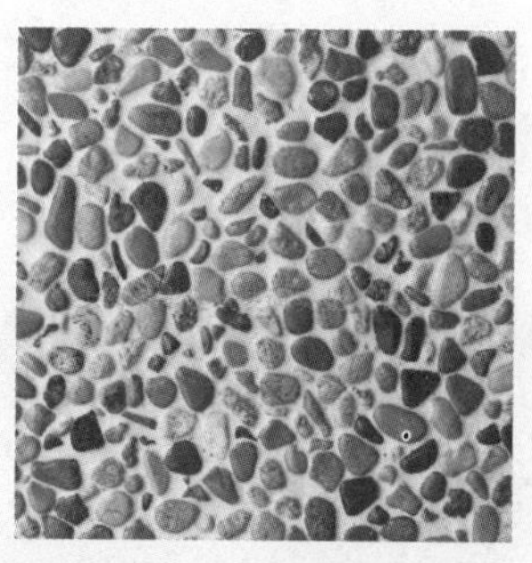

图4-54 水刷石

图4-55 清水墙

⑨ 明暗感

色彩在照度高的地方明度升高、彩度增强，在照度低的地方，明度感觉则随着色相不同而改变。一般绿、青绿及蓝色系的色彩显得明亮，而红、橙及黄色系的色彩发暗。

室内环境配色的明度对照度及照度分布影响很大。一般情况下，常常用色彩的明度来调节室内照度及照度分配。

⑩ 色彩的情感效果

色彩有着使人兴奋或沉静的作用，称为色彩的情感效果。这一般是受到色相的影响，其中红、橙、黄、紫红为兴奋色，青、青绿、青紫为沉静色，黄绿、绿、紫为中性色。人看到某种色彩，常常联想到过去的经验和知识，这是由于性别、年龄、生理状态、环境、个人嗜好等因素不同而产生，色相在联想中起主要作用，但明度和彩度的影响也不容忽视，同一色相由于明度的高低和彩度的强弱会给人以不同的感情效果。

色彩的情感效果在环境设计中起着重要的作用，它不仅可以美化生活，焕发人们的激情、促进健康，还可以辅助治疗疾病。这在住宅、教室、医院等室内外设计中已得到广泛的应用。

（5）室内配色

室内色彩设计就是在确定色调后，利用色彩的物理性能及其对生理和心理的影响进行调色，以充分发挥色彩的调节作用。

室内环境受墙面、顶棚与地面等六界面的影响较大，其色彩可以作为室内色彩环境的基调。在六界面中，墙面通常是家具、设备及生产操作台的直接背景，故家具、设备和操作台的色彩又会影响墙面，这就产生色彩的协调和对比问题。

室内配色一般多采用同类色调和或类似色调和，前者给人以亲切感，后者给人以融合感。在采用对比色调和时，即以色相、明度、彩度三者相差较大来实现变化统一，易于给人强烈的视觉刺激感，但要掌握好分寸。若想突出室内重点部位、强调其功能作用或使人显而易见，就需要重点配色（见图4-56至图4-58）。

图4-56 室内配色（灰调子）

图4-57 室内配色（冷调子）

图4-58 室内配色暖调子

（6）色彩调和

色彩调和就是研究在配色时色彩之间的协调关系，它包括色相调和、明度调和、彩度调和及面积调和等。它们之间相互关联又相互制约，并且因人、因地、及个人素养和文化背景等因素而有所差异。

① 色相调和

色相调和包含二色相调和、三色相调和及多色相调和。色相调和按其差距分类包括：类似调和，即色相环上1~12或-1~-12之间的色彩调和；中间调和，即色相环上12~26或-12~-26之间的色彩调和；弱对比调和，即色相环上26~38或-26~-38之间的色彩调和；对比调和，即色相环上38~-38之间的色彩调和。三色调和及多色调和的关键是保持色彩的均衡，不同色调和可取得不同的效果（见图4-59）。

② 明度调和

同色依靠明度来调节，容易取得统一的效果，但如果缺少变化，也往往给人单调、枯燥的色彩印象，所以需要色相和彩度要素的参与。

③ 彩度调节

彩度调节主要指依靠色彩的饱和程度进行调节。

对于上述调和方法，相同或近似色调和比较和谐，但感觉较弱；中间调和，灰调子使人感觉暧昧，需要适当改变色相、加强明度；对比调和，色彩鲜艳，但过于热闹，适当改变色相或加大面积以至调和。

其中中间调和在室内设计中应用较多，加上明度调节作用，可取得统一中有变化的效果。对比调和在明度的作用下可取得更强烈的刺激效果。

④ 配色面积

无论是色相还是明度和彩度，由于面积和大小的不同，给人的感觉也会不同，在调和配色面积时，需掌握一些原则：

A. 大面积色彩宜降低彩度，如墙面、天花板和地面；

B. 小面积色彩宜适当提高彩度，如建筑构配件、家具、设备、陈设；

C. 对于明亮色彩或弱色彩，宜适当扩大面积；

D. 对于暗色、强烈的色彩宜缩小面积，形成重点配色。

4.3.5 形态与视觉

知觉的领域是复杂的，有些客观事物的特性可以靠其物理量的变化而知觉，而某些事物的特性，如形状、空间、时间和运动等特性，它们与物理量之间没有明显的关系。对这些事物的特性，只依靠感官的活动加以解释是不够的。

“形态（Shape）”在《辞海》中被解释为“形状和神态”，也就是说形态包含了形状和神态两方面的内容。“形”有形象、形体、形状、外貌等含义；“态”有姿态、体态、情状、风致等含义。“态”是依附于形的，可以说“态”是“形”的外在形状所显露出来的神态。有形必有态，有态必有形，二者不可分离。由于“形”是物质的外在形状，因而物质就具有了可识别性，表现为客观存在的物质形态；由于“态”是物质外在形状显露出来的神态，这种神态经由人的主观认识，从而得到心理上的反映和认知，由此产生了对物质内在的性质、意义的理解和把握，产生出非物质的主观形态。

1. 形态知觉

任何物体、任何环境所呈现的图形，简单的自然形也好，复杂的几何图形也好，它是怎样被人认知的呢？德国格式塔心理学派（Gestalt，德文：形状、形态）对此做了大量研究，并取得了丰富的成果。

格式塔又叫完形，是指伴随知觉活动所形成的主观认识。格

孟赛尔色相环

修正后（数字色彩）色相环

图4-59 孟塞尔十色相环色标

式塔具有两个基本特征：其一，它是一个完全独立的新整体，其特征和性质都无法从原构中找到；其二，“变调性”，格式塔即使在它的大小、方向、位置等构成改变的情况下，也仍然存在或不变。此外，格式塔的含义还包括视觉意象之外的一切被视为整体的东西，以及一个整体中被单独视为整体的某一部分。

格式塔的生理基础是客观环境的形态作用于人的视感官，通过内在分析器在头脑中形成的视觉效应。它的心理基础是人的推理、联想和完成化的倾向。格式塔心理美学是把审美知觉看成是各种感官对作品整体结构的感知，而整体结构反映了作品的主题、层次、内涵和深度，所以提出艺术的魅力来自作品的整体结构的观点。同时，图形的艺术特征要通过物质材料造就这种结构完形，作品的魅力和功能就在于唤醒观赏者身心结构上的类似反应，即同构关系。当不太完美，甚至有缺陷的图形出现在人们的视觉区域时，人们的视觉活动中表现出简化对象形态的倾向，即格式塔需要，并以积极的知觉活动去改造它，或以想象去补充、变形，或将其视为一个“标准形”，使之达到简洁完美。

中国古代的山水画、花鸟画、写意画的构图；书法和绘画中的留白；中国古典园林中的障景、借景、漏景等造景手法，正是巧妙地运用了这种完形心理给观赏者留下了深刻的印象和感人的艺术效果（见图4-60至图4-64）。

图4-60 中国传统民居当中作为障景用的照壁

图4-61 中国传统园林复廊中的隔景墙

图4-62 中国传统园林漏景门洞

图4-63 中国传统园林透景花窗之一

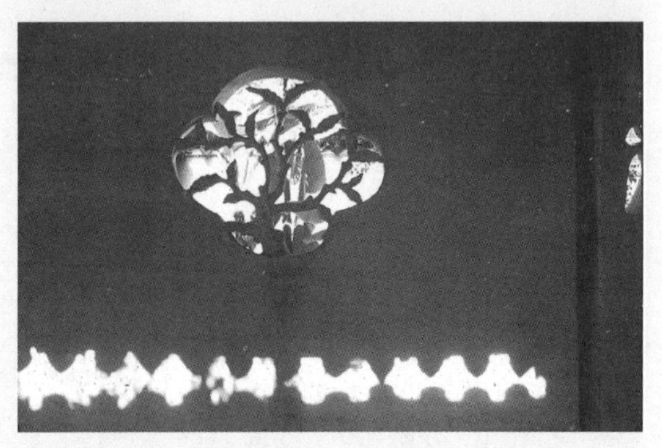

图4-64 中国传统园林透景花窗之二

2. 等质视野

未形成稳定图形的知觉范围称为未分化的视野，用格式塔心理学语言又称作等质视野。它体现了人们对形态知觉的原始状态，即混沌状态。这种状态有些像胎儿在母体子宫里所看到的景象，短期内会有平静和轻松的感受，但长时间的等质视野会使人产生迷茫和不安定的感觉，这种感觉一方面源于方向的迷失和自身定位的不确定性；另一方面是景物的单调所导致的枯燥和厌烦感。

在日常生活中人们也会遇到近似等质视野的现象，如漆黑的夜晚或大雾笼罩的时候，又如在许多现代化的大城市里，到处都是钢筋混凝土、玻璃幕墙组成的高层建筑，这些毫无个性的建筑群鳞次栉比、楼宇林立，视觉上也会给人带来类似等质视野的感受（见图4-65至图4-66）。

中国古代的思想家、教育家和政治家孔子在与其弟子子夏的谈话中也曾谈到过这个现象。《论语》记载，子夏问《诗经》中的一句诗曰：“巧笑倩兮，美目盼兮，素以为绚兮，何谓也？”意即笑脸盈盈，黑白分明的眼睛顾盼生姿，就像素粉衬托出绚烂，讲的是什么呢？孔子对子夏的这个问题做了简单的回答，子曰：“绘事后素”。孔子的“绘事后素”这四个字看起来似乎很简单，实际上有深刻的意义，意思是先有素面，绘事在素的后面。用今天绘画语言来解释，就是画画不是先有画，而是先有纸、有布。只有在纸、布上才能画画，如果没有这些你怎么画呢？这是它的第一个含义；第二个含义是说，我们在创作画的时候，虽然没有画，但是在创作者的意识中已经有了较完整的构思和形象，这叫做“意在笔先”。你得先有一个构思，然后再在上面起草，起草好后才在干净的纸上画，画中自然包括了作者的整个艺术素养。

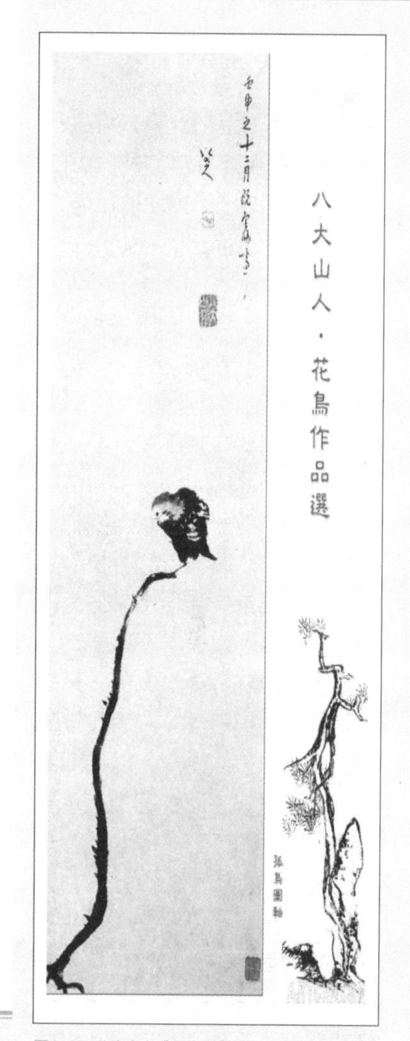

图4-67 八大山人《孤鸟图》轴

图4-65 均质化的现代城市建筑

图4-66 均质化的现代城市建筑图示

均质的物象是缺乏让眼睛停顿的景观，而人的视觉最终需要注意点儿什么，这种等质视野会引起人的视觉疲劳，继而使人产生厌倦。简单的图形知觉非常符合中国古代著名的哲学书籍《易经》所描述的“太极生两仪”的意向。

3. 图形与背景

格式塔心理学认为，人们感知客观对象时，并不能全部接受其刺激所得的印象，总是有选择地感知其中的一部分。当我们注视某一个形态时，就会感觉到它是从其他形态中浮现出来的，即使两种两种形态差异不明显，人们也会感知到其中某一部分形态在前，另一部分形态在后。浮现在上边的形态叫图形，退在后面的形态叫背景。这种图与底关系的现象，早在1915年就以鲁宾（Rnbin）的名字来命名，称为鲁宾反转图形（见图4-68）。

多数情况下，当注视杯子的时候就形成图形，黑色的部分就成了背景；当你注视两个头影的时候就形成图形，白色部分就形成背景。对初视者，同时知觉杯子和头影两种图形的情况比较少见。至于哪个是图，哪个是底，主要取决于图形的突出程度，而突出程度又可以通过加强某些图形的色彩或轮廓线的清晰度、新颖度、内在质地的细密度等方法来决定。一般情况下，图底差别越大，图形就越容易被感知（见图4-69）；如果图底关系差别不大，则容易产生反转现象，这会给人造成不稳定感，容易失去图形的意义（见图4-70）。

4. 图形的建立

格式塔心理学派的先驱者韦特墨（Max Wertheimer）对图形做了大量的研究。当图形比较清楚、呈像比较稳定，根据心理学中注意的特性，以下几种图形建立的条件可供设计时参考。

（1）面积小的部分比大的部分容易形成图形；

（2）同周围环境的亮度差别中，差别大的部分比差别小的部分容易形成图形；

（3）亮的部分比暗的部分容易形成图形；

（4）含有暖色色相部分比含有冷色色相部分容易形成图形；

图4-68 鲁宾之杯

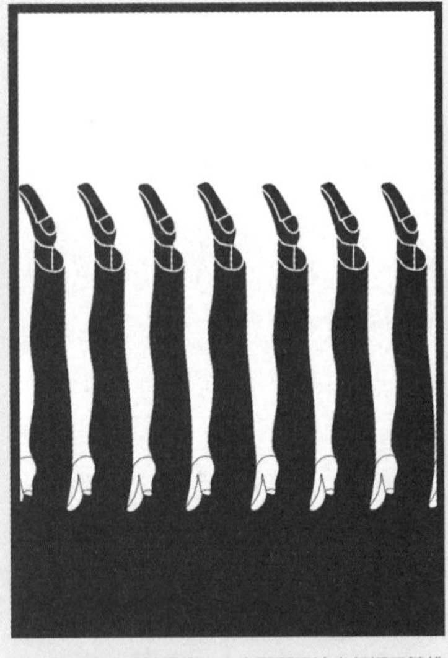

图4-70 图底反转图例—日本平面设计大师福田繁雄1975年创作日本京王百货宣传海报

图4-69 图形与背景差别越大越容易被感知

（5）向垂直、水平方向扩展的部分比向斜向扩展的部分容易形成图形；

（6）对称的部分比非对称的部分容易形成图形；

（7）幅宽相等的部分比幅宽不等的部分容易形成图形；

（8）在整幅图像中，与下边联系的部分比上边垂落下来的部分容易形成图形；

（9）运动着的部分比静止的部分容易形成图形，如喷泉、跌水及各种动态装饰物。

除了上述在图形和背景关系中稳定图形建立的一些条件外，以下一些形态聚合因素，也是图形建立的规律：一是接近因素，即位置接近的形态容易聚合成图形；二是渐变因素，即大小渐变的部分容易形成图形；三是方向因素，即朝同一方向的部分容易聚合成图形；四是类似因素，即相似的部分容易聚合成图形；五是对称因素，即对称形容易聚合成图形；六是封闭因素，即封闭形态容易聚合成图形。

在城市环境中，常将建筑群看做图形，而把天空、山峦和绿树等当做背景；在建筑环境中，观看一幢建筑物时，往往将窗子作为图形，而将建筑整个立面视为背景；在室内环境中，往往将顶棚、墙面和地面视为背景，而将室内家具和陈设的形态甚至室内中人的形象作为图形来认识（见图4-71至图4-72）。如何使某些形态显现为可见部分，使某些形态隐退为背景，这同景物陈列的前后位置有着密切的关系。正确运用图形与背景的关系对室内外空间形态设计是非常重要的。

5. 图形的视觉特征

图形的视觉特征是室内外各个界面设计、建筑造型及空间组合的理论基础，它集中表现在以下几个方面。

（1）任何一种几何图形其形态大小都是相对的视觉概念。

任何一种从背景中分化出的形态或是符合聚合条件而形成的图形，都是由点、线、面、体组成的相对的几何图形。

一扇窗子相对于一幢建筑的内部而言，它是一个点，而相对于小空间的室内而言，它确是一个面。一座房子相对于一个小区或一座城市而言，它是一个点，而相对于一组建筑群而言，它是一个体。一条路或一条街相对于整座城市而言，它是一条线，相对于小区而言，则是一个面，或是一个体（见图4-73）。

在室内设计中，由于家具设备在空间中相对较小，多被视为一个体，小的陈设可视为一个点，而各个界面均视为一个面，在进行室内造型设计时整个空间可视为一个体。

（2）稳定的图形一般都具有客观几何图形的特征。

① 从几何学概念出发，点无面积大小之分，只表示图形的位置；线有长短和位置的区别，而无宽度和厚度之分；面有位置、长度和宽度，而无厚度的概念；体既有位置，又有长度、宽度和厚度的概念。

② 点是平面图形中两条线相交的位置；在空间图形中，点是线与面的相交位置。在平面图形中，线是点的运动轨迹；在空间图形中，线是两个面的相交位置。在空间图形中，体是面的运动轨迹。

③ 在不同的几何图形的相对度量中，两点间距离的线段最短，相同长度的线所构成的平面，圆形面积最大。相同面积所构成的体，球体的体积最大。

（3）环境中的任何一种几何形体都具备主观视觉特征。

图4-71 室内空间与人物形态之一

图4-72 室内空间与人物形态之二

图4-73 建筑当中的点、线、面

①点

在空间中放置一点，由于它刺激视感官而产生注意力（见图4-74至图4-75）。

当点位于空间中心时，则具有平静安定感，既单纯又引人注目。当点的位置在上方则有重心上移的感觉。当点的位置在上方不居中时，则产生不稳定感。相反，点在下方居中或偏一角，则产生稳定感，并使空间有变化。点的排列和组合，由于联想和错觉，其图形具有线或体的感觉。

②线

线在空间中具有方向感。

直线具有紧张、锐利、简洁、明快、刚直的感觉，从生理和心理感觉来看，直线具有男性特征（见图4-76至图4-77）。

细线在纤细、敏锐、微弱当

图4-74 埃及金字塔群

图4-75 1967年加拿大蒙特利尔世博会巴克敏斯特·富勒设计的美国馆，球形网架结构建筑

图4-76 风格派建筑

图4-77 勒·柯布西耶设计的萨伏伊别墅

中具备微弱的紧张感；粗线在豪爽、厚重、严密中具有强烈的紧张感；长线具有时间性、持续性、速度快的运动感；短线具有刺激性、断续性、较迟缓的运动感。

曲线给人的印象是柔软、丰满、优雅、轻快、跳跃、节奏感强等特点。从生理和心理角度来看，曲线具有女性特点（见图4-78至图4-79）。

③ 面

面由于构成材料表面的颜色、质地和肌理不同，还具有以下视觉特征：一是色彩和质地的轻重和坚实程度；二是大小、比例和空间中的位置；三是反射光影的程度；四是象征和围合空间的作用。

面是建筑设计和环境设计的基本要素。地面、墙面、顶棚、屋面以及由此围合而成的空间、家具、设备、陈设等各种物体，均是由面组成，并由于它们的视觉特征而确定了空间的大小和形态、界面的色彩、光影、材料质地以及空间的开放性和封闭性（见图4-80）。

图4-78 新艺术运动建筑中的曲线

图4-79 西班牙建筑大师安东尼.高迪设计的古埃尔公园

图4-80 北欧风格的室内界面设计

④ 体

体形是用来描述一个物体的外貌和总体结构的基本要素。它除了具有面的视觉特征外，还具有给空间以尺寸、大小、位置关系、颜色和质地等的视觉特征（见图4-81至图4-82）。

（4）客观几何图形具有恒常性。

（5）在形态视觉中常常会出现错觉。

6. 错视形

错觉是和客观事物不相符合的错误的知觉。人的外感官都会产生错误的知觉现象，如错视觉、错听觉、错嗅觉、错味觉、错肤觉，以及运动错觉、时间错觉等。在错觉现象中，以错视觉表现得最为明显。

错视形是视觉图形中的一种特殊现象，是客观图形在特殊视觉环境中引起的视觉错误的反映。它既不是客观图形的错误，也不是观察者视觉的生理缺陷。错视觉中有图形错觉、透视错觉、光影错觉、体积错觉、质感错觉和空间错觉等。影响错视觉的原因有很多，大体有下面几种：外界刺激的前后影响、脑组织的作用、环境的迷人现象、习惯、态度。

错视形是多种多样的，但根据它们所引起错误的倾向性，基本上可分为两大类：一类是方向的错觉，包括平行、倾斜、扭曲方面引起的错觉；另一类是数量上的错觉，它包括在大小、长短、远近、高低方面引起的错觉。下面就这两种常见的错视觉及其在设计中的应用做简要的介绍。

（1）方向错视觉

在国际上，有名为Zoller、Poggendorf、Delboeuf、Hering、Wundt错视觉，图形名称均为发明者的名字。这些图的共同点都是斜线“干扰”平行线，形成锐角，使原有平行线看上去不平行（见图4-83至图4-84）。

图4-81 结构主义建筑形态

图4-82 古根海姆博物馆入口造型

图4-84 左氏错觉(Zollner illusion)

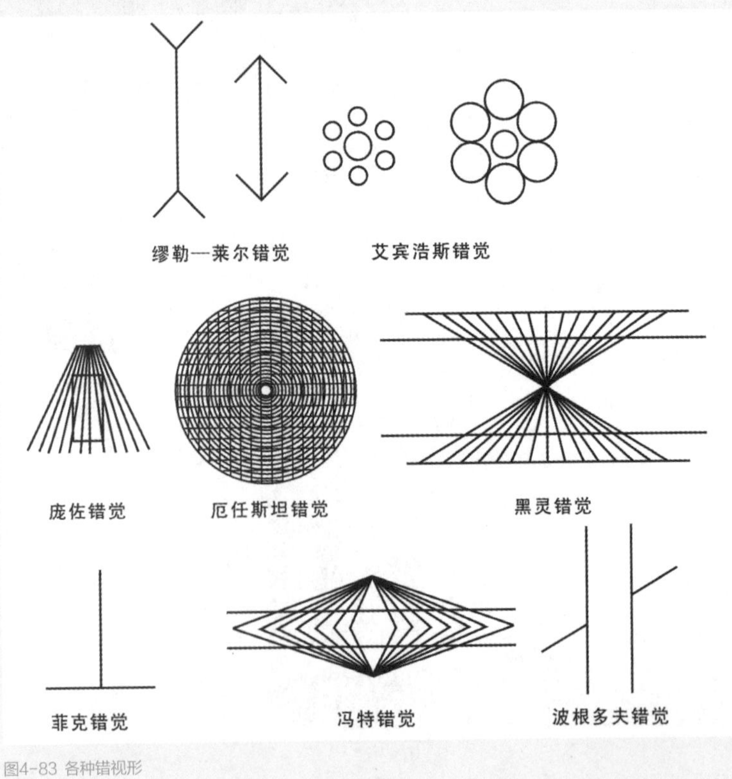

图4-83 各种错视形

还有一种“拧绳”错视形，这种螺旋形错视形由于受到背景的黑白螺旋格的影响，使前面的螺旋形曲线显得扭曲，看上去像一根拧绳（见图4-85）。

除此之外，还有Mullerlyer、Sancher（即平行四边形错觉）和充满空虚错觉图。这些错视形的特点是由于受到其他线形的影响，使原来等长、等高、等距的图形显得有大小、高低、远近的错误视觉现象（见图4-86）。

合理地运用错视形，能够丰富我们的设计内容，如运用尺度、色彩或质感渐变的装饰性线脚来弱化高层建筑的透视变形；运用线形图案的指向和排列来增强空间的长度、深度或宽度。

4.3.6 质地与视觉

质地是物体内在结构和品质的外在表现，质地是室内外空间各个界面及家具、设备、陈设等表面材料的特性在视觉和触觉中的印象（见图4-87至图4-88）。

1. 质地的知觉

质地是由于物体的三维结构而产生的一种特殊品质。人们经常用质地来形容物体表面相对粗糙和平滑的程度，或形容物体表面材料的品质。质地的知觉是依靠人的视觉和触觉来实现的。

光作用于物体表面，不仅反映出物体表面的色彩特性、材料质地的特性和品质，也反映出物体表面光和色的特性。

人的皮肤对物体表面的刺激作用十分敏感，尤其是手指的知觉能力特别强。依靠手指皮肤中的各种感受器，可以知觉物体表面材料的性能、质地、物体的形状和大小。通过对物体表面的触觉，结合视觉的综合作用及以往的经验，将获得的信息反应到大脑，从而知觉出物体表面的质地。

视觉对质地的反映有时是真实的，有时是不真实的。这主要受视觉机能和环境因素的影响。通常对于视线为约13m以外的物体已很难准确地分清两个物体距离的前后关系，当然，也很难辨别出物体表面材料的真实与否。

通常触觉的反映是比较真实的。但由于材料制造技术的进步，有时也很难区分出哪些是天然材料哪些是人工材料。

图4-85 旋转错视形

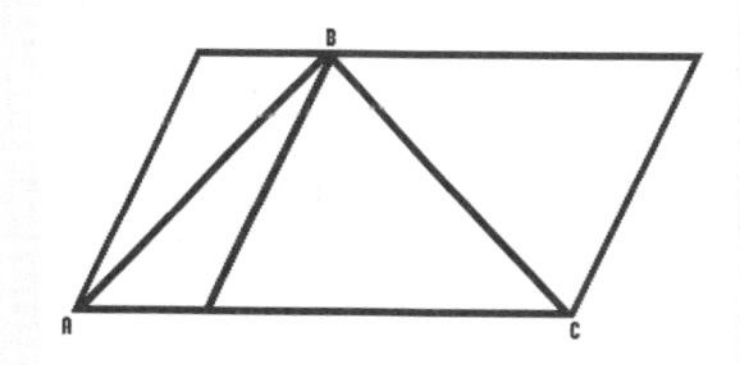

图4-86 平行四边形错视形

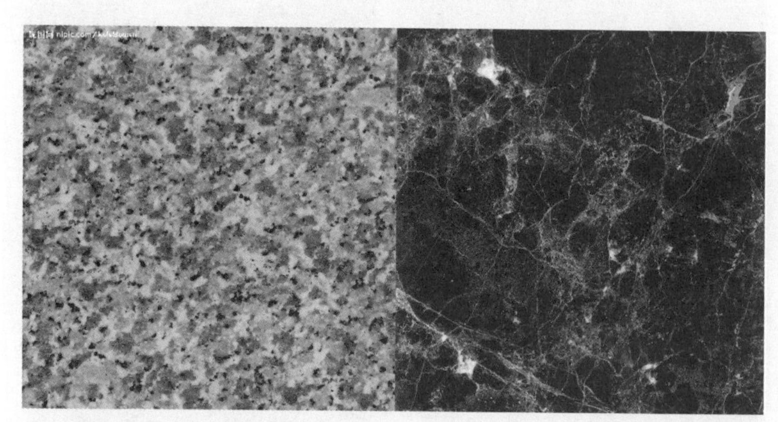
图4-87 天然石材

图4-88 天然木材

2. 质地的视觉特性

物体表面材料的物理力学性能、材料的肌理，在不同光线和背景作用下，产生了不同的质地视觉特性。

（1）重量感

通过经验和联想，材料的不同质地给视觉造成了不同的感觉。当我们见到石头或金属时，就会感到这是很重的物体，看到棉麻草类物品，就会感到这是很轻的物体（见图4-89至图4-90）。

（2）温度感

由于色彩的影响和触觉的经验，不同材料给视觉形成温度的感觉。例如见到瓷砖就产生阴凉的感觉；见到木材，特别是毛纺织品就会产生温暖的感觉（见图4-91）。

（3）空间感

在光线的作用下，物体表面肌理不同，对光的反射、散射、吸收形成不同的视觉效果。表面粗糙的物体，如毛面石材或粉刷表面容易形成光的散射，给人感觉距离就比较近；相反，表面光滑的物体，如玻璃、金属、瓷砖、磨光石材等容易形成光的反射，甚至镜像现象，给人感觉距离就比较远。因此，光线作用在物体表面材料的肌理会营造出成视觉空间不同远近的感觉（图4-92至图4-93）。

（4）尺度感

由于视觉的对比特性，物体表面和背景表面材料的肌理不同，会造成物体空间尺度有大小对此的视觉感受（见图4-94）。如质地光滑背景前的物体，如果其表面也很光滑，由于背景的影响会显得不突出；如果物体表面很粗糙，与背景相比就很突出，在尺度上就会有缩小的感觉。

（5）方向感

由于物体表面材料的纹理不同，会具有不同的指向性。如木材的纹理，具有明显的方向指向

图4-89 金属和玻璃组合的现代建筑给人坚实感

图4-90 石材铺地带给建筑的稳重感

图4-91 木材、织物等室内家具所营造的温暖感

图4-93 表面粗糙的建筑给人亲近感

图4-94 室内空间中不同肌理的对比

图4-92 表面光滑的建筑给人距离感

性，因此不同方向的布置会造成不同的方向感。水平布置会显得物体表面向两边延伸，垂直布置会显得向上下延伸。物体表面质地的方向特性也会影响空间的视觉特性。如果材料纹理方向呈水平，室内空间净高会显得低，相反会显得高。无论是木材、石材的纹理，还是粉刷或面砖铺砌方向，均会造成质地的方向感（见图4-95）。

（6）力度感

物体表面材料的硬度会产生明显的触觉感。如石材就很坚硬，棉麻织品就很柔软，木材就显得硬度适中，通过触觉经验了解这些质地的特性，在视觉上也会有同样的效果（见图4-96至图4-97）。

质地的视觉特性并不是单一地表现在一个环境中，而是与周围其他元素共同作用、相互影响、综公显现，这些因素包括形、光、色、空间等，从而使整体环境产生多元化的视觉效果。

3. 空间界面设计概念

空间界面设计，就是利用物体表面质地的视觉和触觉特性，根据面材的物理力学性能和材料表面的肌理特性，对空间各个界面进行选材、配材和纹理设计。

室内空间界面首先包括围护空间的各个界面，如天花板、墙面和地面，以及柱子和其他构配件的表面，其次还包括室内家具、设备、陈设、隔断等物体的表面。

图4-95 运用木材纹理形成质地的方向感

图4-96 德国国会大厦

图4-97 克里斯蒂用柔软的织物包裹德国国会大厦，1995.6.24-7.6

室外空间界面主要包括地面和维护空间的各个界面，如建筑及构筑物的外立面、墙面、坡面和树木绿化形成的竖界面等（见图4-98）。我们在进行空间界面的概念设计时需要考虑两个基本要素，即立意和空间界面质地设计。

（1）立意

在进行空间各个界面设计时，必须服从环境的整体构思，即立意。空间界面是室内外环境的一个重要组成因素，对空间环境氛围有重大影响。好的材料、贵重材料，如果运用不当，也不一定会产生好的视觉效果和氛围。按照设计的原则，材料没有贵贱之分，只有利用优劣之别。一个有经验的设计师，应该根据空间环境的立意，因地制宜地选用材料，科学、合理地进行材料配置，并利用光影等其他因素，进行环境空间界面的设计。

（2）空间界面质地设计

质地是材料的一种固有属性。在进行空间界面设计时，应结合空间的性质和用途，根据环境的氛围要求来选用合适的材料，如何利用材料固有的属性结合照明和色彩设计，点缀、装饰相关界面。

空间界面质地设计的基本原则同色彩设计原则基本相同，即统一与变化、协调与对比。具体来说，就是于统一中求变化，在变化中求统一，协调中有重点，对比中有呼应。

界面质地的表达是通过界面材料的选择、配置和细部处理来实现的。室内空间界面质地的设计，不只是空间的几个主要的界面，多数情况下，家具、设备、陈设等物体表面材料的选配对环境气氛的影响会比几个主要的界面要大。也就是时下室内装修手法的一种流行趋势：轻装修重装饰。

材料选配、面积的大小、图案的尺度不仅应该和空间尺度以及其中主要块面的尺度相联系，也要和空间里的中等体量的物体相联系。因为质感在视觉上总是趋向于充满空间，所以在房间里使用任何一种肌理，必须精挑细选，合理搭配。例如在大房间里运用肌理，会缩小空间尺度。

在设计中，没有质地变化的空间也是枯燥乏味的。坚硬与柔软、平滑与粗糙、光亮和灰涩等各类质地的组合都可以创造各种变化。因此，纹理的选择与分布必须适度，着眼于它们的秩序性和序列性上。如果它们有着某种共同性，如反光程度或相似的视觉重量感，那么利用质地对比是可以协调的。

如果界面中需要进行图案的设计，应该注意其尺度大小，过小的图案就不显著而变成材料的纹理。界面的质感应尽可能的利用材料结构的组合方式来产生丰富的视觉效果（见图 4-99 至图 4-100）。

图4-98 建筑外部空间界面

图4-99 空间质地环境之一

图4-100 空间质地环境之二

4.3.7 空间与视觉

空间的大小、形状、质地、明暗、冷暖等视觉特性，会带给人或压抑，或拥挤，或空旷，或舒适的生理和心理感受。只有对空间视觉特性准确的认知，才能为舒适的空间环境设计提供了理论依据。

1. 空间知觉

空间知觉是指人脑对空间特性的反映。

人眼的视网膜是一个二维空间的表面，但在这个三维的视网膜上却能够看到二维的空间。也就是说，人眼能够在只有高和宽的二维空间视像的基础上看出空间深度。空间视觉是视觉的基本机能之一，而这种视觉机能的认知过程及其影响因素十分复杂。人在空间视觉中依靠很多客观条件和机体内部条件来判断物体的空间位置，这些条件都称为深度线索。如一些外界的物理条件、单眼和双眼视觉的生理机制以及个体的经验因素等，在空间知觉中都起着重要作用。因此需要大脑的综合作用才能感知物体的空间关系。

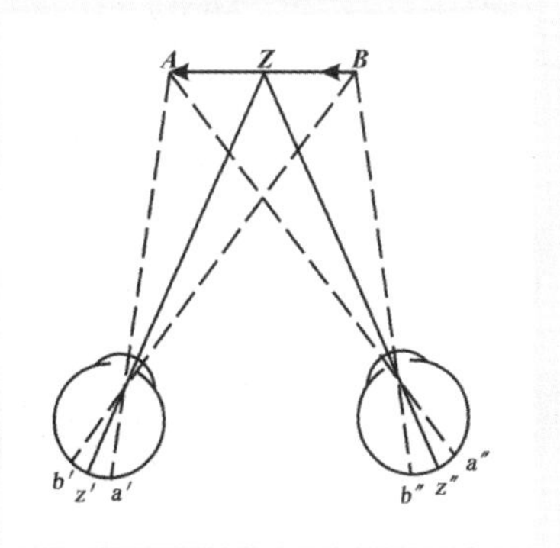

图4-101 双眼视轴的辐合

空间知觉的主要因素有以下几点。

（1）眼睛的调节

人们在观察物体时，眼球的水晶体可以调节变化，以保证视网膜获得清晰的视像。看远处物体，水晶体比较扁平，看近处物体，水晶体较凸起。眼球调节活动传给大脑的信号是估计物象距离的依据之一，当眼睛注视空间某一点，就如同照相机对焦，这一点清晰，而其他点就模糊，这类清晰和模糊的视像分化也成为距离的线索。但这种调节机能只对10m之内的物体起作用，对于远的物体，这种机能作用不大。

（2）双眼视轴的辐合

在观看一个物体的时候，两眼的中央凹对准对象，以保证物体的映像落在视网膜感受性最高的区域，获得清晰的视像。在两眼对准物像的时候，视轴必须完成一定的辐合运动。当看近物时，视轴趋于集中，当看远物时，视轴趋于分散。

控制两眼视轴辐合的眼肌运动提供了关于距离的信号给大脑，也就感知了物体的距离，视轴的辐合只在几十米的距离起作用，对于太远的物体，视轴接近平行，对估计距离就不起作用（见图4-101）。

（3）双眼视差

当注视一个平面物体的时候，这个物象基本落在两眼的视野单像区内，如果将两眼视网膜重叠，则这两个视象就吻合，这就引起平面物体的知觉。

由于人的双眼相距约65mm，在观看一个立体对象时，两只眼睛可以从不同的角度来观察。左眼看到物体左边多一些，右眼看到物体右边多一些。这就在视网膜上感受到不同的视像。这种立体物在空间上造成两眼视觉上的差异，称为双眼视差。双眼视差以神经兴奋的形式传给大脑皮层，便产生了立体知觉。

在深度知觉中，两眼视像的差别可以是横向像差或纵向像差。在正常姿态下，一个视网膜上的视像差别一般都是在水平方向上向边侧位移，故叫横向像差，这是双眼空间视觉的重要因素。两个视网膜上的上下方向的像差，叫做纵向象差，这种情况比较少见。

（4）空间视觉的物理因素

人的二维的视网膜平面能感知三维的立体空间，除了以上的生理因素外，客观环境的物理因素对空间知觉也有一定的影响，这些条件包括以下几个方面。

① 根据一个物体的实际大小，通过视觉就可推知它的距离。视网膜视像的大小成为判断距离的线索。视像小的物体显得远一些，反之则近一些。换句话说，物体透视后形成的近大远小现象是空间视知觉的重要依据。

② 物体的相互遮挡也是判断距离的线索，被遮挡的物体在后面，没有被遮挡的物体则在前面，因而显示了物体的相对距离。

③ 光亮的物体显得近，灰暗或阴影中的物体显得远，显示了物体的空间距离。

④ 相对来说，远处物体的色彩一般呈蓝色，近的物体呈黄色或红色，这就使人产生联想，认为红色的物体是在较近的地方，蓝色的物体在较远的地方，从而显示了空间的距离。

⑤ 空气中的灰尘使视觉模糊不清，于是空气透明度小，看到物体显得远，反之显得近。此外还有透视等因素，也能使视觉感知到物体的空间距离。

综上所述，尽管人的视网膜是二维平面，却由于多种因素的综合作用而能知觉三维空间的存在。了解空间知觉的原理，了解空间的视觉特性对于空间设计是极其有利的，它有利于我们有意识的去创造合适的空间大小以及物体的空间关系。

2. 视觉界面

海德格尔在论述空间特性时说："空间的本质是空而有边界。"因而边界是空间的重要属性，界面是物质空间的空间范围。视觉界面是指被人看到的空间范围，物质空间界面是无限的，视觉界面是有限的。

视觉界面分客观视觉界面和主观视觉界面两种类型。

客观视觉界面是指组成物质空间所有物体的表面。在建筑空间中，它指建筑物的顶棚、地面、墙面、门窗、家具和设备的表面、花草、树木的表面以及水面等等，甚至还包括人群围合的界面。

主观视觉界面是指由客观视觉界面围合而成的界面，它也具有形状、大小、方向的视觉特征。那主观视觉界面是如何形成的呢？图4-102是Kaniza于1955年提出的错视形。这是由三个扇形圆盘和不连续的三个黑色三角形组成了一个白色三角形平面，由于圆盘和黑色三角形的作用，白色三角形平面与黑色三角形构成图底关系，明显地看出白色三角形盖在黑色三角形的上面，并且有一定的"距离"，这就是深度线索，又称内隐梯度或内隐深度。而其中的白色三角形平面称为主观图形。

实验表明，白色三角形平面是由于客观图形的圆盘和黑三角的存在而存在。如果将圆盘的明度降低，或是将圆盘和三角形的距离增大，那么主观图形就越来越不明显，内隐深度就会逐渐消失。

室内空间中，如在一面墙上开一个洞，甚至取消一面墙，由于其他客观界面的存在，这个洞仍然呈现出一个形状，它的边界只要在视野内，人们都会察觉到它的存在，这个图形就是主观视觉界面，如果这个洞装上玻璃或水幕，那么这个洞所形成的界面虽然是实体的客观界面，但它却具有了虚界面的视觉特征。因此，透明的玻璃和水幕等形态设计在环境设计中可以扮演主观视觉界面的角色。

外部空间中，城市范围下的建筑与建筑、建筑组群间形成的虚界面在天空和背景的映衬下，与建筑的轮廓线共同构成了城市天际线，这是城市特色形象的一个表现因素，如美国的纽约、上海的浦东及香港的中环等（见图4-103至图4-105）。这个界面属于城市规划、城市设计的考虑的重要范畴。

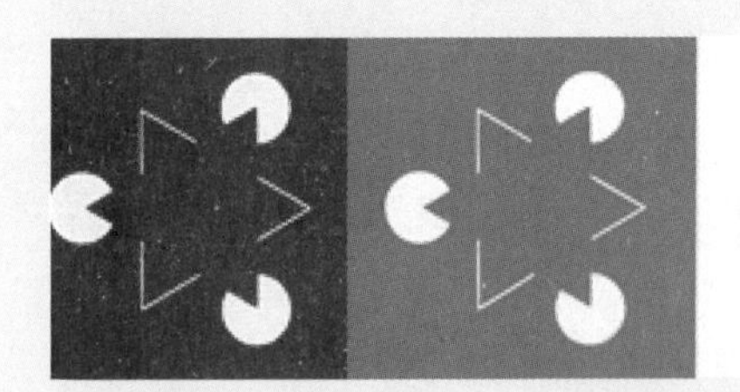

图4-102 三角图形的视觉界面形成

图4-103 纽约的城市天际线

图4-104 上海浦东城市天际线

图4-105 香港中环夜景下的城市天际线

3. 空间形成

任何一个客观存在的三维几何空间，都是由不同虚实视觉界面围合而成，并且实的界面数量必须等于或大于两个。空间形成的主观因素是视知觉中的推理、联想和完成化的倾向，客观因素是物质材料构成的图形。由于主观界面由客观界面的特殊空间位置形成，所以空间的本质仍是物质。客观空间是无限的，一旦在空间中放置物体，则物体和物体的多种关系在视觉上也就建立了联系，就形成了空间。

在空间中，顶界面是一个关键分隔面，无顶界面的空间是外空间，有顶界面的空间是内空间。建筑空间是满足人们生产、生活需要的人造空间，由建筑界面围合成的不同于自然状态的空间被称为室外空间，而室内空间是通过各种建筑部件组成的形式，并界定出室内空间的边界，从而形成了室内空间。

4. 空间构成

在人类文化中，由于空间的多义性，对空间的构成和划分也多种多样。刘盛璜教授在《人体工程学与室内设计》一书中将空间构成分为三类：一是形态空间构成，包括两种不同而又联系的空间，即总体空间（母空间）；构成总体空间的各个虚空间（子空间）（见图4-106）。二是明暗空间构成，即在天然采光和人工照明的不同条件下，明亮空间和黯淡空间的组合关系。即明空间、灰空间和暗空间（见图4-107）。

三是色彩空间构成，即“母空间”与“子空间”或“明亮空间”与“暗淡空间”的色彩组公空间（见图4-108）。

三位一体的空间构成相互联系、相互制约，而处于室内外环境中的人产生强烈的生理和心理反应。

除此之外，刘盛璜教授根据人的行为与环境交互作用的观点还把空间划分为相互关联、共同作用的三个部分，即行为空间、知觉空间和围合结构空间。行为空间包含人及其活动范围所占有的空间。如人站、坐、跪、卧等各种姿势所占有的空间，人在生产和生活过程中占有的活动空间，又如行走其通道的空间大小要满足球场所有的空间大小，满足打球这项运动工作场所占有的空间大小，要满足劳动需求等等。

知觉空间即人或人群的生理和心理需要所占有的空间。如在教室里上课，要满足人活动的行为要求，一般有2.1m的空间高度就可以了，但在实际情况中，这样的高度会感到很压抑，声音传递困难，空气不流通，人际间感到拥挤。因此，它不能够满足人的视觉、听觉、嗅觉对上课所需空间的要求。这就要扩大行为活动空间范围，将教室高度调整为4.2m，那么2.1m以上的空间就称之为知觉空间（见图4-109）。

知觉空间和行为空间的概念在挪威著名建筑理论家诺伯格·舒尔兹（NorbergSchulz）对空间概念的五种划分中被提及，其内容符合现代心理学对空间概念的构成描述。

图4-106 子母空间之一

图4-107 子母空间之二

图4-108 子母空间之三

图4-109 建筑高度与知觉空间

结构围合空间则包含构成室内外空间的实体。如室外院子是围墙围合的空间，室内则是楼地面、墙体、柱子等结构体以及家具、设备、陈设等所占有的空间。它是构成行为空间和知觉空间的基础，用工程术语来解释就是构造空间（见图4-110）。

根据社会空间领域范围的大小或环境范围的大小，空间也可分为区域空间、城市空间、小区空间、建筑群体、建筑单体、室内空间。每个空间均包含构成世界的三大要素，即自然人、社会，并由此相应地建立了基本设计体系。还可将区域和城市空间设计称为规划设计，将小区和建筑群空间设计称为城市设计，将建筑单体空间设计称为建筑设计，将室内空间设计称为室内设计。

5. 空间特性

根据图形的视觉特征，物质空间具有大小、形状、方向、深度、质地、明暗、冷暖、温度、立体感和旷奥度等视觉特性。

空间的这些特性主要是人的感觉系统，尤其是视觉系统来感知，然而人的听觉、嗅觉、肤觉、运动觉和平衡觉对空间知觉也有一定的作用。依靠这些感官的分析器也能知觉空间的某些特性。如利用听觉和嗅觉也能辨别空间的大小，利用肤觉能判断空间的质地，利用运动觉和平衡觉能判断空间的方向。由此总结出这些概念为残疾人的无障碍设计提供了理论依据。以下为空间特性包含的主要内容。

（1）空间大小

空间的大小包括几何空间尺度的大小和视觉空间尺度的大小。前者不受环境因素的影响，几何尺寸大的空间显得大，反之则显得小。而视觉空间尺度，无论在室内还是室外，都是由对比而产生的视觉概念。

视觉空间大小包含两种概念：一是围合空间界面的实际距离的比较，距离大的空间大，距离小的空间小。实体界面多的空间显得“小”，虚的界面多的空间显得“大”；此外，还受其他环境因素如光线、颜色、界面质地等因素影响。二是人和空间的比较，尤其在室内，人多了空间显得小，人少了空间显得大。

前面章节已经强调过，空间大小的确定，即空间尺度控制，是建筑设计和室内外环境设计的关键。室内空间尺度的大小取决于两个主要因素：一是行为空间尺度，二是知觉空间的尺度。多数情况下，为了节省投资、降低造价，现代室内空间设计得都不很大，尤其是室内净高往往较低，如何利用视觉特性，使室内空间小中见大，有许多做法可供参考。

① 以小比大

当室内空间较小时，可采用矮小的家具、设备和装饰配件，造成视觉的对比，这在住宅、办公室、旅馆、商场等室内设计中经常使用。

② 以低衬高

当室内净高较小时，常采取局部吊顶的方法，造成高低对比，以低衬高。

③ 划大为小

室内空间不大时，常将顶棚和墙面，甚至地面的铺砌，均采用小尺度空间或界面分格，造成局部视觉的小尺度感，对比中显得室内整个空间尺度较大（见图4-111）。

④ 界面的延伸

当室内空间较小时，有时将顶棚（或楼板）与墙面的交接处，设计成圆弧形。也就是将墙面延伸至顶棚，相对缩小了顶棚面积，使空间显得较高；或者将相邻两墙的交接处（即墙角）设计成圆弧或设计成角窗，使空间显得大（见图4-112）。

图4-110 蓬皮杜艺术中心的结构围合空间

图4-111 小尺度界面分格显得整体空间尺度较大

图4-112 拱形顶棚造型显得室内净高高

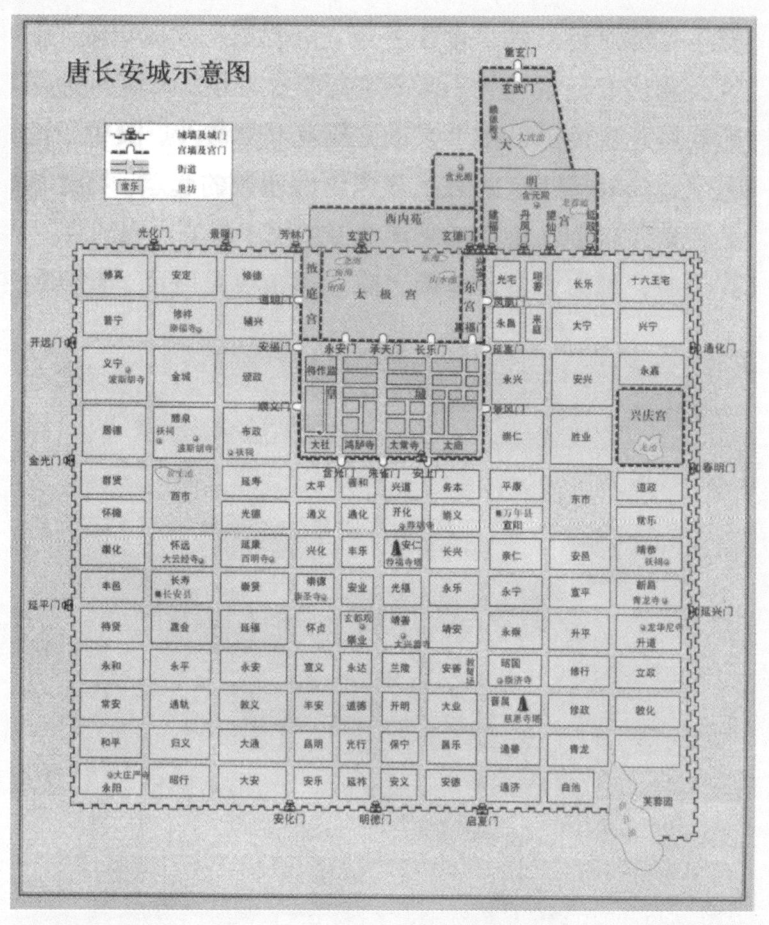

图4-113 唐长安城平面图

此外，还可以通过光线、色彩、界面质地的艺术处理，使室内空间显得宽敞。

（2）空间形状

任何空间都有一定的形状，它是由不同基本几何形（如立方体、球体、椎体等）的组合、变异而构成。结合装饰、灯光和色彩的设计形成空间丰富多彩的形状和艺术效果。常见的空间形态表现在以下几方面。

① 结构性空间

结构性空间是通过表现空间结构的综合感受，显示出空间的逻辑和艺术感染力。这种空间是普遍程度最高的空间形态，也是形态最为丰富的空间。任何被人类所认知的空间，无论是自然空间还是人为空间都可以称为结构性空间。历史上的建筑内、外空间和城市空间都属于这类空间形态（见图4-113至图4-115）。

图4-114 结构性空间

图4-115 结构性空间，长安大学建筑学院2012届杨茜景观设计作品

② 内向性空间

内向性空间是下沉式或采用坚实的围护结构，很少的虚界面，无论在视觉、听觉、肤觉等方面，均与其他空间形成隔离的状态，使空间具有很强的内向性、封闭性、私密性和神秘感。如图4-116密斯设计的巴塞罗那德国展馆。

③ 外向性空间

空间凸起或空间界面采用通透的、虚的或弱的界面，使空间与其他空间贯通、渗透，空间就具有很强的开放感，这就是外向性空间。

④ 共享空间

共享空间是为了适应各种交往活动的需要，在一个大空间内能组织各种公共活动的场所。这种空间小中有大、大中有小；内部与外部景色结合，能容纳各种活动穿插进行。如城市外部空间中的广场；内部空间中的大型商业中心及现代办公空间等（见图4-117至图4-120）。

图4-116 巴塞罗那德国馆

图4-117 共享空间，圣彼得教堂前的广场

图4-118 共享空间，意大利罗马某展览馆大厅

图4-119 共享空间，地下商业街

图4-120 共享空间，大型办公空间

⑤ 运动性空间

运动性空间往往呈线性或带状，保证人群能在这些空间里流动。设计师可以通过各种处理手法，如表现界面的连续性、景物的诱导性、光色的运用等使人看到同一空间里的变化；或是通过流动的 “山”、“水”等自然或人文景观使人看到在同一空间里景色的流动。除此之外，自然环境中的沟谷、河流、堤岸等；城市外部空间中的街道、道路；室内环境中的走廊、过道等空间都属于运动空间（见图4-121至图4-123）。

图4-121 运动性空间，山地道路

图4-122 运动性空间，城市高速立交

图4-123 运动性空间，室内旋转楼梯

⑥ 秩序性空间

秩序性空间是对空间秩序的人为化的排列和组合，是对空间的再次或多次的限定。它是对空间形态人为化程度最高的一种空间。这种空间既满足了人类使用上的功能要求，又具备丰富的空间层次（见图4-124至图4-128）。

图4-124 故宫建筑组群强烈的秩序感

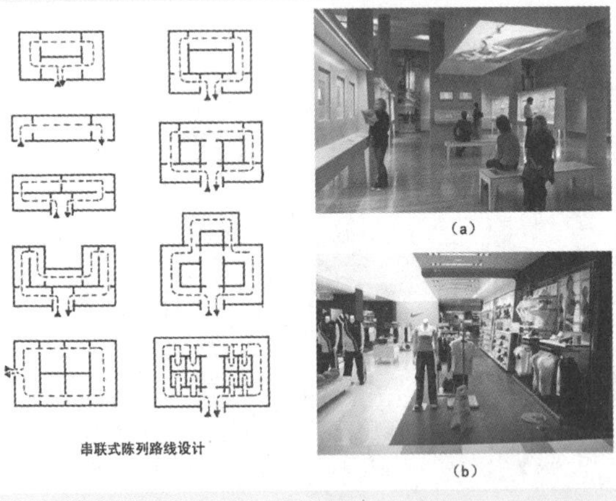

图4-125 陈列空间的秩序之一

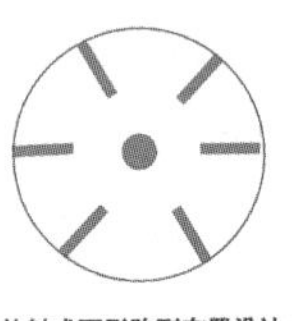

图4-127 陈列空间的秩序之一

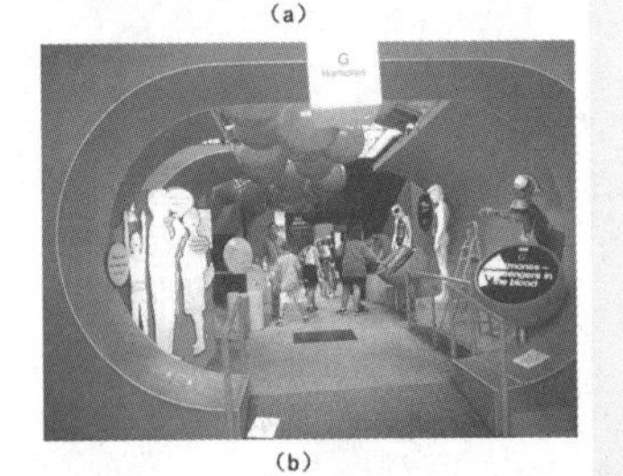

图4-126 陈列空间的秩序之一

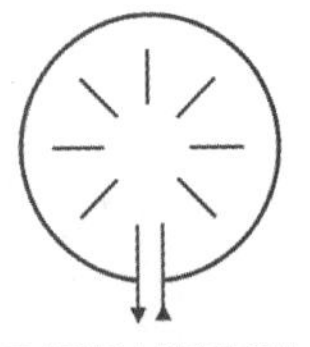

图4-128 陈列空间的秩序之一

⑦ 迷幻性空间

迷幻空间就是通过各种奇特的空间造型、界面处理和装饰手法，造成空间的神秘和梦幻氛围。如西方许多基督教和天主教教堂以及电影中搭建和营造的迷幻型场景等（见图4-129）。新奇的艺术效果容易使人对空间产生迷幻的感觉。如图4-130利用灯光营造迷幻空间；图4-131利用不同角度镜面玻璃营造的迷幻空间；图4-132在室内引入室外景观营造一种室内外迷幻性的空间。

图4-130 迷幻空间之一

图4-129 朗香教堂室内

图4-132 迷幻空间之三

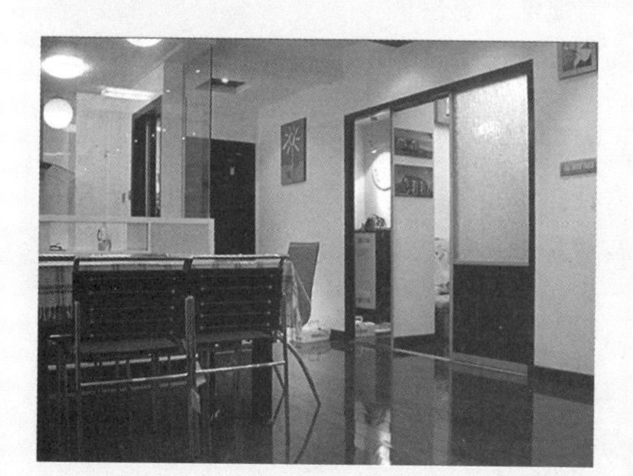

图4-131 迷幻空间之二

（3）空间方向

通过空间各个界面的对比、布置、空间设置和形态的变化引导人们的视线指向，使空间产生很强的方向性。如城市环境中的纪念性空间、园林空间、道路空间及室内环境中的走廊和各种楼梯等。

（4）空间深度

一般指与空间中人的位置或与出入口相对应的空间距离，它的大小会直接影响空间的深度和层次。

（5）空间质地

空间的质地主要取决于空间各个界面的质地，是各个界面共同作用、互相影响的艺术结果，它对环境气氛有很大的影响。

（6）空间明暗

空间的明暗主要取决于光环境和色环境的艺术处理，以及各个界面的质地变化等要素。

（7）空间冷暖

空间的冷暖客观上取决于气候中温度和湿度的变化，如室内环境中取决于设备上的采暖和空气调节。而在视觉上则取决于室内外空间各个界面、家具和设备表面的色彩。采用冷色调就有冷的感觉，采用暖色调则有暖的感觉。

（8）空间旷奥度

空间的旷奥度即空间的开放性（旷）与封闭性（奥），它是空间各种视觉特性的综合表现，涉及范围很广，体现空间视觉的重要特征。

在室内空间的周围存在着外部空间，外部空间从属于更广阔的地球空间，地球空间从属于无限的宇宙空间。所以室内空间与室外空间是相对独立而又关联的两种空间。两者的区别就在于室内空间一般指有顶界面的空间，而室外空间是指无顶面的空间；两者的联系就在于相互贯通的程度如何，即视觉空间的开放性与封闭性问题。

① 旷奥度的意义

旷奥度是人类对空间，尤其是生活或工作所在的环境最本能、最鲜明的内外感受。由于人类一生有80%的时间是在室内度过，因此对室内空间的旷奥度感受最敏感。而室内空间的旷奥度归根结底是空间围合表面的洞口，多数情况下是指房间门窗、洞口的位置、大小和方向。最初，人们是将窗户作为通风、采光来考虑的。随着建筑物向多层和高层发展，室内空间的开间和深度的加大、设顶窗的可能性很小，侧窗的作用也在减小。于是就采用人工照明和空气调节来补偿，出现了“无窗厂房”、“大厅式”办公空间等。实践证明，长期在这种“封闭性”很强的空间里生活和工作，对人的生理和心理都是有害的，于是出现了所谓“建筑综合症”，有的称为“闭锁恐怖症”。生活在这种环境中的人容易精神疲惫、体力下降、抗病能力降低。这个事实告诉我们，人不能长期脱离室外环境，尤其是自然环境。

相反，如果室内空间非常通透，一览无余，几乎同室外环境“融为一体”，如很多玻璃盒子式的建筑，这不仅在实际生活中引起不必要的困难，而且对有些房间，如卧室、办公室等也没有必要，因为这些环境均需要一定的私密性，过多的人群干扰也会使人患上“广场恐怖症”。

② 旷奥度的视觉特性

空间是由不同虚实视觉界面围合而成的，如果这个空间是为人们所使用，那么这个空间不仅是三维的几何空间，而且是四维的视觉空间，这就反映在旷奥度的视觉特性的如下几个方面。

A. 旷奥度随着虚实视觉界面的数量而变化。实的视觉界面（即物质材料构成的界面）的数量愈多,则空间奥的程度愈强（即封闭性愈强），相反，则旷的程度愈强（开放性愈强）。

B. 长方体（或方向性强的形体）的空间旷奥度，其虚的界面（如门窗洞口）设在短边方向（或形体指向性强的一面），或在四角（如两个墙面交接处，即转角窗，或在顶墙交接处设高窗），其空间开放性要比虚的界面设在长边时更强。这是形体指向诱导的结果。

C.空间尺度不变，空间旷奥度还随着光线照度的大小，色彩的冷暖、界面质地的粗糙与光洁，温度高低等因素的变化而变化。当光线照度高，色彩为冷色调，界面质地光洁；当温度偏低时，空间显得宽敞，反之则显得压抑。

D.空间旷奥度与空间相对尺度有关。当空间围合高度小于人在该空间里的最大视野的垂直高度时，则空间显得压抑。当空间净宽小于最大视野的水平宽度时，则空间显得狭小。而对于室内空间：一是室内容积不变情况下，减小顶面的面积（相对则增加墙的高度），室内空间显得宽敞，也就是说层高高时显得宽敞，反之则显得压抑；二是室内空间尺度不变情况下，若改变顶棚的分格大小，旷奥度也随之变化。分格后的室内空间显得宽敞，如将顶棚分成各种形状的网格。又藻井的做法，则比不设藻井的空间显得高些；三是室内空间尺度不变时，若在顶棚或地面挖一孔洞、形成上下空间的贯通，室内则显得宽敞；四是改变室内的家具、设备、陈设的数量或尺度，空间旷奥度也会变化。例如减少家具、设备、陈设的数量或缩小其尺度，室内就会显得宽敞，反之，则会显得压抑。

建筑设计、室内外环境设计正是利用空间旷奥度的特性，创造出了丰富多彩的的视觉环境。

4.3.8 视觉环境设计

视觉环境指人们生活中带有视觉因素的环境问题。由于外界环境信息80%的来源与人的视觉有关，因此在信息时代，视觉环境成为人类社会生活的重要组成部分。视觉环境设计所涉及的范围极其广泛，几乎包含了人类社会生活的方方面面，只要人类目力所及之处，都可成为视觉环境的一部分。随着科技水平的提高，大到宇宙中的星系、天体，小到微观环境中的量子、介子等在今天都能被人类观测到。虽然内容庞大，按照传统的方法，视觉环境设计仍大致分为两个问题：一是视觉陈示；二是光环境和色环境。光环境、色环境的内容本节前面已经详细介绍，这里不再赘述，这里主要介绍视觉陈示。

视觉陈示是以视觉为感觉方式来传递各种信息，陈示的方式也可分为两种：动态陈示和静态陈示。动态陈示多数是仪表、显示器等，也包括霓虹灯等灯光陈示（见图4-134至图4-136），静态陈示大多是各种标识，如标志、图形、字母和数字等（见图4-137至图4-141）。

图4-133 大清真寺礼拜殿内天棚藻井

图4-134 动态LED陈示

图4-135 动态霓虹灯陈示

图4-136 动态观赏下的灯光陈示

图4-137 静态图形标识牌

图4-139 静态方向标识牌

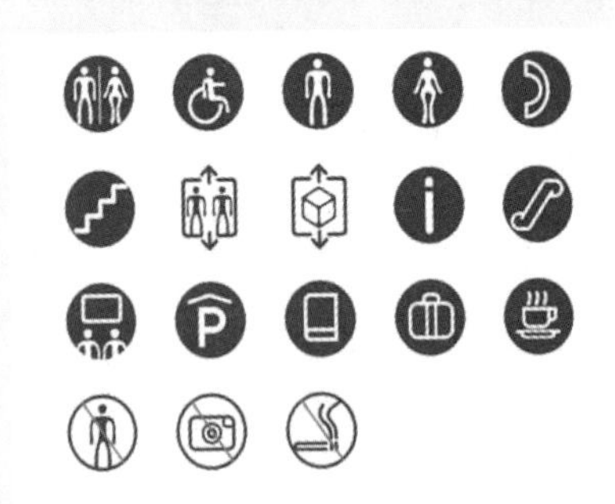

图4-140 各种标识符号

图4-138 静态字母标识牌

图4-141 标志

但静态和动态的划分并非是绝对的。静态的标识图形等在现实中也可能在人体运动中被观察；动态的显示屏、仪表等往往是在人处于静态时被观察到。如人在交通工具的行进中观察交通标志，在各种状态下去看城市中的广告、霓虹灯和建筑、构筑物上的大型显示屏等，因为信息在当今总是以“流”的形式呈现在人类视觉当中。所以外部环境中视觉信息的过载和正确信息的选取是目前视觉环境存在的主要问题。

虽然如此，前面介绍的“视度”概念中所涉及的五个要素（物体的视角、物体和其背景间的亮度对比、物体的亮度、观察者与物体的距离、观察时间）仍是衡量视觉陈示是否良好的重要依据。例如，人读写的最佳视距离300mm左右，书写的最佳视距是275mm，阅读的最佳视距是325mm。这组数据对于电子类产品的屏幕显示，尤其是可握持产品的显示非常重要。

在325mm的视距下，屏幕中数字、字母及符号的大小在2~3.5mm左右为宜。所以一般的书籍、显示器和电子类产品的内容都设计成不超过400mm的观看距离。

对于仪表、控制台等陈示设计以不超过手臂的长度（700 mm）为宜，其字体符号的大小在5~7.6mm左右。

清华大学张月教授带领学生对展演建筑环境进行观测，测得博物馆成年观众的视区：在水平视线0.3~0.91m的范围，平均视距为7.3~8.5m；而美术馆观众的视距要小些，当画幅面积在0.6×0.6m左右时，平均视距0.8~1.2m，当画幅面积在1.2×1.2m时，观众的平均视距是2.5~3.0m。

陈列室空间形状和放置展品的位置都要考虑这个有效数据范围。否则会造成眼睛的疲劳。而减少可能加速眼睛疲劳的一个有效方法是在整体布展时改变放置展品的水平面，使眼睛在观看时可以不断调节焦距。因为眼睛喜欢在视区内作“游览”和“凝视”，大部分接受试验的人首先凝视所看材料的上方某一点，然后再移向视区中心的左边。了解这些对布置展览很重要。

对于观察物体的视角，一般来说视觉陈示在水平方向上最佳。对于亮度的对比，有些陈示设施本身是亮的，如显示屏、仪表盘等；有些则要靠其他光源的照明，如灯箱、广告牌等；而有些要在较暗的环境中，如设置在地面和墙角的消防疏散标志等；有些需要强烈的色彩，如交通标志中的禁止和提示标志；有些则要接近自然光等等。亮度的大小取决于环境背景的因素，而不是越大越好，除此之外，还应避免分散注意力和眩光。因为有时候同样的亮度，闪光更容易分散注意力。也有时亮度对比在两倍之内不容易引起注意，效率太低；而亮度对比大于十倍又易引起眩光，造成不适，影响视力。因此亮度对比把握在两到十倍之间为宜。

陈式设计需要对五种要素的综合考虑。陈示物体是环境中的物体、是被人观察的物体，只有系统而全面地解决以上问题才能达到良好的陈示效果。

1. 良好视觉陈示检查表

（1）对陈示的方式是否可理解，判断的更快、更准确；

（2）衡量陈示在需要时是否读得正确；

（3）避免暧昧不明并易于出错；

（4）检验变化是否易于被发现；

（5）检验是否以最有意义的形式表现内容；

（6）体现陈示与实际情况的对应关系；

（7）判断是否与其他陈示有区别；

（8）判断照明是否满足；

（9）判断是否会有视差及歪曲；

2. 视听空间中的电视、幻灯陈示的设计要点

（1）显示器的亮度需要适应人们眼的接受能力，但不是越亮越好；

（2）周围环境不宜过暗，以免造成暗适应问题；

（3）屏幕黑暗部分的明度与周围的明度一致时观察效果最优，过暗易造成视觉疲劳；

（4）屏幕的面积与视距成正比。屏幕的位置最好与人的视线垂直，视点应在屏幕的中心（见图4-142）。

图4-142 屏幕的位置最好与人的视线垂直

3.灯光的陈示

灯光的陈示主要包括灯箱、信号灯和由灯组成的图形等。灯光若要引起人的注意，其亮度最少是背景的两倍。

（1）灯光陈示的色彩应尽量避免同时使用含糊不清的色彩，色彩种类也不应太多，为了使人能分辨，色彩不要超过22种，最好在10种以内；

（2）使用各国均有安全色规定，一般情况下红表示警告，黄表示危险，绿表示正常。

对相同色彩来说，饱和度高的受背景影响小。红光的波长较长，射程远，可保证视距较大。但从功率损耗而言，越纯的红光，功率损失越大，所以在同等功率的损耗下，蓝绿光的射程较远。就个别信号的清晰度而言，在与周围环境的关系中，同样的亮度蓝绿色最好，受背景影响较小，但不易混淆的程度并不如黄色和紫色。

（3）整体效果

光的陈示应当有主次，否则会冲淡对重要信号的注意。强光、弱光最好不要安排太近。

4.4 听觉与听觉环境设计

生活中有的声音使人开心愉悦，有的却使人厌恶。如淙淙的流水声和嘈杂的工厂机械噪音。可见，良好的声环境对于人们生活、学习和工作的重要性。

4.4.1 听觉特性

听觉是由耳和有关神经系统组成。它随着声音的响度、强度和音调的变化而感知世界。

1. 耳朵的生理构造

了解耳朵的构造及其生理机能才能知道听觉刺激的特性（见图4-143）。

耳朵包括外耳、中耳和内耳三部分。外耳由耳廓和外耳道组成。耳廓有收集声波的作用，外耳道是声音传入中耳的通道。中耳包括鼓膜、鼓室和听小骨。鼓膜在外耳道的末端，是一片椭圆形的薄膜，厚约0.1mm。当外面的声音传入时会产生震动，把声音变成多种振动的“密码”传向后面的鼓室。鼓室是一个能使声音变得柔和而动听的小腔，腔内有三块听小骨，即锤骨、镫骨和砧骨。听小骨能把鼓膜的振动波传给内耳，在传导过程中，能将声音信号放大十多倍，使人能听到细微的声音。在鼓室下部有一条咽鼓管，通到鼻咽部，当吞咽或打哈欠时，管口被打开，使鼓膜两侧气压保持平衡。

内耳由耳蜗、前庭和半规管组成，结构复杂而精细，管道弯曲盘旋，也叫“迷路”。其中耳蜗主管听觉，前庭和半规管则掌握位置和平衡。耳蜗是一条盘成蜗牛状的螺旋管道，内部有产生听觉的“基底膜”。基底膜上有2.4万根听神经纤维，其上附着着许多听觉细胞。当声音振动波由听小骨传导致耳蜗以后，基底膜便把这种机械振动传给听觉细胞，产生神经冲动，再由听觉细胞把这种冲动传到大脑皮层的听觉中枢，形成听觉，使人能听到和判断来自外界的各种声音。

2. 声音

（1）声源

物体的振动产生了声音，故任何一个发声体都可称为“声源”。但声学工程所指的“声辐射体”，主要有以下四种类型。

① 点声源或单声源

点声源产生最简单的声场，如人的嘴、各种动物发生器官、扬声器、家用电器、汽车喇叭和排气口、施工机械、大型风扇等。这一类声源的线度要比辐射的声波波长小得多。

② 线声源

在实际生活中，火车、汽

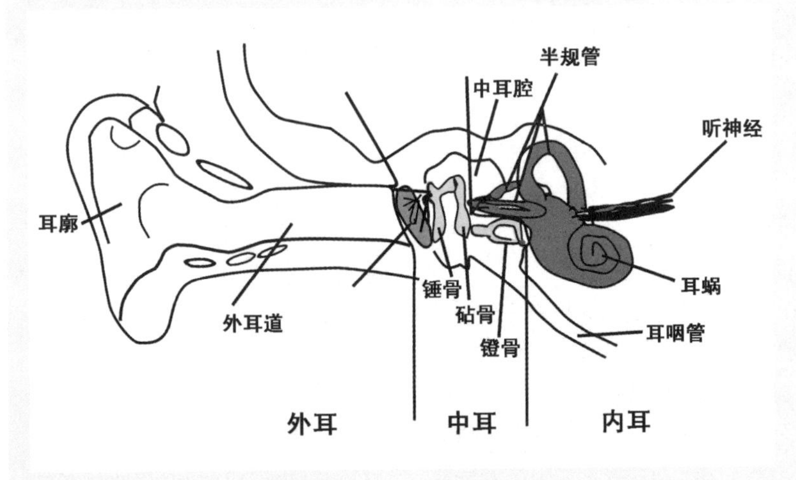

图4-143 耳朵构造

车、摩托车、车间及成排的机器所产生的声音。这种声源是指沿轴线两端延伸至很远的声源。

③ 面声源或声辐射面

真正可以称为巨大的平面辐射体的是波涛汹涌的大海。在实际生活中，如运动场中成千上万观众的呼喊声，车间里机器声的反射墙面、剧场观众厅的反射墙面等所产生的声源都属于面声源。

④ 立体辐射声源或发声体在现实中，一群蜜蜂发出的声音，室内排列的立体多方位传声的“声柱”等所形成的声源都属于发声体。

在室内环境中，声源主要来自人群、家具、电器、设备（电梯、送排风管道、抽水马桶水箱、风扇、空调、荧光灯镇流器等等），多数情况下这些都可视为点声源。在室外环境中，声源主要是机动车辆在行驶过程中所形成的线声源。

（2）可听声

物体振动带动周围媒质（主要是空气）的波动，再由空气传给耳朵而引起感觉的声波。这种声波的刺激作用对于耳的生理机能来说，不是都能感觉到或是都能接受的。太弱的声波不能引起听觉，太强的声波耳朵承受不了。因此人耳能听到的声音有一个频率范围，一般是20~20000Hz，其声压级从0~120dB。其中小于20Hz的声波称为次声，如一般钟表弹簧的摆动，它不易引起人的听觉。20~20000Hz的声波，如机器的振动，由冲击波或地震波而引起的地球振动，心脏的规律跳动以及乐队的乐音和歌唱声等，其频率均属这个范围，都能引起听觉。

从20kHz一直延伸到“无穷大”的范围，这种声波称为超声。对于这个范围内的声音，人们不能用听觉器官去直接感受它。但是，同次声一样，我们可以用相关的仪器来测量到。

在室外环境中，绝大多数声源发出的声音均在可听声范围内，只有少数声源会产生次声，如电冰箱等。

超声一般都来自室外，它对室外环境的干扰程度取决于建筑围护结构的隔声性能。

（3）声的物理量与感觉量

声的物理量和感觉量（见表4-3）。

表4-3 声的物理量和感觉量

分类	名称	代号	说明	单位名称	单位符号
声的物理量	声速	C	声波在媒质中传播的速度	米/秒	m/s
	频率	f	周期性振动在单位时间内的周期数	赫/（周/秒）	Hz(c/s)
	波长	λ	相位相差一周的两个波阵面间的垂直距离	米	m
	声强	I	一个与指定方向垂直的单位面积上平均每单位时间内传过的声能	瓦/平方米	W/m2
	声压	P	有声波时压力超过静压强的部分	牛顿/平方米	N/m2
	有效声压	p	声压的有效值	牛顿/平方米	N/m2
	声能密度	E	无穷小体积中，平均每单位体积中的声能	焦耳/立方米	J/m3
	媒质密度	ρ	媒质在单位体积中的质量	千克/立方米	Kg/m3
	声源功能	W	声源在一单位时间内发射出的声能值	瓦	W

将声压级和频率相同的感觉量绘成曲线，称为等响曲线（见图4-144）。由此，可清楚地看出人耳对可听声的声压和频率的感觉程度。

图中最下边的虚线表示可听界限的最小可听值，即可听阈。并不是所有人在这个界限内都能听到声音。从等响曲线可以看出，人的听觉对于3~5kHz的声音最敏感，无论在此限以上或以下，其敏感度都逐渐下降。

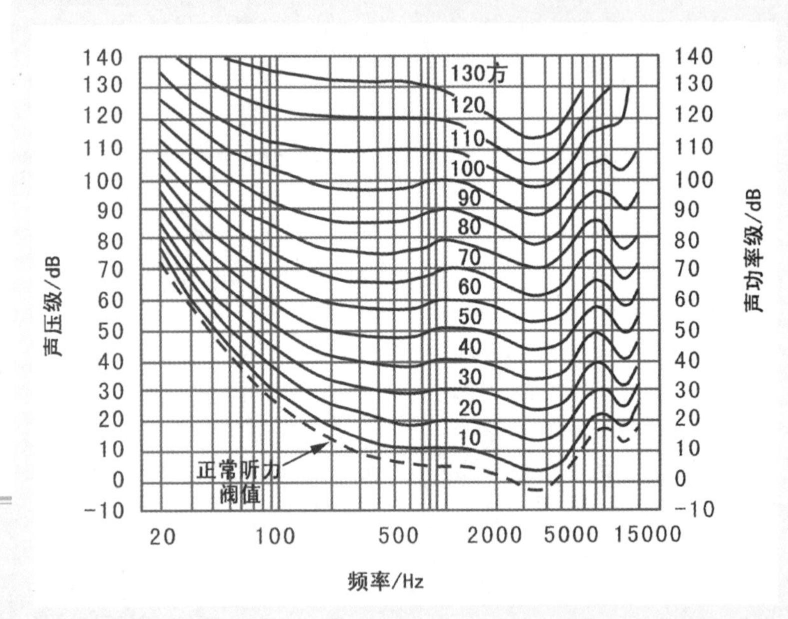

图4-144 等响曲线

（续表）

分类	名称	代号	说明	单位名称	单位符号
声的感觉量	声功率级	L	声功率与基准声功率之比的常用对数乘以10 Lw=10lgW/Wo(Wo=10-2W)	分贝	dB
	声强级	LI	声强与基准声强之比的常用对数乘以 10 LI=10lgI/I0(I0=10-2W/m2)	分贝	dB
	声压级	Lp	声压与基准声压之比的常用对数乘以20 Lp=20lgP/Pa(P0=2×106N/m2)	分贝	dB
	噪声级	L	在频谱中引入一修正值，使其更接近于人对于噪声的感受，通常采用修正曲线A、B及C，记为dB-A，dB-B，及dB-C	w分贝	dB
	语言干扰级	Ls	频率等于600~1200；1200~2400；2400~4800Hz三段频带的声压级算术平均值	分贝	dB
	响度	L	正常听者判断一个声音比40dB的1000Hz纯音强的倍数	宋	sone
	响度级	л	等响的1000Hz纯音的声压级	方	phon
	音调	-	音调是听觉分辨声音高低的一种属性，根据它可以把声源按高低排列，如音节	美	mel
	音色	-	所有发声体，包含有一个基音和许多泛音，基音和许多泛音组成一定音色，即使基音相同，仍可以通过不同的泛音来区别不同声源。泛音愈多，声音愈丰满		

（4）声级大小与主观感受

声音的强弱，即声强的大小对人耳的刺激会产生不同的感觉。太弱的声音听不到，过强的声音使人耳造成损伤，产生耳痛，甚至耳聋。不同的噪声级产生的主观感觉见下表4-4。

从上表可以看出，尽管人耳的听声范围很广，但能引起听觉又不损伤耳机体的声音，其声压级是 40~80dB，频率从 100~4000Hz，而其中频率为 3000~4000Hz 的听觉最为敏感。超过这个范围的声音会给人带来烦恼或造成耳的损伤。

表4-4 噪声级大小与主观感觉

噪声级（dB）	主观感受	实际情况与应用	说明或要求	测量距离（m）
0dB(A)	听不见	正常的听阈	声压级测量的国际参考值为2×10-5（N/m2）	—
10~15	勉强能听见	手表嘀嗒声、平稳的呼吸声		1
20	极其寂静	录音棚或播音室	理想的本底噪声级	—
25	寂静	音乐厅、夜间的医院病房	理想的最底噪声级	—
30	非常安静	夜间医院病房的实际噪声		
35	非常安静	夜间的最大允许噪声级	纯粹的住宅区	—
40	安静	学校的教室、安静区及其他特殊区域中的起居室	白天、开窗时	
45	比较安静 轻度干扰	纯粹住宅区中的起居室、要求精力高度集中的临界范围	白天、开窗时如小电冰箱或撕碎一张纸条	—
55	较大干扰	许多情况下会影响睡眠	如水龙头滴水的噪声	1
60dB(B)65	干扰（响）	中等大小声级的谈话声、摩托车驶过声		1 10
70	较响	普通打字机打字声、会堂中的演讲声		1 1
80	响	盥洗室冲水的声音、有打字机的办公室、噪声音量开大了的音乐声	标准型的无吸声顶棚处理、在中等大小房间里	
90	很响	印刷厂噪声、听力保护最大值：国家《工业企业噪声卫生标准》	可能引起声损伤	1 10
100	很响	铆钉时的铆枪声、管弦乐队演奏的最强音	脉冲声	3
110	难以忍受的响声	木材加工机械大型纺织厂	在厂房中间加工硬木材	1

（5）噪声对人的影响

听觉的基本机能是传递声音信息和引起警觉。考虑到对人体活动的影响，声音可分为两大类：有用声或有意义的声音；干扰声或无意义的声音。

噪声就是干扰人的声音，也是引起人烦燥情绪的声音。

噪声不仅可引起人们警觉、睡眠受干扰、心理应激（通过网状激活系统刺激脑的自律神经中枢，引起内脏器官的自律反应，如心率加快等）。噪声还可干扰人们之间正常的语言交流。

既然噪声是一种干扰人的声音，那么它对人的工作会产生影响，降低人的作业效能。那在分析噪声对作业的影响时需要考虑以下因素。

① 噪声的强度；

② 噪声的性质，是连续的还是间断的，是预料之内的还是预料之外的；

③ 噪声中也可能包含着有用信息，如机器噪声（监视发电机工作需要分辨噪声信息）；

④ 作业性质，例如是单调工作还是充满刺激的工作。

在实际生产生活中，噪声更多的是损害人的作业效能。如噪声对于一些要求高技能和处理许多信息等复杂的脑力劳动起着干扰作用；噪声妨碍人学习精细灵巧的活动；间断性和无法预料的强噪声（90dB以上），可使脑力活动变得迟钝。对一些工厂的研究还发现：加工车间的噪声降低20dB，废品率下降50%；装配车间的噪声降低20dB，生产率提高30%；打字室的噪音降低25dB，打字错误下降50%。这些都说明了控制噪声对人们是有重要意义的。

在噪声系统中，次强噪声只引起暂时的听力丧失。经常发生暂时的听力丧失，就会导致永久性的听觉丧失，我们称这种现象为噪声聋。因为内耳的感声细胞受噪声影响逐步退化是出现永久听力丧失的主要原因。日常生活中达到90dB以上的噪声对听力有损害作用。

人受噪声影响时会有如下生理反应：血压升高、心率加快、皮下血管收缩、代谢加快、消化减慢、肌肉紧张等。

人的听觉系统的两个机能之一仍是引起警觉。噪声对人的情绪影响很大，这种情绪会引起强烈的心理作用。而人的体力恢复是身体健康的基本保证，睡眠、休息有利于体力恢复。如果噪声对自律神经系统的刺激作用不限于工作时间，以至于影响了休息，则人在应激和恢复之间就失

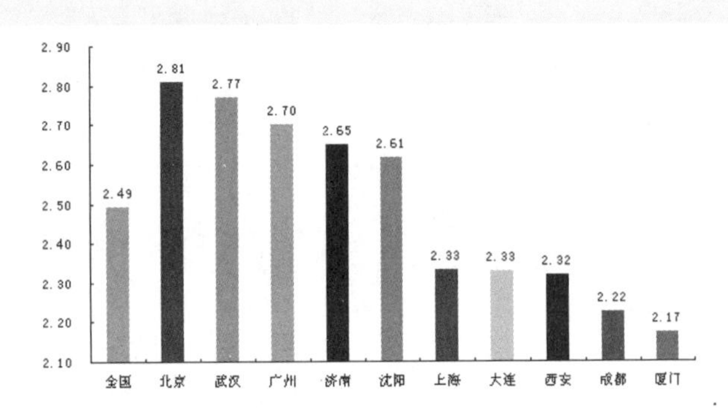

资料来源：零点调查与零点指标数据网于2004年7-8月间使用多阶段随机抽样方式针对北京、上海、广州、武汉、成都、沈阳、西安、济南、大连、厦门等10个主要城市的3212名18—60岁当地常住居民进行的入户访问。

图4-145 不同城市噪声污染指数

（续表）

噪声级（dB）	主观感受	实际情况与应用	说明或要求	测量距离（m）
120dB(C)	难以忍受的响声	喷气式飞机起飞 压缩机房、大型机器在岩石中挖掘		100 3
125	难以忍受的响声	螺旋桨搅动的飞机		6
130	有痛感	10马力电动机驱动的空袭报警器		1
140	有不能恢复的神经损伤危险	在小型喷气式发动机试运转的实验室里		2

去平衡，易造成慢性病，作业效能就会下降。

3. 听觉特征

根据声音的物理性能、人耳的生理机能、听觉的主观心理特征，与环境声学设计关系密切的听觉特征主要表现在以下几个方面。

（1）听觉适应

具有正常听力的健康青年能够感觉到16~20000Hz的声音；25岁左右对于15000Hz以上频率的声音的灵敏度则有显著下降。随着年龄的增长，频率感受的上限逐年下降，这叫老年性听力衰减（见图4-146）。

然而，除了年龄变化之外，个人的生活习惯、健康营养及生活紧张程度，特别是环境噪声的积累，对听力的影响也很大，如我国纺织业的女工的听力普遍都比较差。虽然人对环境噪声的适应能力很强，但人对噪声积累的适应是不利于健康的，特别是对很大噪声的适应，会造成永久性耳聋。因此，在进行声环境设计时，首先要控制噪声，然后再进一步考虑音质。

（2）听觉方向

声源在自由空间中辐射出的声波分布有很多的变化，但大多数都有共同的特征，它们主要表现在以下几个方面。

A.当辐射声音的波长比声源尺度大很多时，辐射的声能是向各个方向均匀发射的。

B.当辐射声音的波长小于声源尺度很多时，辐射声能大部分被限制在相当狭窄的范围中，频率越高，声音越尖锐。

因此，礼堂中的扬声器发射低频声音时，所有听众几乎都能听到。但若频率较高，在扬声器轴线旁的听众便不能接受到足够的声能。在人说话时，其所在声场分布也有类似的情况。

声源的方向性使听觉空间设计受到一定的限制。如果观众厅的座位面积过宽，则靠近边排一带的听众，将得不到正常范围的声级，至少对高频率情况是这样。尤其对前面几排，声源对这个范围的听众所张的角度大，对靠近边排座的影响就更大。因此，大的观众厅一般都不采用正方形排座。

（3）音调与音色

音调是由主观听觉来辨别的，除了个体差异外，它与声音的频率有关。频率愈高，音调愈高；频率愈低，音调低。单纯的音调只包含一个频率，即纯音。在音乐上的两个基频音，其高音调的频率与低音调的频率之比称为音程。如果两个音的音程为2，即一个音的频率比另一个音的频率高一倍，则两个音构成倍频程，音乐上叫八度或八度音节。

物体振动所发出的声音是很复杂的，它包含一个基音和许多泛音，基音和许多泛音组成了一定的音色。泛音愈多，声音愈丰满动听，因为它衬托了基音或渲染了基音。

音调和音色对室内音质设计影响很大，如何使室内音场的音质丰满悦耳，将涉及到室内吸声材料的布置和声响系统的配置。

（4）响度级和响度

声音的声级或声压是一个客观的物理量，它与发生在主观心理上的感觉并不一致。强度相同而频率不同的两个纯音，听觉所感受到声响的可能不一样，强度加倍的声音，其声响听起来也不一定加倍。而这里用来描述主观感觉上的量，称为响度级。它是根据一个纯音的频率和声压级的关系来制定的，将它们形成的曲线称为等响曲线。这是在良好条件下根据许多听觉正常范围的听音，对于不同频率的纯音与1kHz的音调比较得出的结果，其单位是方（Phon），即响度级单位。

一般训练有素的听者不但能判断两个声音中哪个较响，并且还能相当肯定地辨别出相差多少。量度一个声音比另一个声音响多少的量称为响度，它的单位是“宋”(Sone)(见图4-147)。

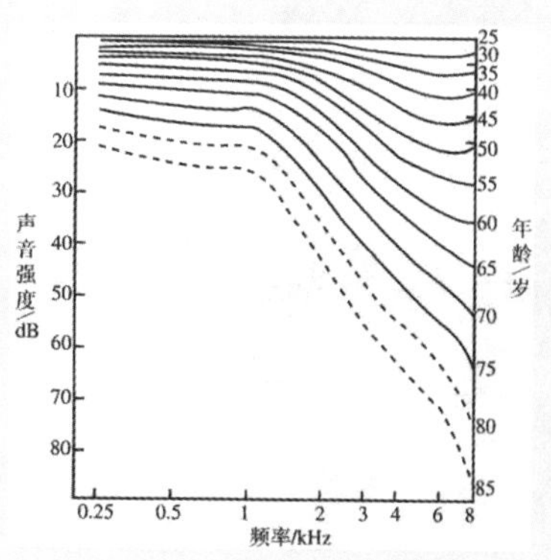

图4-146 年龄与听力的关系

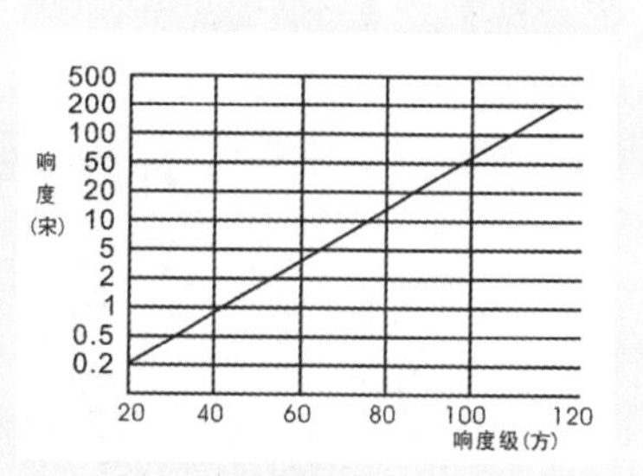

图4-147 响度（宋）和响度级（方）的联系

根据有关测试统计，如果声音的响度级为40方，它的响度为1宋。若响度级在40方以上的声音，响度和响度级的曲线近似一条直线，响度级每改变30方，相应的响度将改变10倍，响度级改变9方，响度改变2倍。

这种响度和响度级的关系，对室内隔声很有意义。如果在室内将噪声响度级自60方减到51方，噪声的响度听起来已减低了一半。另外，需要说明的是，等响曲线仅适用于纯音，而响度级和响度的关系曲线不仅适用于纯音，也可适用于含几个频率的声音。

（5）听觉与时差

经验证明，人耳感觉到声音的响度，除了同声压和频率有关，还与声音的延续时间有关。例如有两个性质一样的声音，一个是声压级短促的、重复的10ms宽的窄脉冲声，间隔时间为100ms；另一个声压级是200ms的宽脉冲声，每隔20ms重复一次，这两个声音对于人耳的听觉来说，它们的响度是不一样的。前一种声音是间断的脉冲声，而后一种听起来是连续的，这是耳朵对声音的暂留作用，即声觉暂留。

从听觉试验得出，如果两个声音的间隔时间（即时差）小于50ms，就会重叠在一起，使耳朵无法区别它们。当室内声音多次连续反射到人耳，而人耳无法区别的现象就称为混响。

在室内，由于有不同界面的存在，可能使声音传播形成多次反射，如果这些反射声能在直接声到达后50ms之内到达，那么这些反射声是有益的，它可以增强响度。如果是50ms以后的反射声，只能产生混响的感觉，对加强非但直接声没有帮助，个别突出的反射声还会形成回声。为了避免听到一前一后两个重复的声音（如回声等），必须使每个声音到达人耳的时差小于50ms。

（6）双耳听闻效应

传声器所拾的音和我们用一只耳朵的听音很相似，称为单耳听闻。我们平时习惯以双耳听闻，声音到达两耳的响度、音品和时间是各不相同的。由于这些差别使得我们能辨别不同地点的各种声音的声源位置，并将注意力集中到这些声源上，而对于来自其他方面的声音则不大注意。由于有这样的双耳听闻效果，反射声就无意识地被掩蔽或被压低了，从而保证人耳正常的听闻。如果是单耳听闻，这种效果会立即消失。

（7）掩蔽效应

掩蔽效应是耳朵听觉的一种特征。它是一种声音的听阈因另一种声音的存在而上升的现象。例如人们在观看演出的时候，如果没有噪声的干扰，便可听得很清楚。一旦从休息厅或其他房间传来噪声时，人们在现场听起来就很吃力。也就是说，由于噪声的干扰使听阈提高了。这种现象在繁华街道中的电话亭里，在织布车间里，在嘈杂的商店里都会存在。往往在这样的噪声背景下，人们很难听清楚别人的讲话声（见图4-148）。

以上这些现象均说明噪声有掩蔽作用。噪声的掩蔽量大小，

图4-149 公共场所利用电话亭的听力掩蔽效应

不仅决定于它们的总声压，并且与它们的频率组成情况有关。强烈的低频声音（具有80分贝以上的声压级）对于所有高频率范围内的声音有显著的掩蔽作用。相反，高音调的声音对于频率比它低的声音掩蔽作用较弱。例如交响乐队中具有高频特性的小提琴就容易被其他低频特性的管弦乐器掩蔽。相反，在强烈地高音调啸声下，可以毫不困难地听到较弱的低音调声音。当掩蔽声与被掩蔽声的频率几乎相等时，这时一个声音对另一个声音的掩蔽量最大。

噪声对语音的掩蔽不仅使“听阈”提高，也对语音的清晰度有影响。当噪声的声压级超过语音级10~15dB时，人们必须全神贯注地倾听才能听清楚，这很容易造成听者的听觉疲劳。随着噪声级的提高，清晰度逐渐降低。当噪声超过语音级20~25dB时，人们则完全听不清，这种影响还因频率不同而异。一般语音的清晰度最为重要的频率是在800~2500Hz之间，如果噪声的频率也在此范围内，那么，噪音的影响最大。

由此可见，人耳的掩蔽效应进一步说明控制噪声的重要性。设计时，一方面要尽可能地降低环境本底噪声；另一方面，在进行室内声学设计时，如背景音乐的音响系统设置、大型乐队的演出的音响设置，则要避免有用信号的声音互相掩蔽。另外，人们也可以利用掩蔽效应，如在噪声的环境里用音响系统的声音来掩蔽场内喧闹的嘈杂声。

（8）声音的记忆和联想

救护车或巡警车在执行任务时发出的警笛或警铃声、雷雨交加的雷鸣声、枪声或爆破声，这些声音会使人记忆起当时的情景而产生恐惧或紧张等情绪。这种干扰并非决定于重放系统的声强，而是人们对声音的记忆所产生的作用。如果受影响的人在睡眠状态下被这些声音惊醒，其干扰程度会急剧增加。然而，能引起刺激和令人厌烦的不只是各种噪声，如果某些“声记忆”可以是人联想到一些可怕的事件，那么美妙的声音也会引起人们强烈的反应。尤其是那些人们所不熟悉的声音或者是人们不习惯的声音，它们所产生的刺激往往比声级相同，但却为人们所熟悉的声音要强得多。

人对声音的记忆和联想的特征，对室内外景观和环境声学设计同样有实用意义。例如在室内某处设计了一个山水景观小品，如果配上潺潺流水的背景声，则会更加动人；如果将背景音乐设计成树叶飒飒、虫叫鸟鸣的声音，则会使人仿佛置身于大自然的环境中。当然还可以利用声音的联想和记忆去给病人治病等等。

4.4.2 听觉环境设计

室内听觉环境包括两大类，一类是音响、声学设计的问题。另一类是如何消除噪声，即噪声控制。

1. 噪声控制与实行隔声

噪声控制主要从三个方面着手进行，即声源、声音的传递过程和声音的接收（个人防护）。

（1）控制声源

控制噪声源是减低室内噪声最有效的方法。首先要在建筑规划时就要考虑室外环境噪声对室内的影响。设计前要做好调查工作，将环境噪声的强度和分布情况用“噪声地图”表现出来，力求使对音质要求高的房间远离噪声源。例如办公室、绘图室和所有进行脑力作业的房间应尽量安排在离噪声远的地方。设计时，应将噪声大的房间尽量远离要求集中精力和技能的房间，可以在它们中间用其他房间隔开作为噪声的缓冲区。除此之外，对于噪声源的控制也可以采用以下三种方法。

① 降低声源的发声强度

主要是改善设备性能。车间里的机器设备要尽可能采用振动小、发声低的机器。对于民用建筑的空调设备、特别是冷水机组的压缩机，要尽可能选用噪声小的机器。对于在道路、办公区、商业区及住区内的机动车，要限其制喇叭声。

② 改变声源的频率特性及其方向性

对于机器设备的声源主要由制造厂家改进设计，而对于使用单位来说主要是合理的安装，尽可能将设备的发声方向与声音的传播方向不相一致。

③ 避免声源与其相邻传递媒质的耦合

这主要是改进设备的基座，减少固体声的传播。最有效的方法是设置减震装置。可以通过加固、加重、弯曲变形等手法处理产生噪声的振动体；也可采用不共振材料来降噪。所以，重型机械必须牢固地固定在水泥和铸铁地基上，也可安装在带消声隔层的地基上。在实际设计中可以根据机器的类型，使用弹簧、橡胶、毛毡等消声材料。

此外，在有多种声源同时存在的情况下，根据噪声级的叠加原理，即总噪声级不等于各个声压级的代数和，而是等于各个声源声压得方均根值。所以，在噪声控制时，首先要控制最强的噪声源。

（2）控制声音的传递过程

声音的传递主要是空气传递和固体传递，其主要控制方式有以下几种。

① 增加传递途径

随着传递时间的增加或传递距离的增加，声音的声强会逐渐减弱，所以尽可能将噪声源远离使用者停留的地方。如民用建筑中采用分体式空调，将噪声大的声源作为室外机组置于户外，将电冰箱远离卧室放在厨房中，将车库或空调设备置于地下室，将冷却设备置于屋顶，等等。

② 吸收或限制传递途径上的声能

主要是采用吸声处理。在有声源的房间里，将房顶和墙面布置吸声材料，可进一步达到消声作用。

以下为安装吸音板的主要依据：安装吸音板后可使房间回声时间下降1/4，办公室回声时间下降1/3；房间高度低于3m；房间高于3m，但体积小于5000立方米。目前，吸音板主要用于50㎡以上的办公室、财务室、出纳室和银行等室内空间。

除此之外，室内绿化和隔断能够阻挡、吸收声音的传播，达到一定程度上的降噪作用。不同材质的吸音系数见表4-5。

表4-5 不同材料表面的吸声系数

材　料	**频　　率　　(Hz)**			
	125 Hz	500 Hz	1000 Hz	4000 Hz
上釉的砖	0.01	0.01	0.01	0.02
不上釉的砖	0.08	0.03	0.01	0.07
粗糙表面的混凝土块	0.36	0.31	0.29	0.25
表面刷过油漆的混凝土块	0.10	0.06	0.07	0.08
铺地毯的室内地板	0.02	0.14	0.37	0.65
混凝土上面铺有毡、橡皮或软木	0.02	0.03	0.03	0.02
木地板	0.15	0.10	0.07	0.07
装在硬表面上的25mm厚的玻璃纤维	0.14	0.67	0.97	0.85
装在硬表面的76mm厚的玻璃纤维	0.43	0.99	0.98	0.93
玻璃窗	0.35	0.18	0.12	0.04
抹在砖或瓦上的灰泥	0.01	0.02	0.03	0.05
抹在板条上的灰泥	0.14	0.06	0.04	0.03
胶合板	0.28	0.17	0.09	0.11
钢	0.02	0.02	0.02	0.02

③ 利用不连续的媒质表面对噪音的反射和阻挡。主要是采用隔声处理。

（3）隔声

隔声的方法主要有以下三种形式。

① 对声源的隔声可采用隔声罩（见图4-149）。

② 对接受者的隔声可采用隔声间的结构形式。如空调机房、锅炉房等噪声源强的地方，可为工作人员设置独立的控制室，使其与噪声源隔开（见下表4-6）。

③ 对噪声传播途径可采用隔声墙与声屏的结构形式。如在织布机旁设置隔声屏，对防止噪声传播和叠加会起到很好的效果。隔声屏的位置应靠近噪声源或接收者，并做有效的吸声处理。设置隔声墙时要保证其自重要大，为了便于电源引线和维修，可在隔声墙上开口，但开口面积不能够超过隔声间面积的10%。

我们在进行建筑设计中，针对两个房间的隔层时应考虑墙、门、窗及天窗等对噪音的隔声作用。

2. 室内音质设计

室内音质设计的根本目的就是根据声音的物理性能、听觉特征、环境特点，创造一个符合使用者听音（拾音）要求的良好的室内声环境。这些建筑环境一般指音乐厅、剧院、会堂、礼堂、电影院、体育馆、多功能厅等公共建筑内部，以及录音室、播音室、演播室、实验室等具有特殊声音设计要求的专业用房。

室内音质设计是要保证这些室内场所没有音质缺陷和噪声干扰，同时要根据室内环境的使用要求，保证具有合适的响度、声能分布、清晰度和丰满度。因此，在设计前要根据使用要求，制定出合适的声学指标，在设计时应与规划、工艺、建筑、结构设备等各工种密切配合，以便经济合理地满足声学要求（见图4-150至图4-153）。

图4-150 录音室音质设计

图4-151 剧院音质设计

图4-152 人民大会堂万人大礼堂内景

图4-153 悉尼歌剧院音乐厅内景

表4-6 隔声罩的降噪

隔声罩结构形式	A声级降噪量
固定密封型	30~40dB
活动密封型	15~30dB
局部开敞型	10~20dB
带有通风散热器的隔声罩	15~25dB

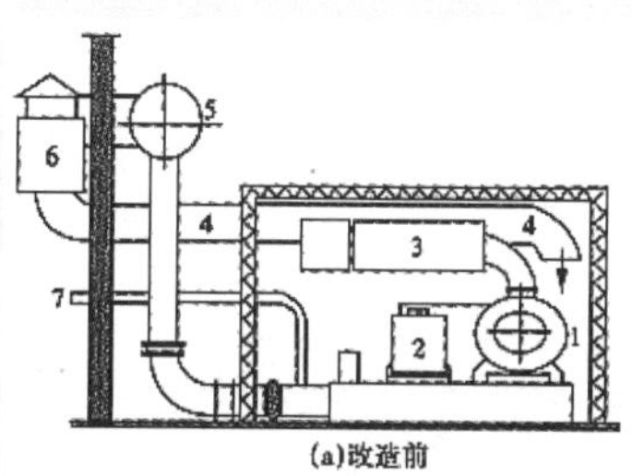

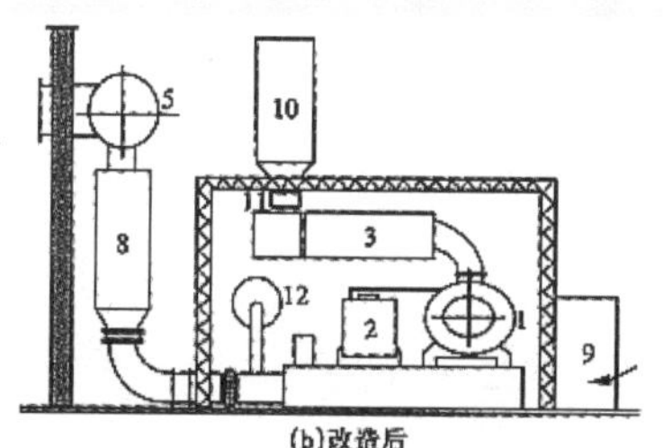

图4-149 隔声罩示意图

室内音质设计的内容和步骤主要表现在以下几个方面。

（1）噪声控制

① 确定室内允许噪声值

在通风、空调设备、放映设备正常运行的情况下，根据室内空间使用性质来选择合适的噪声值。下表4-7列出了不同地方允许的极限值。

② 确定环境背景噪声值

这要求设计师要到建筑基地实地测量环境背景噪声值，如果有噪声地图的话，还要结合发展规划（包括民航航线）做适当的修正。

③ 环境噪声处理

首先要选择合适的建筑基地，结合总平面图布置，使人群远离噪声源，再根据隔声要求选择合适的围护结构。

④ 建筑内噪声源处理

尽量采用低噪声设备，必要时再加防噪处理。

⑤ 隔声量计算和隔声构造的选择得当。

（2）音质设计

① 选择合理的房间容积和形态

首先根据人在室内环境中的行为要求确定室内空间的大小，再根据视觉、听觉等的要求调整室内空间形态。若不能满足声学要求时，再配以扩声系统。一般采用几何声学做图法，判断空间形态是否存连续在回声、颤动回声、声聚焦、声影区等音质缺陷，对可能产生缺陷的界面做界面调整或采用吸声、扩散等手法加以处理。

② 设计反射面及舞台反射罩

利用舞台反射罩，台口附近的顶棚、侧墙、挑台栏板、包厢等反射面，向池座前区提供早期发射声。

③ 选择合适的混响时间

根据房间的用途和容积选择合适的混响时间及其频率特性，对有特殊要求的房间采取可变混响的方式。

④ 混响时间计算

按初步设计所选材料分别计算125、250、500、1000、2000和4000Hz音频的混响时间，检查是否符合选定值。

⑤ 吸声材料的布置

结合室内视觉要求，从有利于声扩散和避免音质缺陷等因素综合考虑。听觉与听觉环境的交互作用只是室内环境设计要解决的一个问题，所以室内音质设计还须同其他知觉要求结合起来，综合处理。

（3）背景音乐

声音有兴奋大脑的作用，尤其在工作单调的情况下。例如音乐有鲜明的节奏，有规律的声强变化，能使整个人体处于兴奋状态。而刺激性和节奏很强的音乐也能分散人的注意力，所以音乐只适合于重复单调的工作。而背景音乐起源于美国，是一种在政府机关、商店、候车室、旅馆甚至宿舍内播放的持续不断的、声音极轻的、不被人注意的音乐。它的作用是把人包围在一个和谐愉快的气氛里而不分散人的注意力。相对于一般的劳动性质，背景音乐更适合于脑力作业。

表4-7 不同地方的噪声允许极限值（dBA）

dBA	不同地方
28	电台播音室，音乐厅
33	歌剧院（500座位，不用扩音设备）
35	音乐室，教室，安静的办公室，大会议室
38	公寓，旅馆
40	家庭，电影院，医院，教堂，图书馆
43	接待室，小会议室
45	有扩音设备的会议室
47	零售商店
48	工矿业的办公室
50	秘书室
55	餐馆
63	打字室
65	人声嘈杂的办公室

4.5 触觉与触觉环境

皮肤的感觉即为触觉（或叫肤觉）。它能感知室内外热环境的质量：空气的湿度、温度的大小分布及其流动情况；室内外空间、家具、设备等各个界面给人体的刺激程度（振动大小、冷暖程度、质感强度等）；除了视觉器官外，触觉也能感知物体的形状和大小。

4.5.1 触觉器官

触觉是人体分布最为广泛的感知觉系统，包括了温度觉、压觉和痛觉。人体和外界最直接接触的器官是皮肤。

1. 肤觉的生理基础

皮肤是人体面积最大的结构之一，具有各式各样的机能和较高的再生能力。人的皮肤由表皮、真皮、皮下组织等三个主要部分和皮肤衍生物（汗腺、毛发、皮脂腺、指甲）组成（见图4-154）。

（1）皮肤对人体有防卫功能。成年人的皮肤面积约有1.5~2㎡，其重量约占体重的16%。它使人体表面有了一层具有弹性的脂肪组织，缓冲人体受到的碰撞，可防止内脏和骨骼受到外界地直接侵害。

毛发感受器存在于有毛的皮肤内，感觉神经纤维在皮脂腺下方缠绕于毛发的颈部，这种结构对毛发的运动极其敏感，所以毛发感受器也是压力感受器。

触盘是位于表皮的深部，神经纤维终端形成的薄而扁圆结构，其功能与触觉有关。麦斯尼（Meissner）触觉小球仅存在于无毛皮肤的真皮乳头层内，一般被认为是机械感受器，对皮肤表面的变形起反应。

巴西尼（Pacini）环层小体是最发达的皮肤感受器，也是最大的神经终端，位于真皮的下层以及关节、神经干和许多血管的附近。它对皮肤变形很敏感，是振动信号的重要感受器。

人体的皮肤，除面部和额部受三叉神经的支配外，其余部分都受皮肤感受器的支配，构成完整的神经脉络，向脑部传达皮肤的各种感觉。

皮肤内丰富的神经末梢是人体最大的感觉器官，对人的情绪变化也有重要作用。这些神经末梢自由分布，构成真皮神经网络，形成了位于真皮中的感受器，可产生触、温、冷、痛等感觉。除此以外，皮肤中还存在有特殊结构的神经终端。如真皮乳头层内，一些神经纤维绕成圈、互相重叠，形成线团状的结构，叫做克劳斯（Krause）末梢球，被视为冷感受器。在真皮内还有罗夫尼（Ruffini）小体，它是神经末梢圈成柱状结构，带有长的末梢，被视为热感受器，也被视为机械感受器（见图4-155）。

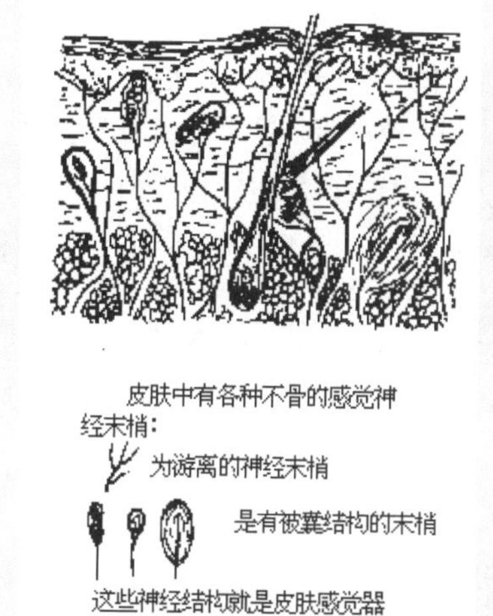

图4-155 皮肤感受器

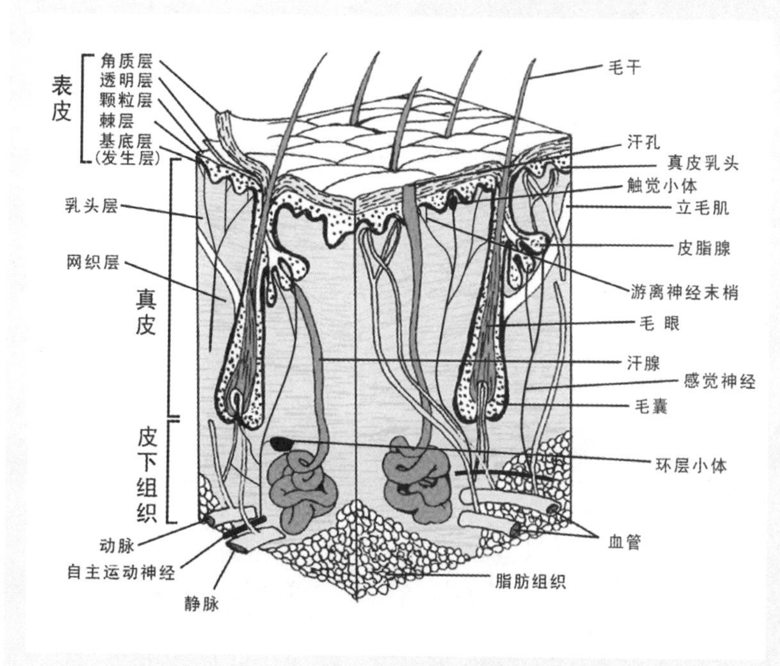

图4-154 皮肤结构图

（2）皮肤有散热和保温的作用，即“呼吸”功能。当外界温度升高时，皮肤的血管就扩张、充血，血液所带的体热就通过皮肤向空气发散；同时汗腺也大量分泌汗液，通过排汗带走体内多余的热量；当外界寒冷时，皮肤的血管就收缩，血量减少，皮肤温度降低，散热就减慢，从而使体温保持恒定。

2. 肤觉的类别

人的感觉最初被分为视觉、听觉、嗅觉、味觉和触觉。其中的触觉后来扩大到包括皮肤肌肉、关节甚至内脏的感觉，称为总觉，又称躯体觉。肤觉的基本性质经过科学家的长期研究，科学家们指出皮肤的不同小点感受不同的刺激，在皮肤的同一个小点上不能引起不同性质的感受。从而确定了皮肤的不同感受点和基本的肤觉性质，即痛觉、压力感（触感）、温感、冷感，而这些是皮肤上遍布的感觉点来感受的。在1937年，Von Skramlik经过对研究结果的整理，得出身体有关部位每平方厘米的皮肤感觉点（见表4-8）。

由此可知，触点、温点、冷点和痛点的数目在同一皮肤上的分布是不同的，其中痛点、触点较多，冷点、温点较少；同一感觉点的数目在皮肤不同部位也不同。实验证明，刺激强度的增加可导致相应的感觉点的增加，说明感觉点有一定的稳定性，并且是独立存在的。

皮肤感觉的这些特征概念对设计师从事环境设计、产品设计，特别是为残疾人和盲人的无障碍设计提供了理论依据。

3. 血液循环系统

人的血液循环系统由心脏和血管组成。左心室里含有大量氧气的血液，经过主动脉、中动脉、小动脉，不断分支流到全身的毛细血管中，将氧气和养料供给各个组织并收回二氧化碳和废物，后又经过小静脉、中静脉和大静脉返回右心房和右心室。这种循环要经过全身，故称“体循环”，又叫“大循环”。血液大循环一圈只要20~25s的时间。那么返回右心室的充满二氧化碳的血液经过肺动脉在肺部的毛细血管里放出二氧化碳，吸收新鲜氧气，然后又经过肺静脉返回左心房和左心室，这种循环称为“肺循环”，又叫“小循环”。血液小循环一圈只要4~5s。除此之外，血液在毛细血管里的流动循环称作“微循环”。因为毛细血管是完成运输任务的所在地，所也又叫“末梢循环”。人体中的毛细血管有一千亿到一千六百亿根，它们对人的健康有着极其重要的影响。

血液循环系统还将各种激素运送到全身各处，激素是各种信号分子，细胞从血液中接收到不同的信号，使全身各部分配合成一个完整的活动。因此，血液循环系统不仅是人体生命系统的“运输线”，也是生命活动的“通讯网”。

人体的血液循环还是抗重力循环，头和脚是“散热器”，如果室内地面材料的蓄热系数太小，如水泥和石材，生活久了对人下肢的血液循环非常不利。如果设置采暖或空调系统，其设备布置和空调方式也要考虑人体血液

表4-8 每平方厘米的皮肤感觉点

感觉部位	痛	触	冷	温
额	184	50	8	0.6
鼻尖	44	100	13	1.0
胸	196	29	9	0.3
前臂的掌面	203	15	6	0.4
手臂	188	14	7	0.5
拇指球	60	200	—	—

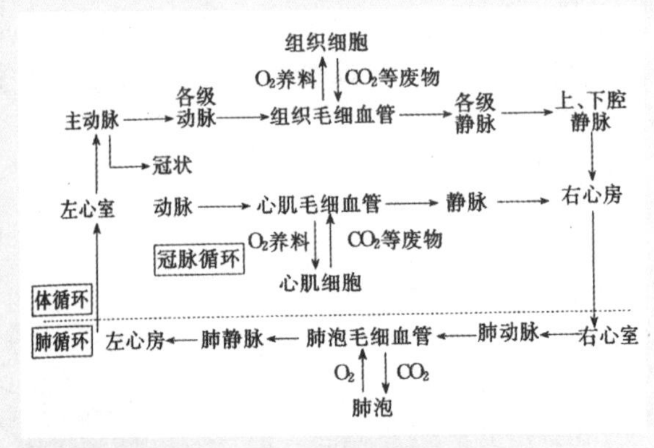

图4-156 人体血液循环路径图

循环的特点，以保证人体健康。

除了以上因素外，家具尺度是否科学，界面材料是否合理，室内外气流组织是否通畅，都会影响人体血液循环，影响健康。

4.5.2 触觉与环境

触觉作为人类获得空间环境信息的主要感觉通道，在感知外部世界的同时，也对环境提出了它的要求。

1. 刺激与触觉

触觉是皮肤受到机械刺激而引起的感觉。根据刺激强度，触觉可分为接触觉和压觉。轻轻地刺激皮肤就会使人有接触觉，当刺激强度增加到一定程度就会产生压觉。实际上这两者是结合在一起的，统称为触压觉或触觉。除触压觉以外，还有触摸觉，这是皮肤感觉和肌肉运动觉的联合，故称：皮肤的运动觉或触觉的运动觉。这种触摸觉主要是手指的运动觉与肤觉的结合，它又称为主动触觉。如果触压觉没有人手的主动参与则被称为被动触觉。主动触觉在许多方面优于被动触觉。人利用主动触觉来感知物体的大小、形状等属性。

因而人手不仅是劳动器官，而且是认识器官，它对盲人来说尤为重要。

2. 触觉感受性

皮肤的感受性分为绝对感受性和差别感受性。利用毛发触觉计可以测得皮肤不同部位的触压觉和刺激阈限。通过这种测量得知，身体不同部位的触觉感受性由高到低的位次如下：鼻部、上唇、前额、腹部、肩部、小指、无名指、上臂、中指、前臂、拇指、胸部、食指、大腿、手掌、小腿、脚底、足趾。而身体两侧的感受性没有明显的差别，但从性别上来说，女性的触觉感受性略高于男性。

总体来说，头面部和手指的感受性较高，躯干和四肢的感受性较低，这是由于头面部和手在日常生活和劳动中较多地受到环境刺激的影响。

触觉和视觉一样都是人们感知客观世界空间特性的重要感觉通道。但触觉对空间特性的感知主要表现在它能区分出刺激作用在身体的有关部位，故此特性称为触觉定位。通过主动的刺激和被动的定位反应的实验，发现头面部和手指的定位精确度比较高；同时也发现，视觉表象在触觉定位中起着重要的作用，并随着视觉参与的愈多而愈精确。

皮肤的触觉不仅能感知刺激的部位，而且能辨别出两个刺激点的距离。能够感觉到两个点的最小距离即两点阈。两点阈同触觉定位一样，都是触觉的空间感受性，它很像视觉敏锐度，所以也叫触觉锐敏度。通过试验，发现手指和头面部的两点阈最小，肩背部和大腿小腿的两点阈最大。离关节越远，两点阈减少得越多，也就是说身体部位的运动能力越高，两点阈越低。这种身体部位触觉空间感随着运动能力的增高而增高的现象被称为Vierordt运动律。

触觉和其他感觉一样，在刺激的持续作用下感受性会发生适应。穿上衣服的人体很快就几乎感觉不到身上的帽子、手套、服装的存在。当刺激保持恒定而感觉强度减小或消失的现象叫做负适应；触觉经过一段时间后的减弱现象叫不完全适应；完全消失的现象叫做完全适应，其中适应所需的时间叫做适应时间。触觉刺激的强度越大，完全适应的时间也越长。适应的时间不仅随重量不同而异，而且随着皮肤刺激部位的不同而不同。因此，皮肤的触觉感受器对轻重量的刺激适应迅速，对较重刺激的适应时间则较长。例如手臂和前臂的适应时间较短，额和腮的适应时间较长。

触觉空间感受性的特点对于工业产品设计、服装设计和建筑环境设计都具有一定的重要参考意义。

3. 触觉和室内外环境设计的概念

（1）触觉的功能

触觉和视觉一样，是人们获得空间信息的主要感觉通道。辨别物体大小则是其重要的空间功能。依靠触觉能辨别物体的长度、面积和体积。其中长度辨别是基本因素，而触觉的长度知觉依赖于时间知觉。人们可以利用触觉点的时间间隔来感知物体的长度，进而能知觉物体的面积和体积。

触觉的第二个功能是对物体的形状知觉。它和对物体的大小知觉一样，在很大程度上依赖主动触觉来实现。触觉的定位特性使人能感知到物体的形状，在形状知觉过程中也能同时感知物体的一些物理特性，如软硬、光滑、粗糙、冷热等。

触觉的形状、大小知觉同视觉的形状、大小知觉有密切的联系，最突出的表现是“视觉化”现象，即触觉信息经常会转换成视觉信息。这同视觉在人的感觉中的重要性及人的丰富的视觉表象分不开，所以先天性的盲人就缺少触觉信息的视觉化。

触觉的第三个功能是触觉通信。对盲人来说，盲文利用触觉代替视觉。还有人在研制一种新的装置，企图用皮肤去“看”客观事物，也是用触觉代替视觉和听觉功能，这对残疾人也是一种福音。

（2）触觉在室内外环境中的应用

在现代化生产过程中，特别是对操作台的旋钮和操纵杆的研制中，触觉特性对于正常人来说也具有很重要的意义。如在键盘的研制中，为了减轻视觉负担、改善操作，则使旋钮、操纵杆的手柄设计成不同的形状，即进行形状编码，以便利用触觉进行辨认。触觉对形状、大小的知觉特性对研制智能机器人，并赋予其精细的触觉空间的知觉功能都非常重要。

触觉的特性对于盲人来说更为重要，除了对盲文的研究外，室内外环境的无障碍设计也是利用触觉的知觉特性。常常在道路边缘、建筑物的入口处、楼梯第一步和最后一步以及平台的起止处、道路转弯等地方设置了为盲人服务的起始和停止的提示和导向提示块（见图4-157至图4-158）。

除此之外，在产品设施、家具及空间界面等设计中也都考虑了触觉特性。如对墙面、床垫、座椅等材料的选择，均要满足“手感”要求，使面材具备一定的柔软性。对于经常接触人体的建筑构配件，其细部处理也经常要考虑触觉的要求，如楼梯栏杆、扶手、门把手等材料的选择，以及墙壁转弯处、家具和台口的细部处理等。

4.5.3 振动觉与隔振

振动会对人体产生一定的影响，严重的会造成人身体损伤或障碍。比如当手握电动工具作业时手、臂产生的疼痛感。因此，为了减少振动对人体的影响和伤害，需要进行有效的隔振措施。

1. 振动与振动觉

振动觉是当振动体接触身体时所产生的一种感觉。一般认为这种感觉是触觉的一种，是触压觉反复受到激活的状态。从皮肤感觉点来看，触觉点也是振动敏感的皮肤点。但实验表明，振动觉又不同于触压觉。因为触压觉是由于机械刺激引起的皮肤变形或位移而产生的，而振动觉和皮肤组织出现反复的位移有关。通常认为巴西尼环层小体是振动感受器。

总之，振动觉是根据身体各种感受器的信号所形成的综合感觉，不仅有视觉，还有运动觉以及内脏感觉的综合参与。

2. 振动感受性

振动刺激的一个主要参数是频率。振动感受性对于振动频率有一定的限度。振动刺激如果低于10~85Hz，高于1000~2000Hz就不会产生振动觉。

身体的不同部位有不同的振动感受性。通过测量得知，手部尤其是手指等处的振动感受性较高，这同触觉感受性相一致。但也有许多地方不一致，如鼻部、唇部的振动感受性甚至低于胸部、大腿。与触觉感受性相比，身体较多部位的振动感受性还是偏高的。

皮肤的温度对振动感受性的绝对阈限也有一定的影响。实验表明，当皮肤温度高于或低于正常温度（36~37℃）时，阈限将发生变化。当皮肤温度低于正常值时，振动感受性降低；当皮肤温度略微升高，振动感受性也升

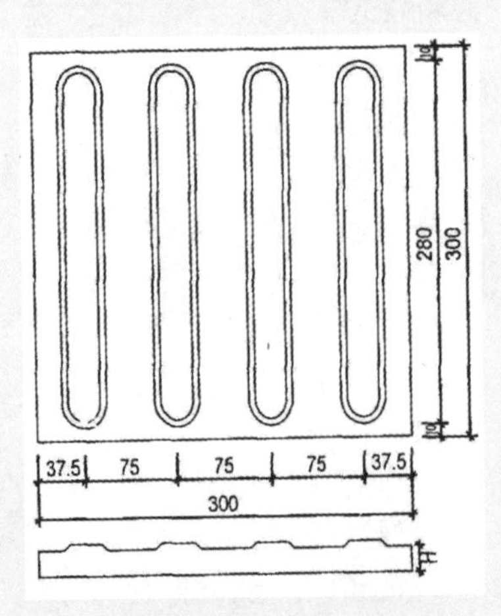

图4-157 盲道砖平面详图一

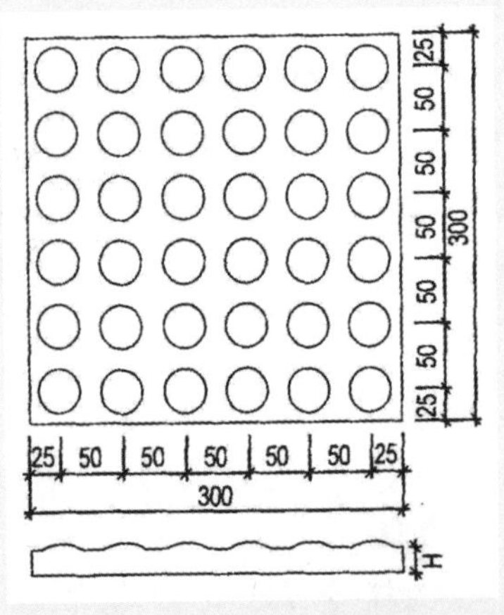

图4-158 盲道砖平面详图二

高，在高于正常体温约4℃时达到最高点，但如果温度再升高则感受性就急剧下降。

振动感受性还同皮肤受到刺激的面积有关。实验研究表明，振动感受性的阈限随刺激的面积增大而降低。

振动觉和视觉、听觉一样，也有刺激作用的时间效应，并随着刺激作用时间的增加，阈限的刺激强度就降低，这也表现出振动感受性的时间总合。

振动感受性在振动刺激长期作用下表现出数值下降，但同时也出现适应。振动觉的适应比触觉适应慢得多，但大约10分钟内就能完全恢复。身体不同部位对振动刺激的适应过程也有所不同，例如皮薄的唇部比表皮厚的上臂的适应过程短。

振动觉还存在着抑制现象。实验表明，当皮肤某个点受到振动刺激，而别的地方却没有感受，这说明在这个点以外区域的神经活动效应受到了抑制。

3. 隔振

振动的感觉条件比较复杂，既有全身性的振动觉，也有局部性的振动觉。如人在交通工具里（汽车、火车等），会全身受到振动的影响，而使用振动较大的工具如锤子和电钻等会对手臂产生振动影响。由于姿势不同，身体受到振动的感受也不同。另外，而振动方向不同也会给人带来不同的振感。

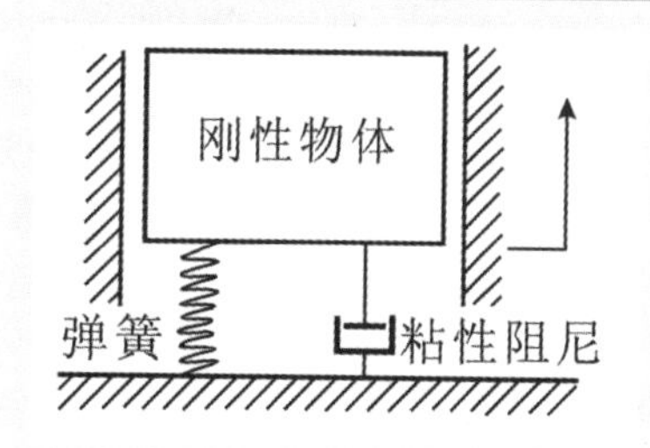

图4-159 隔振系统示意图

综上所述，振动对人体的影响有两种情况。在全身振动时，直接的影响就是呼吸数增加、氧消耗量加大、血压升高、脉搏加快、体温上升、内脏活动受到抑制。尤其在受到100dB以上的振动时，这些体征会相当明显。而在此标准以下的振动会对人体产生间接影响。而且，由于振动而产生的不安情绪，时间长了也会造成身体的功能障碍。如局部振动，工具对手、臂的影响，会使人的血管持续收缩而产生疼痛，严重的会造成关节损伤或病变。因此，为了减少振动对人体的影响和伤害，需要对振源进行隔振，或实施有效的劳动保护（见图4-159）。

建筑承受的振动除了地震以外，主要是生产设备和民用建筑中的空调设备所产生的振动，以及室外振源（如施工机械、交通工具产生的振动）对建筑的影响。这些振动往往会带来噪声的辐射和固体声沿结构的传播。

针对振动的多种情况，隔绝振动的传播有两种情况：一是积极隔振，即减少振动向周围环境的传播，如对电机、冲床等设备基础采取的隔振；二是消极隔振，即减少环境振动向建筑物或仪器设备的传播。如对声学试验室、演播室等建筑物以及精密仪器设备所采取的隔振。

4.5.4 温度觉与室内热环境

1. 人的冷热感觉

在人的皮肤上存在着许多温点和冷点，当热刺激或冷刺激相应地作用于它们，就会产生温觉和冷觉。

人对温度觉具有很大的适应性，如果刺激的温度保持恒定，则温度觉会逐渐减弱，甚至完全消失。如将手放在35℃的水里，最初产生温觉，浸入几分钟后就逐渐感受不到它；又如将手放在50℃以上或10℃以下的水里，就会出现持续的温觉或冷觉，这就是温度觉的适应。皮肤对不同温度的适应速度是不一样的。一般来说，环境温度与正常的皮肤温度相差越大，适应所需要的时间就越长。

人的体内温度约37℃。皮肤表面温度略低，而且不同部位有不同的温度，她耳廓的温度约28℃，前额的温度约35℃，前臂接近37℃。如果没有衣服遮盖，人体皮肤表面的温度约为33℃，此时，这些部位的皮肤从来不会感到冷或热，这些部位对它们自己的温度产生了适应，这种主观感觉温度被称为“生理零度”。这是一个变化的值，表明在此温度变化范围里存在一个中性区。实验表明，皮肤的冷觉或温觉随着表面刺激的面积增加而增强。例如当较高的温度（如

45℃）作用于皮肤时，即可产生烫觉；当室温在20~25℃时，烫觉阈限范围约为40~46℃。

皮肤温度觉的这些特性对研究衣着和劳动保护及热环境设计都有一定的指导意义。

2. 体温调节

皮肤温度觉的特性表现了人对环境温度有很强的适应性。尽管环境温度变化很大，然而人的体内温度基本上是稳定的，如果体温变化超过1℃，就会发生异常的生理征兆，这说明人体对温度有一定的调节能力，即体温调节。这里的体温是指人体的中心部位的温度，就是脑、心脏、胃肠等内脏器官的温度，即核心温度。而包围这个核心的皮肤的温度，就是受环境温度影响的外壳温度。如果做一个形象的比喻，就是当环境温度较高时，外壳变薄，当环境温度较低时，外壳变厚。

同环境温度相比，人体体温几乎是稳定的。要维持生存，人体体内就要不断地消耗能量，这种消耗量叫热代谢量或代谢量。这就使得体内产生热量以便保持温度的稳定，就出现了产热量和散热量的平衡问题，也就是体温调节解决的问题。

代谢量因各种条件不同而有差异。空腹静卧的代谢量叫做基础代谢量。由于人体的姿势、运动、环境温度、饮食条件等的不同，代谢量均不相同。

3. 人体与环境的热交换

在正常气温的条件下，人体的散热主要通过大小便、呼气加温、肺蒸发、皮肤蒸发、皮肤传导辐射等途径进行散热。其中通过皮肤的传导、对流、辐射散热的热量占多半，约70%，蒸发散热约20%，其余10%是其他地方的散热。综上所述，人体从皮肤散热的量占总散热量的90%左右，所以受环境影响最大的是皮肤。

人的体格、体温、肤温、滋事、动作、发汗状态由于受环境的气温、湿度、气流、辐射的影响，加上衣着状况的不同，散热条件也不同。在环境温度各个条件中，影响最大的仍是气温，但并不是只有气温决定寒暖，湿度的影响也很大。低湿条件下汗液容易蒸发，而高湿时汗液蒸发受到妨碍。因此，人在湿滑的环境中会有很明显的不舒适感。气温在30℃的条件下，湿度按30%、50%逐渐上升，在感觉上也会提高2℃。现在已有仪器能直接表明不舒适的指数。如在美国不舒适指数达到75时，有一半人感到不舒服，达到79时，全部人都会感到不舒服。

身体为适应环境的冷热变化，维持体温稳定，必须增加产热量或散热量，以创造新的平衡。当气温下降、湿度下降、气流增强、辐射降低时，散热量就大，身体趋向被冷却，体温下降。为了达到平衡，就要减少散热，增加代谢量，这种对寒冷的调整叫做寒反应。冬天比夏天皮肤温度降低更多，代谢量增加更大，对寒反应也就更强烈。

而对热的调整是对寒反应的逆向过程，是为增强散热、抑制产热的热反应。由于皮肤血管扩张使血流量增大，皮肤温度就会上升，其结果增加了辐射、对流散热，进而出现发汗，由于蒸发作用又使散热加速。因此当炎热的时候，人们穿着衬衣吸汗比裸露身体更有利于蒸发散热。

皮肤的温冷感和人体的热平衡与人体的衣着条件有密切的关系。穿衣的目的在于保护身体，维护身体清洁，帮助运动以及装扮身体。而最初、最根本的目的是防御寒冷。衣服在身体的周围形成了一个温和的热环境，即衣服气候，加上室内气候就形成二重人工环境。衣服气候作为人工环境是人体散热的必经途径，它对热传导、对流、辐射、蒸发等都有必要作用，对于寒冷，它具备抑制传导、对流和辐射，对于热，促进其蒸发和对流，并防止来自外部的辐射。

4. 最佳温度条件

人体的生理活动是一个振荡过程。体能和环境能量的交换是一个动态的平衡。体温的稳定是保护脏器、大脑等机体的必要条件。这种体温的稳定是必须在通过皮肤、呼吸等功能与环境进行能量交换的前提下才能实现的。如果一个人长期停留或生活在一个恒定的环境温度里，则其生理功能就要衰退，心理就要发生障碍，严重的还会生病。长期在净化恒温的车间里工作的人就会出现这样的情况。因此，需要寻找一个最佳的温度条件，既要防止环境温度的过热或过冷对人体造成伤害，以及对情绪造成不安，又要避免环境温度过于稳定而影响人体健康。

关于最佳温度条件，许多人都做过实验。1923年，亚古洛氏根据气温、湿度、气流三者的综合指标，制成了有效温度（实效温度、感觉温度ET）图。因为没有考虑辐射的影响，1972年美国加热、冷冻、空气调节师协会（ASHRAE）对此进行了修订，发表了新有效温度（ET）图，这样，温度条件的四个因素（气温、湿度、气流、辐射）综合地对体温调节或寒暑感觉产生影响。这个图表显示：在舒适的温度范围，其ET约为23~27℃；而21~23℃是稍凉的舒适界限；27~29℃是稍热的舒适界限。比较而言，在13℃以下的人会感到“不舒服的寒冷”，36℃以上的人会感到“不舒服的炎热”，而41℃以上则“难以忍受”。

在资料显示中，看不出最佳温度的性别差和季节差。但从办公室的实际调查来看，夏天和冬天相比，女性比男性喜欢较高的温度；年轻人同老年人相比，老年人喜欢较高的温度。另外还有衣着和代谢量的差异，所以最佳温度条件仅供确定环境温度标准时参考使用。

5. 人体与室内热环境

在多种环境因素交互作用过程中，皮肤是保护人体不受或减轻自然气候侵害或伤害的第一道防线，衣着是第二道防线，房屋则是第三道防线。因此，与室内设计相关的则是第三道防线，即室内的供暖、送风、通风的标准和质量，也就是创造适合人体需要的健康室内热环境。

（1）供暖

冬季供暖首先考虑室外的热环境，根据地域差、个人因素差的特点，确定室内合适的温度，可参照有效温度线图，确定适当的舒适温度，或根据国家采暖规范确定供暖标准。

由于房间的部位不同，室内温度变化幅度是相当大的，房间和走廊不一样，卫生间和卧室不一样，也有的温差在冬季会相差十多度，这就会造成生理负担，因此提倡局部采暖。由于冬季气候干燥，容易使流感病毒繁衍，所以供暖时要考虑提供一定的空气湿度，以利健康。

（2）送冷

夏季送冷与冬季供暖相反，但室内温度不应降过头。一方面过冷会使人不舒服，另一方面当人再到室外会感到更热。所以室内外的温差控制在5℃以内，最多不要超过7℃。

除了上述因素外，要注意气流问题，从空调或室内冷气设备的出风口直接送出来的风，在2m处的风速为1m/s。如果冷气只有16~17℃，会让人感到过冷，容易生病，因此要避免风口直接吹着人身体。

（3）通风

通风与换气的方法有两种，一种是自然通风，一种是机械通风（或空气调节）。自然通风是借助于热压或风压使空气流动，让室内空气进行交换。

一般的空气交换应尽可能采用自然通风，不仅节省能源，而且更有利于健康。即使在冬季，适当地进行自然通风或换气，也会防止病毒的传播。在夏季，自然通风也有利于人体发汗，降低体温，增强人的舒适感。只有当自然通风不能保证卫生标准或有特殊要求时，才用机械通风或空气调节来解决。

自然通风的实现首先在设计建筑规划、总平面、建筑形体和朝向时得到解决，其次是通过建筑门窗洞口的位置和大小实现良好的通风效果，见图4-160至图4-161建筑的自然通风。

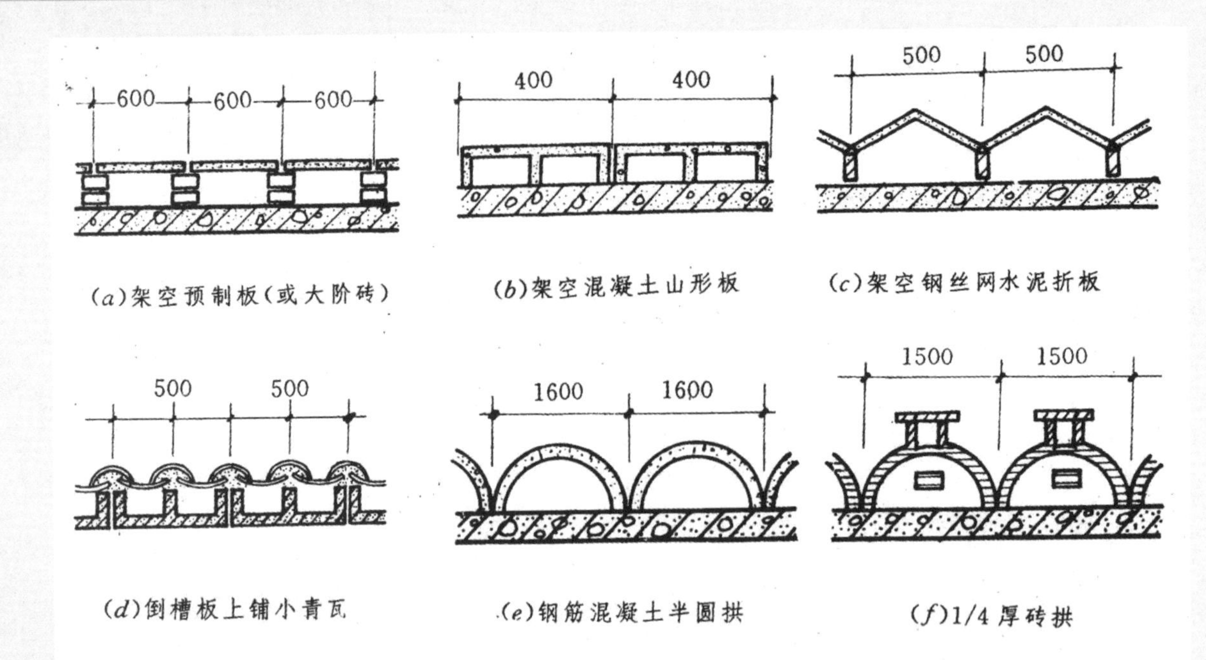

图4-160 平屋顶建筑架空通风措施

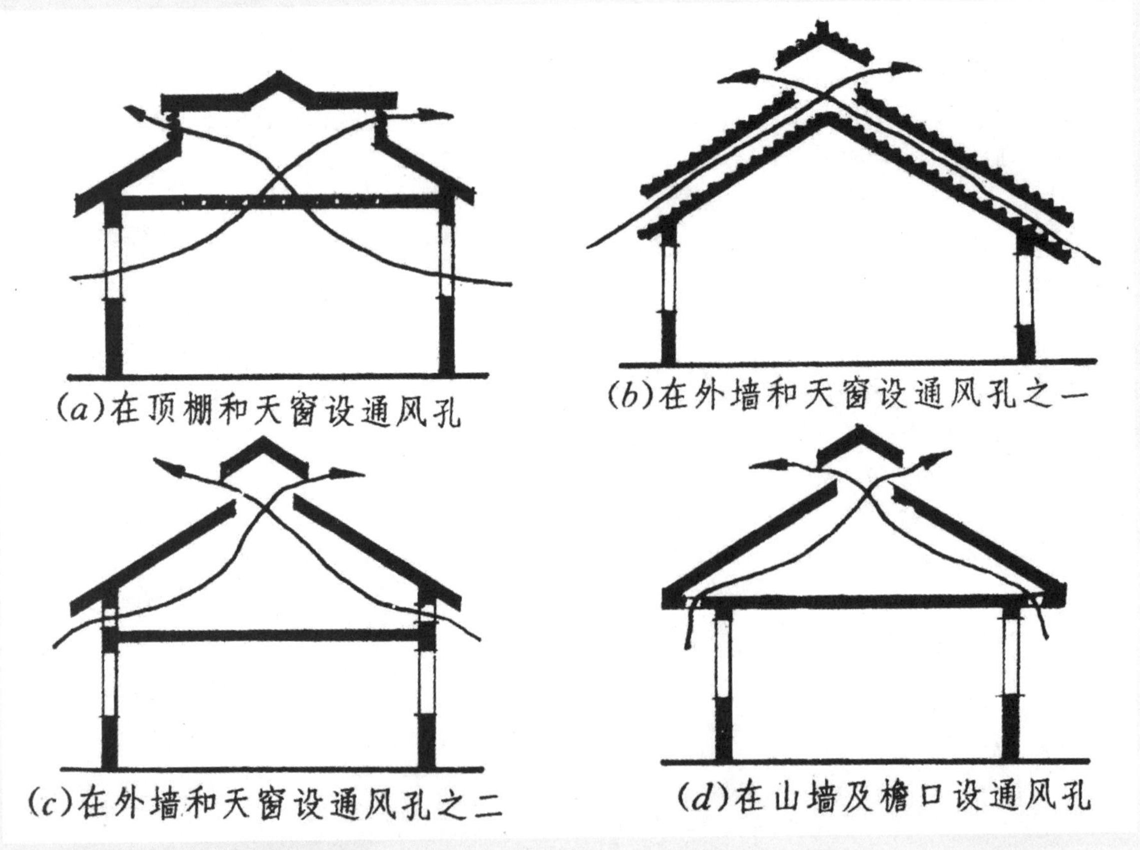

图4-161 坡屋顶上设进气口和排气口通风

4.5.5 材质与肌理

材料是人类用于制造物品、器件、构件、机器或其他产品的物质统称。一切设计内容最终都是通过特定材料构建成现实作品来体现的，了解和正确使用材料对设计师至关重要。

材料的运用与人们的生活有直接关系。在任何一项设计中，设计的效果得以保证在很大程度上取决于材料的固有特性。在正常使用状态下，材料总要承受一定的外力、自重力、周围各种介质的作用，以及各种物理作用。因此，材料除了必须适应各自装饰效果以外，还应具有防水、保温、吸声、隔音等性质。正是由于材料本身具有极为复杂的特性，在探讨造型时，设计师必须了解和掌握材料的特性，正确地评价和运用材料，能动地使用物质技术条件，将材料性能发挥到最大限度。

在室内外空间设计中，对材质的感受是触觉、视觉感官的综合体验，所以，材料的使用重点不在于对物质原有的形态的利用，而在于让人通过视觉和触觉对物体的表面状态产生美感。材料质地对环境的影响，要根据实际情况或应用规范进行评判，如材料的平整度、材料间的色差以及尺寸规格上的允许误差等等，只有合理地选择和使用材料，才能使其符合环境需要（见图4-162至图4-165）。

图4-162 室内材质之一

图4-164 室内材质之三

图4-163 室内材质之二

图4-165 室内材质之四

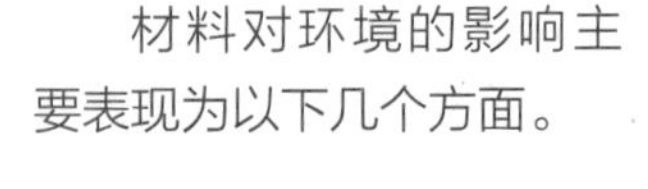

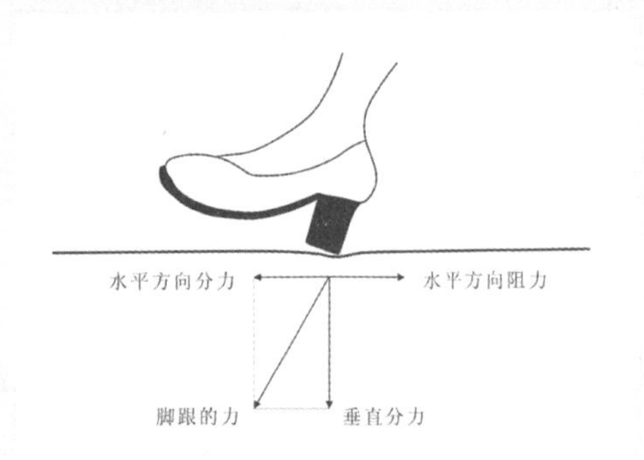

图4-166 脚跟打滑受力分析图

光滑石材地面

光滑地砖地面

材料对环境的影响主要表现为以下几个方面。

1. 材料的粗糙度

在实际环境中运用时，通常做法是依据材料本身的颜色、光泽、透明性，利用不同的工艺将材料表面做成各种不同的组合形状和尺寸，如粗糙、平整光滑、镜面、凹凸、麻点等，或者将材料的表面制作成各种花纹图案，从而获得不同的装饰效果，以满足不同的空间环境需要。可以说，材料的选择是一个科学严谨的工作，如果使用不当会给人们带来诸多不便，甚至存在安全隐患。比如，光滑的地面会使人行走时提心吊胆，甚至滑倒跌伤；在近人的墙面装饰是为了美观，采用粗糙而坚硬的表面材料，易使人挫伤、碰伤；对容易引起火灾或者在火灾中可能引起有毒物质产生。对材料不得当的处理，会给人造成一定的伤害，主要是体现在两个方面。

（1）打滑

由于地面比较滑，人们会把注意力始终集中在防止摔跤上，腿部肌肉相当紧张，很容易使人产生极度疲劳。对于引起腿和脚的疲劳问题，详见脚跟打滑受力分析图4-166。

从此图可以看出，能够防止打滑的阻力中包含两个力，一个是一般熟知的脚跟和地面装修材料之间的摩擦力，另一个是由身体重量引起的地板和脚跟两者都有的微小变形，并由这种变形而产生的一种“卡”力。因此，为了防止打滑，只有增大摩擦力或者卡力。对于这个问题，可采取以下措施，如为了保持较大的摩擦力，在地板上不要多打蜡，也不要洒水或油。为了增加卡住的力量，地板采用软的材料较好，这样就不易滑倒。或者在地板上铺有不易打滑的榻榻米或地毯，来增加脚掌和地面之间的摩擦力。

（2）擦伤

有些室内外空间的部位反而会希望不要摩擦力太大避免造成不必要的擦伤。比如，当身体裸露的部位快速与墙面、拉杆扶手或其他接触部位产生摩擦时，如果这些材料是摩擦力比较大的橡胶、塑料，皮肤就会出现被擦伤的状况，甚至会由于摩擦时产生的热量引起高热而使皮肤表面烫伤。因此，在楼梯间、走廊、电梯等空间

打蜡木地板之一

打蜡木地板之二

窄小、人员多、流动性大的室内环境中，墙面、扶手等经常与人接触的部位应尽量选择摩擦力较小的材料。对于设计师来说不要为了装饰美观效果而忽略了人使用的问题，在很多的立面墙面上采用粗糙质感的材料。

2. 材料的温度感

万得尔海得曾测得：当皮肤接触物体时，有时会产生不愉快的感觉，这是由于接触的瞬间皮肤温度迅速下降所致。下降的程度因材料而异。当地面为木地板，表面温度为17~18℃时，才能使人感到舒服。因此，脚掌的瞬间下降温度为1℃以内则是适宜的温度。这里主要说的是质地环境中的材料在冬天、夏天与人体接触以后，产生冷或热的温度感觉。例如在住宅空间里，皮肤经常直接接触的地方很多，这些地方使用什么材料才不至于在冷的时候使人感到不适。上述实验说明，皮肤的触感并不是单纯由材料表面的温度条件来决定，材料表面的凸凹也有影响。比如，在湿的浴室入口地面上用粗糙的草垫子，比起光滑的材料，触感要好一些。

因此，在室内空间设计中，应当选择体感好的材料，尤其要注意对幼儿、儿童和老年人，触感问题的解决（见图4-167）。

3. 材料的静电

人体冬季很容易产生静电。静电一般在物体相互摩擦时产生，当静电积累到一定程度时就会放出火花。人体之所以有静电，在走路时鞋底和地板摩擦是一个很重要的原因。这种摩擦静电达到电压最高时可在10000V以上，但电流很小，还是安全的。当人体电压达到3000V以上时，就会和金属材料之间产生放电。为了防止这种现象，可以采用很多方法。首先要研究地面的装修材料，例如羊毛和尼龙地毯在空气干燥时产生的静电量大，而且容易放电。与此相反，聚丙烯或过去一直使用的乙烯树

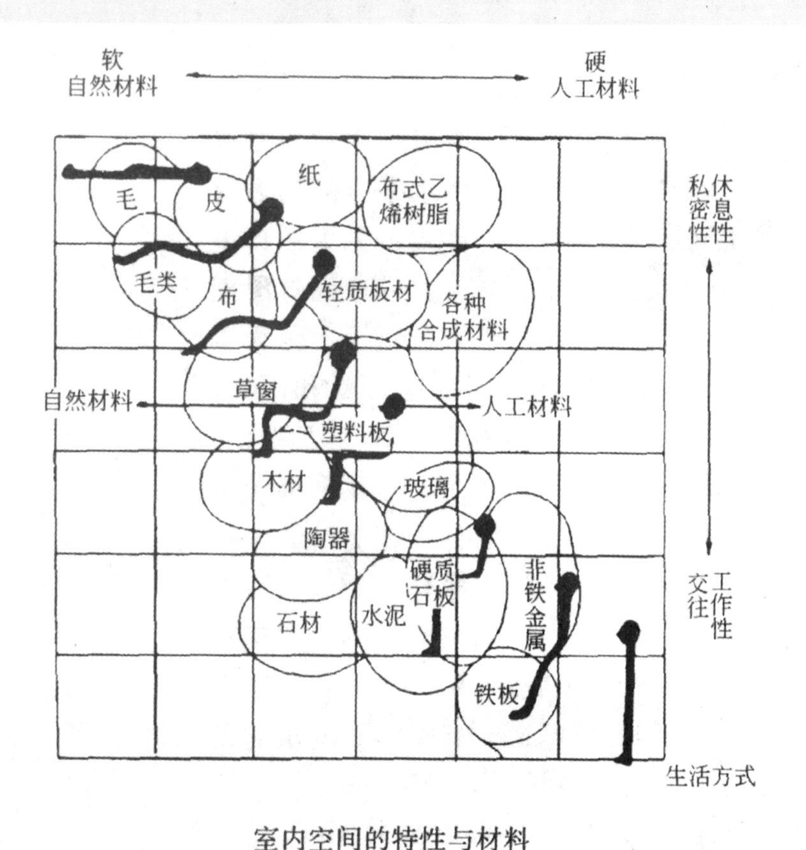

图4-167 室内空间的特性与材料关系图

脂在这个问题上大体使人放心。因此，无论哪一种地毯，在冬季使用时都应注意。室内温度为20°，湿度大于60%时，就不会发生静电打人现象。除此之外，也可将环境中与人能接触的金属材料用毛皮或绝缘材料包裹。

4.5.6 压力与痛觉

人体与其承受的接触面大小会产生不同的压力，当压力超过了疼痛的感觉就会造成伤害。影响痛觉的因素有很多，不同年龄、性别、情绪下，或是在身体不同部位痛觉阈是不同的。

1. 皮肤痛觉

痛觉的生物学意义在于它是危险信号，能动员机体进行防卫。人和动物的各种组织，如皮肤、肌肉、筋膜、神经以及各个器官，受到各种不同的强烈刺激都会产生痛觉，而痛觉又受到人的情绪、动机等因素的影响，因此有关痛觉的研究非常复杂。

皮肤受到足够强的、机械的、化学的种种刺激，就会产生痛觉。与其他感觉相比，痛觉没有专一的适宜刺激。

皮肤痛觉长期以来被认为是触觉感受器受到过度刺激所产生的，而不是一个独立的肤觉。但某些实验也证明痛觉是独立存在的。近年来，对痛觉的认识逐步发展，认为痛觉是感觉的、情绪的和动机的因素的结合。

痛觉的反应是各式各样的，有语言的（呻吟、哭喊等）、面部表情、躯体的动作以及各种生理反应。

皮肤痛觉与深部痛觉、内脏痛觉紧密联系。按痛觉的性质来分，一般分为锐痛和纯痛两种。如果外界的伤害性的刺激作用皮肤是短暂的则感到锐痛，如果是较长时间则感到纯痛。

痛觉感受性和触觉感受性不同。如指尖有很高的触觉感受性，

图4-168 与人体接触的楼梯与扶手

但却具有较低的痛觉感受性。

身体不同部位的痛觉阈也是不同的。上肢、背和下腹的阈值较低；头颈和下肢的阈值较高。女性的痛觉低于男性，并且有随着年龄的增加而增高的趋势。

影响痛觉的因素有很多，如年龄、性别、情绪、分心、暗示、判断等精神因素以及植物神经系统的功能状态、室温、测定时间等。

实验发现一个痛觉可以影响另一个痛觉。这种影响常表现为痛阈升高或痛觉强度降低，以及痛觉消失和痛觉点位移等，中医的针灸疗法就是运用这个原理。

2. 痛觉与环境界面

没有痛觉或痛觉过于迟钝的人是很危险的，因为他失去了对危险性刺激的反应信号。痛觉的特性对于医学研究有很大的指导意义，而与室内环境的关系，像皮肤的触压觉一样，皮肤的痛觉反映在与室内界面的关系。而身体内部的痛觉与环境振动、环境噪声、局部过热环境有关。

痛觉与室内界面的关系，要求在室内构配件和局部设计，凡是接触皮肤的部位如扶手、台口、墙角、设备拉手和开关等要保持光滑，远离刺伤的危险。痛觉与环境振动的关系表现在要避免振源的持久振动引起皮肤或内脏的持久纯痛，轻者可能会使人麻木，重者会损伤人的器官。痛觉与环境噪声的关系表现在主要防止高强噪声对人耳的刺痛和损伤，如果噪声源不能控制，最好做个体防护。痛觉与局部过热的关系表现在要防止蒸汽、开水、高温的金属开关及火苗等热源的烫伤。

由此可见，由于痛觉不是单一的刺激引起的，痛觉与室内环境的关系是人体多种器官与环境的关系。

课后练习

1. 举例说明，何谓明适应与暗适应?
2. 什么是眩光？它有何害处？在光环境设计避免眩光产生的方法主要有哪几种?
3、噪声对人都有哪些影响？进行噪声控制从哪几方面入手?
4、简述在室内设计中利用视错觉拓展空间的方法，并举例说明。
5、如何利用物体表面质地的视觉和触觉特性，对室内空间界面进行设计?

CHAPTER 5

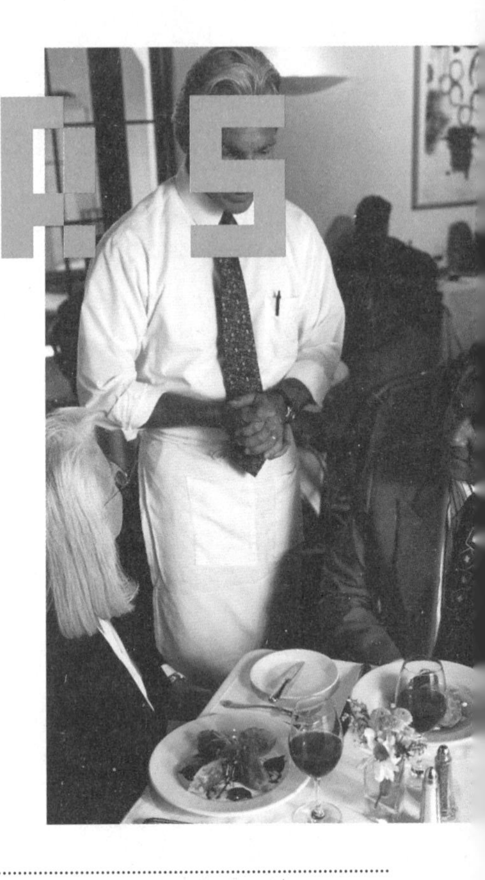

内在与外在——人的心理行为和文化生活

本章主要对人的心理行为和社会生活的基本概念进行了介绍，通过对人的心理、行为与环境、心理与空间环境、行为与空间环境、无障碍设计等方面的学习，帮助读者充分认识人的心理行为和文化生活。

课题概述

本章主要介绍了人的心理行为和社会生活的基本概念。通过对相关内容的详细讲述，对人的心理行为和社会生活进行了由浅入深的介绍。

教学目标

学习并掌握人的心理行为和社会生活的基本概念，为更好的学习人体工程学奠定了基础。

章节重点

了解人的心理、行为与环境的关系，熟知心理与空间环境、行为与空间环境、无障碍设计。

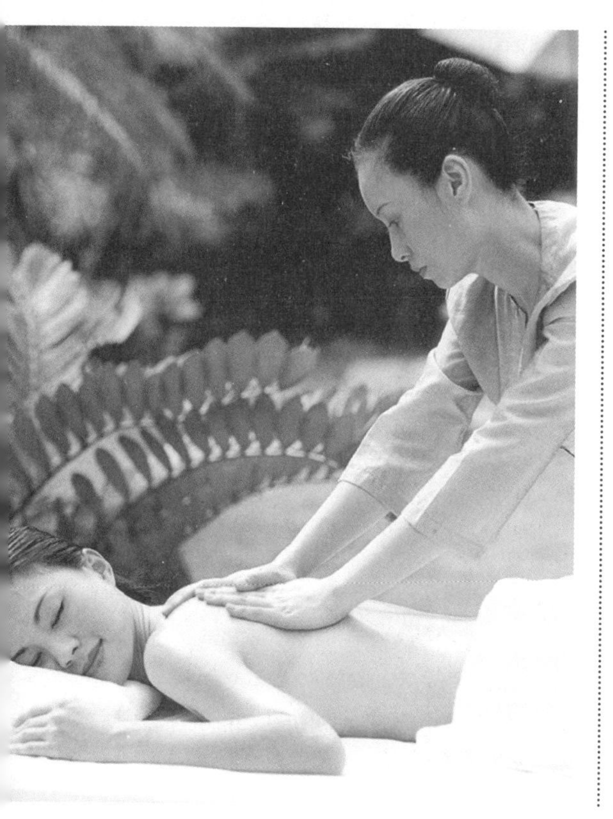

ESPACE
CABARET
MAISON DE
LA VILLETTE
ESPACE
CHAPITEAUX

从哲学上讲，人的心理是客观世界在头脑中主观能动的反映，即人的心理活动的内容来源于客观现实和周围的环境。每一个人所想所为均有两个方面，即心理和行为。两者在范围上有区别、又有不可分割的联系。心理和行为都是用来描述人的内外活动的，习惯上把“心理”的概念主要用来描述人的内部活动（但心理活动要涉及外部活动），而将“行为”概念主要用来描述人的外部活动（但人的任何行为都是发自内部的心理活动），所以人的行为是心理活动的外在表现，是活动状态的空间推移。

人体工程学中所有相关的科学、技术和艺术的因素都围绕着“人”这一环境主体。“人”是有血有肉，具有丰富感情，也是有家庭、职业、社会角色和地位，有人际关系的社会属性的“人”，两种属性的交叉构成了每个人的人生，也构成了丰富多彩的社会生活，这是人类文化最重要的内容。环境心理学和环境行为学的出现，为开启人类文化、社会生活之多样性和复杂性的研究提供了科学的依据。环境心理学和环境行为学是人体工程学的重要组成内容，是人体工程学从基础的技术科学走向社会科学的阶梯。随着人类社会的发展和进步，技术在当今所产生的“双刃剑”效应越来越明显，人-机-环境的和谐应该促使人与人关系的进一步和谐。更近一步说，就是物质文明召唤精神文明，否则，社会发展就会背离良性循环的轨迹。人体工程学只有摆脱技术科学在学科发展中的局限性和狭隘性，才能找到未来的前进方向，才能肩负起更重要的使命和责任。

5.1 人的心理、行为与环境的关系

人与环境的交互作用主要表现为由环境刺激引起的人体效应。环境的刺激会引起人的生理和心理效应，而这种人体效应用以外在行为表现出来，我们称这种行为表现为环境行为。

人与环境总是相互依存、相互影响。当人处于室内外环境之中时，环境所提供的氛围不仅作用于人的外在，更重要的是它也影响着人的心理，进而影响着人的行为。相反，当环境不能满足人的行为或心理需求时，就要对其进行调整。可见，人的心理与行为对室内外空间环境具有决定意义。在进行室内外环境设计时，必须以人为核心，了解人心理与行为的规律，创造出满足人们行为和心理需求的生活环境。

5.1.1 行为多样性与环境多样性

我们将人和环境交互作用所引起的心理活动，其外在的表现和空间状态的推移称为环境行为。环境不同的刺激作用、人类自身不同的需求、社会不同因素的影响，所表现出的环境行为是各不相同多种多样的，它包括教育行为、管理行为、商业行为、人际行为、娱乐行为、防卫行为、宗教行为、劳动行为、餐饮行为、体育行为、观展行为、恋爱行为、犯罪行为等等。在此我们着重介绍建筑环境行为。

原始人为躲避风、雨、雪等的自然侵害而寻找栖身的巢穴，这就是最原始的居住行为。进入文明社会，对居住场所开始有了明确的划分，为了满足餐饮要求，表现出炊事行为，设置了厨房和餐厅；为满足人际交往需要，则表现出接待行为，设置了起居室；为满足休息的要求，表现出小憩和睡眠行为，设置了休息室和卧室；为满足卫生要求，表现出盥洗行为，设置了卫生间和盥洗室，这就构成了文明社会里人类居住行为所要求的居住环境。

同样，在人类社会的初期，人们为了得到各自需要的物品，出现了物物交换的行为，于是在双方便利的地方发生了交易。这个地方就是最原始的商业区域。易物的人多了，除了交易点，还共同确定了交易时间，这便形成了集市。物品多了就要储存，于是就盖了房子，这就是早期的商店。很多商店聚集在一起，形成了商业街。许多商业街就构成了商业区。这就是最简单的商业行为所产生的商业环境。

人们为了自身的安全，不仅要避免自然环境的侵害，还要防止受到社会环境中认为的伤害，就表现出防卫行为，于是就在个人空间和领域内设置了防卫设施，如围墙、院落、城堡等。

人类对自然现象、社会现象的不甚了解，或对某些事物或个

人的崇拜，便产生了信仰，并将某种信仰人格化，塑造了偶像，表现出宗教行为，于是就建立了寺庙、教堂。

由于社会的影响或自我需要的加强，已建成的环境不能满足人们的需求，于是表现出对建成环境的改造行为，对原有环境的改造和装饰活动。

丹麦建筑师杨·盖尔（Jan Gehl）在他1971年发表的《交往与空间（Life Between Buildings）》一书中，将公共空间中的户外活动划分为三种类型，并指出每一种活动类型对物质环境的要求也大不相同。

1. 必要性活动：包括了日常生活中所必需的活动，如上学、上班、购物、等人、候车、出差、递送邮件等。它们的发生很少受到环境构成的影响，一年四季在各种条件下都可能进行，所以与外部环境关系不大，参与者没有选择的余地。

2. 自发性活动：这种活动是指只有在人们有参与意愿的前提下，并且在时间、地点允许的情况下才能发生。如散步、呼吸新鲜空气、驻足观望有趣的事情及坐下来晒太阳等。这些活动只有在户外条件适宜，场所具有吸引力时才会发生，所以特别有赖于外部环境的条件。

3. 社会性活动：是在公共空间中有赖于他人参与的各种活动，包括儿童游戏、互相打招呼、交谈以及五花八门的社会活动。这些活动发生在各种各样的场合，如住所、公共建筑、工作场所等等。因而，只要改善公共空间中必要性活动和自发性活动的条件，就会促成社会性活动。

以上三种活动是以一种交织融会的模式发生的，它们的共同作用是使环境变得更富有生气和魅力。

5.1.2 心理、行为在环境中的表现

环境与人类相互影响，它既为人类提供生活、工作和学习的场所，又影响着现代人的生活质量。环境中，人的心理、行为呈现一定的共性和差异性表现。

1. 共性表现

尽管人在空间环境中的心理、行为有着个体差异，但从总体上分析仍然具有共性的表现，具有以相同或类似的方式做出反应的特点。

（1）心理表现

在环境中，人体尺寸及行为决定了人生活的基本空间范围，而人对空间的满意度及适应方式不仅仅以生理尺度去衡量，还取决于人的心理尺度。空间对人的心理影响很大，其表现形式也有很多种，主要有不被外界干扰或妨碍的“领域性”、自我保护意识的“安全性”、被人尊重的“私密性”，以及人在封闭空间中的“幽闭恐惧感”和登临高处与世隔绝的“孤独感”，即“恐高症”等。

（2）行为表现

人的行为是通过状态的推移为表现的，这和周围的环境有关。在生活中主要存在常态和非常态两种行为状态，并表现为不同的行为特点。

① 正常状态

指在日常的情况下，人们生活的各种因素相互平衡，其发展趋势一般在人们的预见之内，各种条件有利于满足人们的心理、生理和社会需求的情况。根据人在空间中的行为特性与习性，常表现为捷径效应、左通行与左转弯、识途性、人际交流等特点。

② 非常状态

指当各因素之间的相互平衡被打破，某一问题突出地显现出它的地位并进一步恶化，甚至伴有生命危险或集团化的倾向时，就进入一种非常状态。常常表现为突发性、盲目性、非理智性。如不自觉地表现出恐慌或惊慌、躲避的本能，趋光、追随的本能等行为特点。

2. 差异性表现

人在室内环境的心理和行为特征由于受到诸多因素影响，如社会制度、民族文化、人的年龄等，呈现出个体间差异性。

（1）社会文化差异

不同的社会文化背景下产生不同的环境心理和行为，从而导致对环境的要求不同。它主要表现在个体文化背景的差异和社会文化背景的变化两个方面。一方面，个体间因职业、爱好等文化背景的差异导致心理和行为的差异性。如东西方由于文化差异，就存在着合作交流与独立个性的价值观矛盾；另一方面，随着时代的变迁，由于居住环境社会背景的改变，产生了人的心理与行为模式的改变，从而对室内环境提出了新的要求。例如，在上个

世纪七八十年代建造的住宅中，厨房和餐厅是相对独立的，而如今较多的住宅中都是厨房和餐厅融为一体，这样既可以给做饭的人提供一种轻松、愉快的工作环境，也可以更合理地满足做饭的行为要求。

（2）年龄、性别差异

不同年龄、性别的人交往的心理与行为表现不同。如一个人从刚出生的婴儿，到儿童、少年、青年、中年，随着年龄的增长，个人空间也在增大，而且呈现出一种趋于稳定的心理与行为倾向。而到了老年，人际交流减少，个人空间又呈缩小状。这也体现了不同年龄阶段人群对空间私密性的要求不同，只有当设计的空间形态与尺寸符合人的心理与行为模式时，才能保证空间合理有效地利用。

5.2 心理与空间环境

心理学在空间环境设计中的应用越来越受到人们的重视。人类生存环境中存在着各种压力、不快和烦闷等密集而压抑的人为因素，当人们被这些不稳定的因素所困扰时，就产生了对原始、自然事物的向往，希望面对无伪装的自然环境，以得到心灵上的一种洗礼和释放，在与环境沟通中寻求自我精神世界，找到“情感的归宿”。同时，环境设计离不开人的思维活动，设计师们往往是通过研究人类的行为心理，将其充分运用于空间环境设计的实践中，因此，空间环境设计与心理学关系密切。

不同的空间形状会产生不同的心理感受（见表5-1）。如椭圆形会议桌常用于有集体会议和个人负责相结合时的情况；正六边形会议桌则主要适用于3边或6边关系的谈判，以3边为最好，有一种促进向心的作用；中国人聚餐常采用圆桌加转盘，它可以营造一家人其乐融融、不分彼此的气氛。

环境影响人们的心理和性格，反过来，人们又按照自己的心理和性格布置环境。如图5-1所示两种不同的办公桌的摆放形式与办公室的主人的性格特点确有一定的联系。采用A形式的一般是封闭型的，这类教授比较重视传统与常规的观念，守规则但比较刻板。B类布置形式是开放型的，表明使用者的性格开朗，喜欢与人交往，不拘泥于现成的规章；他把背部，即人身防卫的薄弱部分暴露给外人而不加防范，说明他怀着无条件接受他人来访的心情和容量。

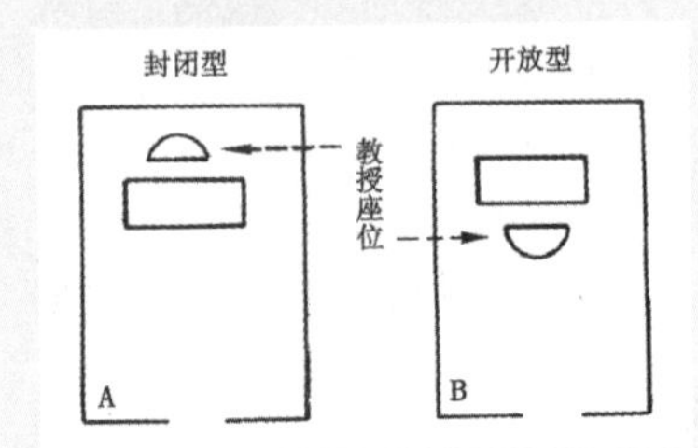

图5-1 办公桌摆放形式与教授性格的关系

表5-1 空间围合形状心理感受分析

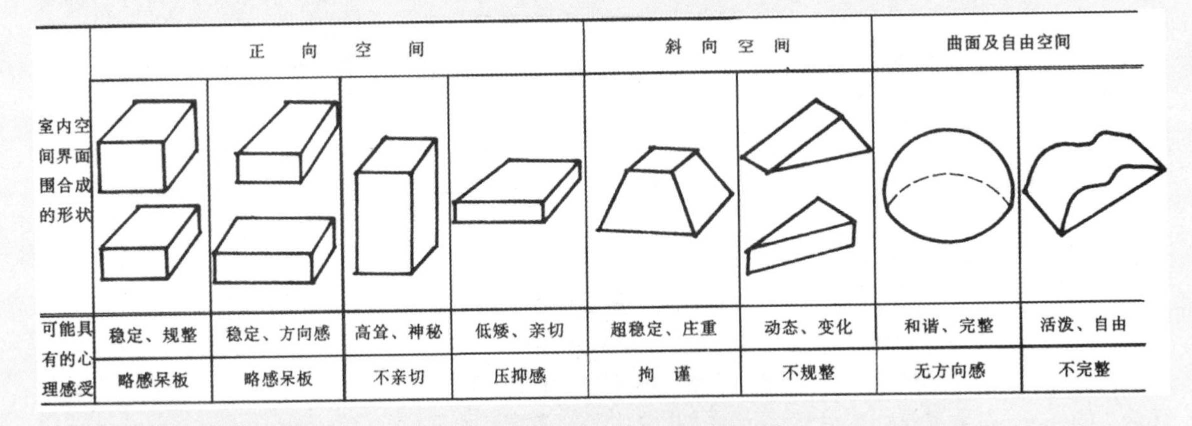

	正向空间				斜向空间		曲面及自由空间	
室内空间界面围合成的形状								
可能具有的心理感受	稳定、规整	稳定、方向感	高耸、神秘	低矮、亲切	超稳定、庄重	动态、变化	和谐、完整	活泼、自由
	略感呆板	略感呆板	不亲切	压抑感	拘谨	不规整	无方向感	不完整

设计出良好的、舒适的工作环境，能使人们心情舒适，克服疲劳，减少工作错误，加强工作的实效性和预见性。如图5-4所示法国巴黎雪铁龙公园绿化，在这个下沉的空间中，植物被安排成阶梯状，既减弱了下沉空间带来的压抑感，还增加了植物的品种和数量。另外，植物的形态、色彩使空间层次变得丰富起来。

图5-3 住宅小区的绿化营造的舒适环境

图5-4 法国巴黎雪铁龙公园绿化

图5-2 西安市阎良区工商银行办公大院景观，长安大学建筑学院2012届戴巍设计作品

5.2.1 环境心理学

心理学是研究人的心理现象及其活动规律的科学。心理是人的感觉、知觉、注意、记忆、思维、情感、意志、性格、意识倾向等心理现象的总称。

人的心理活动随着客观环境的时间和空间的变化而不断变化，由于人的年龄、性别、职业、道德伦理、文化修养、气质、爱好的不同，其心理活动也千差万别，所以心理活动具有非常复杂的特点。心理学的研究在不断地深化，心理学的应用也在不断地扩大。运用自然科学的研究方法研究人的心理活动就形成“实验心理学”，这是各门应用心理学的基础。如研究商业活动，形成“商业心理学”；研究教育，形成“教育心理学”；研究管理，形成“管理心理学”；研究刑侦，形成“犯罪心理学”；研究任何环境的相互作用，形成“环境心理学”，其中“建筑环境心理学”就是它的分支，这些都统称为“应用心理学”。

环境心理学(Environment Psychology)是研究环境与人的行为之间交互关系的一门学科。它是心理学的一个分支学科，着重以心理学的概念、理论和方法来研究人与室内、人与建筑、人与城市环境之间的交互作用关系。

环境心理学作为一门新兴的、发展中的学科，在二十世纪六十年代末形成，并在二十世纪七十年代达到高潮。

5.2.2 认知

认知指人获得知识的过程，其形式包括感知、注意、表象、记忆、思维等，思维是核心。认知是主客体相互作用的产物，是人类学习和适应环境的过程。

1. 注意和记忆

（1）注意的特点和作用

人的各种心理活动均有一定的指向性和集中性，心理学称之为“注意”。当一个人对某一事物发生注意时，他的大脑两个半球内的有关部分就会形成最优越的兴奋中心，这种兴奋中心会对周围的其他部分发生负诱导的作用，从而对于这种事物就会具有高度的意识性。

注意分无意注意和有意注意。无意注意是指没有预定的目的，也不需要再做意志努力的主意，它是由于周围环境的变化而引起的。影响注意的因素有两个方面：一是人的自身努力和生理因素，二是客观环境。注意力是有限的，被注意的事物也有一定的范围，这就是注意的广度。它是人在同一时间内清楚地注意到对象的数量。

(1)排列的不规则性

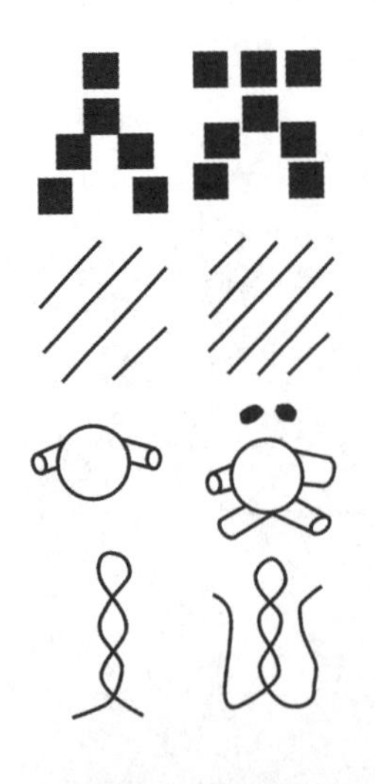
(2)材料的数量

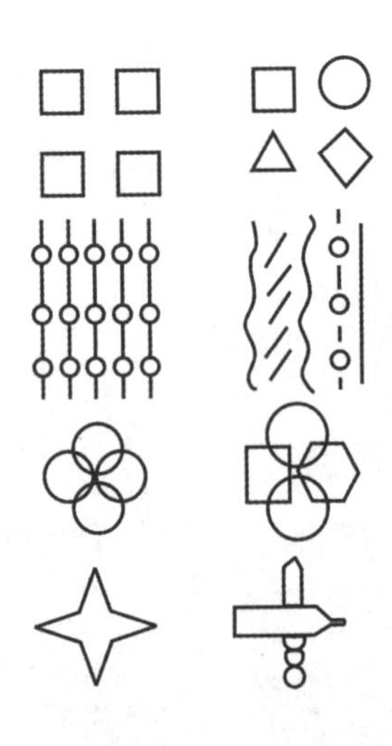
(3)成分的异质性

图5-5 注意对象的特点影响注意广度

心理学家通过研究证实，人在瞬间的注意广度一般为7个单位。如果是数字或没有联系的外文字母的话，可以注意到6个；如果是黑色圈点，可以注意到8~9个，这是注意的极限（见图5-6）。

在多数情况下，如果受注意的事物个性鲜明、与周围事物反差较大，如本身面积或体积较大，形状较鲜明、色彩明亮艳丽，则容易吸引人们的注意，因此在建筑环境设计时，特别是商业建筑，为引起人们的注意，应加强环境的刺激量，常用的方法有以下三种。

一是加强环境的刺激强度，如运用利用强光、巨响、奇香、艳色等方式。这里的刺激作用不在于绝对强度，而在于相对强度。

二是加强环境刺激的变化性，如采用闪动的灯光、节奏变化大的音乐、阵阵的清香、跳越的色彩等方式。例如现代迪斯科舞厅出入口灯光设计和商业建筑闪动的霓虹灯广告都是加强刺激强度的方式（见图5-7）。

三是采用新异突出的形象刺激，如运用少见的或奇异的建筑形态，名牌或名人效应、强烈的广告等方式。例如著名的悉尼歌剧院、上海东方明珠建筑造型等，都容易引起人们的注意（见图5-8至图5-9）。在商业建筑内装修设计中，也经常利用这些特点吸引顾客购物。

另外，注意中的有意识注意是指有预定目的，必要时还需作出一定意志努力的注意。这种注意主要取决于自身的努力和需要，也受客观事物刺激效应的影响，如有意要购买某一物品，则会注意选择哪一家商店最合适，而有关商店就要将商品陈列在顾客容易注意的地方，这就是室内设计中的橱窗设计。

9	4	7	17
11	8	13	22
19	1	25	3

图5-6 测试你对数字的瞬间注意广度

图5-7 舞厅入口处的灯光效果

图5-8 悉尼歌剧院建筑造型

图5-9 上海东方明珠建筑造型

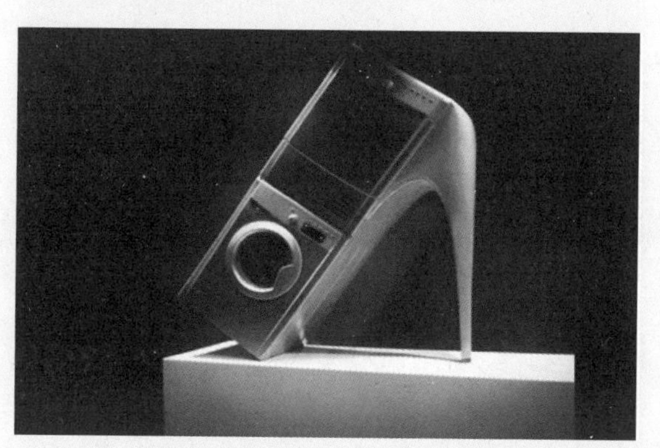

图5-10 伦敦某高跟鞋博物馆的橱窗装置

（2）记忆的特点和作用

记忆是过去的经验在人头脑中的反映，是人脑对外界刺激的信息储存。

按照信息保持的时间长短，可把人的记忆分为瞬间记忆、短时记忆和长时记忆三种类型。瞬时记忆是指人受到外界刺激后在0.25~2s的时间里的记忆；短时记忆是指在1min以内的记忆，长时记忆是指1min以上，甚至终身的记忆。

按照记忆的内容，记忆还可分为动作记忆、情绪记忆、形象记忆和词语记忆四种。这其中与建筑环境关系密切的是形象记忆。

整个记忆的过程是从识记开始的。记忆是大脑获得知识经验并巩固知识经验的过程。在识记之后，大脑就开始对记忆材料进行保存，并在必要时进行回忆和再认，这就是记忆的全过程。当然在这个过程中还伴随着遗忘的发生。

识记可分为无意识记和有意识记。最初级的记忆形式就是无意识记忆，也就是没有预先确定目的无意形成的记忆。人们对偶然感知过的事物，当是并没有意图去记住它，但后来却有不少被记住并能回忆起来，这就是无意识记。

无意识记表明了凡是发生过的心理活动都能在头脑中保留印迹，但这种印迹有浅有深，浅的时过境迁不再存在，深刻的会经久难忘。因此，无意识记有很大的局限性。

有意识记是由有目的或有动机，采取一定的措施或按一定的方法步骤，经过意志努力去进行的识记。有意识记是一种特殊而复杂、有思维参与的活动，是有意地反复感知或印迹的保持过程，是比较持久的记忆。因此，有意识记比无意识记的效果要好得多。人为了得到系统的知识和技能，都必须进行有意识记忆。

经过识记存储在大脑中的信息一旦被提取，这就是回忆和再认。回忆是过去经历过的事物没有发生被大脑提取的有关信息；再认则是经历过的事物再次出现在眼前时能够识别它们。因此再认较简单一些，但进行再认时有可能发生判断错误。

在识记外界事物之后把它们储存起来，这就是保持过程。在保持过程中，记忆的信息会发生一定的变化，这就是遗忘。

记忆过程中有许多规律，如果能合理利用就能加强记忆。加强记忆的方法有：一是记忆过程要有明确的目标；二是对记忆的信息进行理解；三是注意记忆信息的特征；四是多种感官的并用；五是采用多种形式复习记忆信息。许多好的建筑创作和室内设计，其素材都源于生活。因此，作为设计师，要时刻加深对周围环境的记忆，举一反三，利用记忆的特性，创作出好的作品，给人们头脑中留下“终身难忘”的印象（见图5-11至图5-13）。

图5-12 苏州博物馆入口造型

图5-11 贝聿铭设计的苏州博物馆全景

图5-13 苏州博物馆局部

2. 思维和想象

（1）思维过程

思维是人脑对客观现实概括的反映，它是认识过程的高级阶段。人们通过思维才能获得知识和经验，才能适应和改造环境。因此，思维是心灵的中枢。

思维的基本过程是分析、综合、比较、抽象和概括。

① 分析就是在头脑中把事物整体分解为各个部分进行思考的过程。如室内设计包含的内容很多，但在思维过程中可将各种因素如室内空间、室内环境中的色彩、光影等分解为单个部分来考虑其特点。

② 综合就是在头脑中把事物的各个部分联系起来进行思考的过程。如室内设计的各种因素，既有本身的特性和设计要求，又受到其他因素的影响，所以设计时必须综合考虑。

③ 比较就是在头脑中把事物加以对比，确定它们相同点和不同点的过程。如室内的光和色彩就有很多共同的特点和不同的地方，需要加以比较。

④ 抽象就是在头脑中把事物的本质特征和非本质特征区别开来的过程。如室内的墙面是米色的，顶棚是白色的，地面是棕色的，通过抽象思考，从中抽出它们的本质特征，而不同的颜色则是它们的非本质特征。

概括，就是把事物和现象中共同的和不同的东西分出来，并以此为基础在头脑中把它们联系起来的过程。如前面讲的墙面、地面、顶棚，其作用各不相同，但它们都是室内空间的界面，这就是概括。

（2）思维形式

思维形式主要包括概念、判断、推理三种。

① 概念是人脑对事物的一般特征和本质特征的反映。如前面讲的墙面、地面、顶棚是室内空间的界面，但界面不等于就是墙面、地面和顶棚，因为家具、设备的表面与空间的关系也可以视作界面。

② 判断是对事物之间关系的反映。如我们谈到住宅，就会判断它与其他建筑不同，它是供人居住的；谈到厨房，就会判断它与其它房间不同，他是从事炊事活动的地方。

③ 推理是从一个或几个已知内容判断中推出新的判断。比如上楼梯，第一、第二、第三步的踏步都一样高，则会推理出第四、第五步也是一样高。

（3）思维的品质

思维的品质是指人们在思维过程中所表现出来的各自不同的特点，如敏捷性、灵活性、深刻性、独创性和批判性等。

① 思维的敏捷性是指思维活动的敏锐程度。如有的人建筑创作思路敏捷，有的人则较慢。敏捷性是可以培养的，多思考、多观察则会提高思维的敏捷性。

② 思维的灵活性是指思维的灵活程度。有的人掌握一种创作方法会举一反三；有的人看到周围环境对创作有用的东西，会很快在设计中加以运用，这是思维灵活性的表现。

③ 思维的深刻性是指思维活动的深度。有的人能抓住建筑创作的本质，根据基本原理进行创作活动，表明他的思维活动具有一定的深刻性。

④ 思维的独创性是指思维活动的创造精神，亦即精神创造性思维。有的人对设计有独到的见解，有自己的一套创作方法，就是思维独创性的表现。

⑤ 思维的批判性是指思维活动中分析和批判的深度。如有的人善于发现自己作品中的不足之处而加以改进；有的人则满足于一时的成果，这就是思维的批判性。

（4）想象

认识事物的过程，除了感知觉、注意、记忆和思维外，还包括想象。

想象可分为无意想象和有意想象两种。无意想象是指没有目，也不需要做出努力的想象；有意想象包括再造想象、创造想象和幻想。再造想象就是根据一定的文字或图形等描述所进行的想象；创造想象是在头脑中构造出前所未有的想象；幻想是对未来的一种想象，它包括人们根据自己的愿望，对自己或其它事物远景的想象（见图5-14至图5-15）。

图5-14 想象与创造力影响未来的世界

图5-15 未来城市的想象

设计需要想象，每一个作品的创造活动都是创造想象的结果。科学研究和科学创作大体上可分为三个阶段：第一个阶段是准备阶段，其中包括问题的提出、假设和研究方法的制定；第二是研究、创作活动的进行阶段，其中包括实验、假设条件的检查和修正；第三是对创作研究成果的分析、综合、概括以及问题的解决，并用各种形式来验证、比较其成果的质量和结论阶段。缺乏创作想象力的设计师或没有创造性的指导思想就不可能创造出优秀的作品，或者最多属于再造想象，再现和模仿他人的设计，跳不出现实已有的设计模式、缺乏个性和创造，其结果必然是大同小异或千篇一律。

5.2.3 心理空间

人体尺寸和行为决定了人生活的基本空间范围，而人对空间环境的满意程度及适应方式不仅仅以生理尺度去衡量，还取决于人的心理尺度，即心理空间。空间环境对人的心理影响很大，其表现形式也有很多种，主要有领域性、安全性、私密性。

1. 领域性

领域性（Territoriality）是从动物的行为研究中借用过来的，它是指动物的个体或群体常常生活在自然界的固定位置或区域，各自保持自己一定的生活领域，以减少对生活环境的相互竞争，这是动物在生存进化中演化出来的行为特征。人也具有领域性，这来自于人的动物本能，但与动物不同，因为领域性对人已不再具有生存竞争的意义，而更多的是心理上的影响。例如，在拥挤的公共汽车上，当人们感到个人领域空间受到严重的侵犯时，往往通过向窗外看以避免目光的接触来维持心理上的个人空间，再如，在公共汽车站按次序排队等候的两个人，如果关系密切的话，之间的距离就会很近，相反则较远。这种距离表明了人与人之间的关系和使用空间的心理模式相互影响。

将领域性行为运用于对人本身分析和研究的是20世纪70年代以后的事。阿尔托曼将领域性定义为：个人或群体为满足某种需要，拥有或占用一个场所或一个区域，并对其加以人格化和防卫的行为模式。NEWMAN将与人类有关的领域性定义为：使人对实际环境中的某一部分产生具有领土感觉的作用。

与“个人空间”所不同的是，领域性并不表现为随人的活动可移动的特点，它倾向于表现一块个人可以提出某种要求承认的“不动产”，而“闯入者”将遭到不快的领域。

人与动物的领域性有着根本的区别。动物的领域性是一种生理上的需要，包含着生物性的一面，人的领域性在很大程度上受到社会、文化的影响，因而它不仅包含着生物性的一面，也包含着社会性的一面。

（1）领域的类型

① 主要领域

由个人或群体所拥有或占用的空间领域，可限制别人进入，如家、房间以及私人空间等。

② 次要领域

与主要领域相比，不是专门占有，这类空间领域谁都可以进入，然而还是有个人或群体是这里的常客，所以这类领域具有半私密、办公共的性质，如俱乐部、酒吧、茶馆等。

③ 公共领域

个人或群体对这类空间领域没有任何的拥有欲或占有欲，如果说有占有欲，那也只是暂时性的，当使用完成且离开后，这种暂时占用也就随时消失，如公用电话亭、公共交通、公园、图书馆等。

（2）领域性的作用

① 安全

动物或者人为了满足安全的需要而占有领域，在领域中感到有安全感是显而易见的。从主要领域、次要领域到公共领域，安全感逐渐减弱，反之不安全感逐渐增强。

② 相互刺激

刺激是机体生存的基本要素，从领域来看，在领域核心地带有安全感，领域边界则是提供刺激的场所。动物之间常常为领域界限而发生竞争，事实上这种现象在人类之间同样存在，只是表现出来的形式不同罢了。

③ 自我认同

领域与领域之间为了维持各自所具有的特色，使彼此之间易于识别、易于区别。动物或人都有这种强烈的愿望和感情，一旦控制了某领域后，便使这种特色具体化。

④ 控制范围

控制领域主要有两种方法，一是领域人格化；二是对领域的防卫。对于一个领域的控制范围来说，边界常常是引起刺激、竞争、矛盾的地方，因此，边界对于空间范围来说具有不可忽视的地位。

在环境设计中，领域空间的创造可以通过两种方法：其一，对于有明确的边界和服务对象的空间，领域感来自空间周围边界的完整性，如围墙、绿化、道路、河流等形成的实体性边界，以及通过空间升高、下沉、灯光分隔、居民活动等来形成无形的心理边界，其二，通过设置所有权标志赋予室外空间明确的定义，如用树木、围墙、建筑立面等将环境分割成一系列让人一目了然的小区域（见图5-16至图5-17）。

（3）个人空间

美国人类学家霍尔在《隐藏的尺度（Hidden Dimension）》一书中说："每个人都为一个看不见的个人空间气泡所包围，当我们的'气泡'与他人的相遇重叠时，就会尽量避免由于这种重叠所产生的不适，'气泡'就是随人而动的个人空间，如同人理所当然的领地，当其受到侵犯时，人就会做出各种无言的反应。"美国心理学家索摩（Robert Sommer）在《个人空间》一书中也说："它不是人们的共享空间，而是个人在心理上所需要的最小空间范围，因此，也称之为'身体缓冲区'"。

可见，每个人都有自己的个人空间，这是直接在每个人周围的空间，通常是具有看不见的边界，在边界以内不允许"闯入者"进来。在一般情况下，个人身体前面所需要的空间范围要大于后面，侧面的空间范围则相对较小，其大致在半径600~900mm的圆柱形空间尺度上（见图5-18至图5-19）。个人空间可以随着人移动，它还具有灵活的收缩性，人与人之间的密切程度就反映在个人空间的交叉和排斥上。

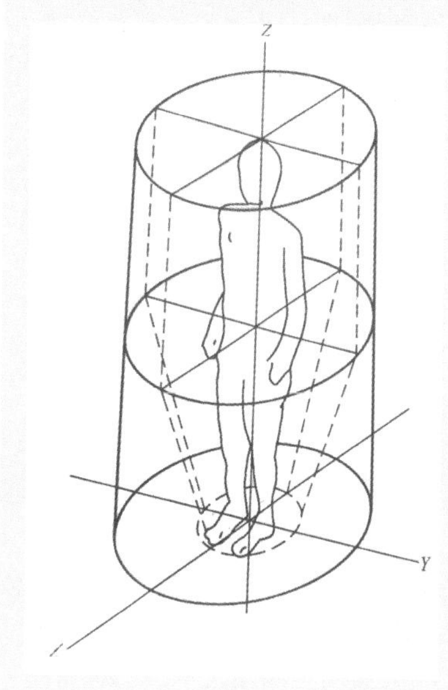

图5-18 个人空间的范围图示

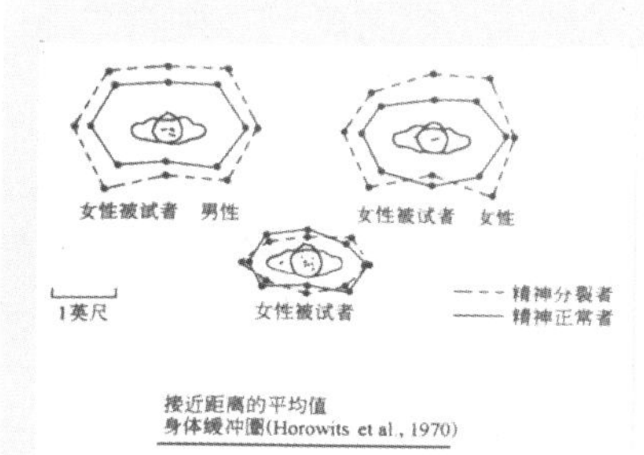

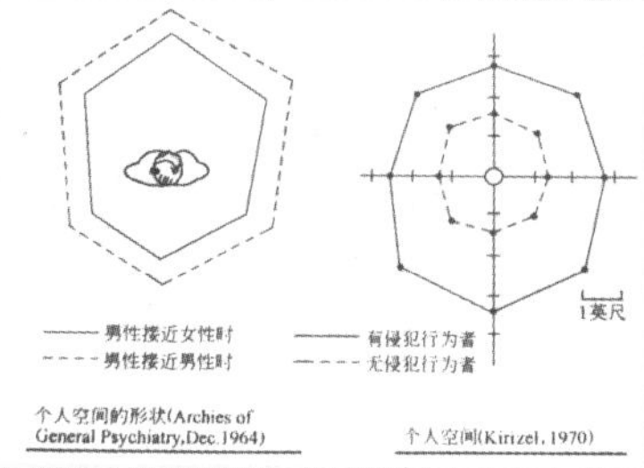

图5-19 个人空间的度量

图5-16 由道路、河流等划分的实体性边界

图5-17 由树木、建筑立面等分割的小区域

那么，影响个人空间的因素就有以下几种。

① 文化与种族：霍尔曾经说，当阿拉伯人与北美人相遇时，就会因文化习性的不同造成一些麻烦。阿拉伯人在交往时，因感到距离远而不断地向前靠近，北美人则因感到距离近而不断地向后退。这就是由于阿拉伯人的个人空间要比美国人的小，讲话声音也大，同时还会触摸对方的身体造成的。由于文化和种族因素的影响，一般认为，北美和西欧、北欧人的际距离为同一标准；德国和荷兰的人际距离较大；希腊、意大利南部、巴勒斯坦的人际距离较小。

② 年龄与性别：一般认为，儿童的个人空间较小，随着年龄的增长而不断加大，大约从青春期开始，显示出和成年人相类似的个人空间标准，但到了老年，个人空间又有缩小的倾向。而男性与女性比，在人际距离的交往上，男性的个人空间略大于女性。

③ 归属关系、社会地位、个性、个人状况：归属关系如家庭、亲朋好友等之间的关系会影响个人空间，这从亲近者与陌生者之间的空间距离就可以清楚地看到；社会地位的差别也会影响到个人空间，社会地位显著者要比一般老百姓所占个人空间大。

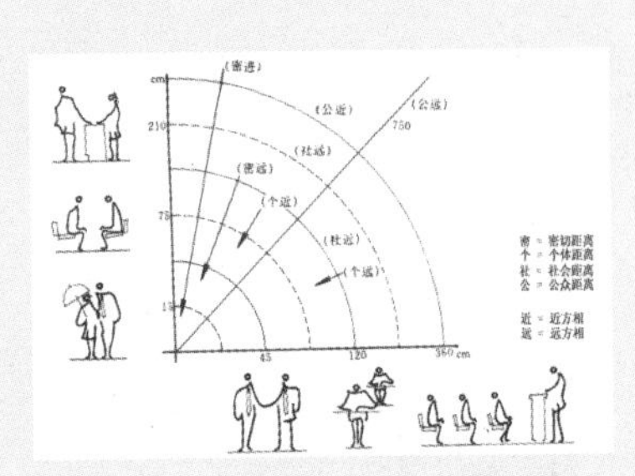

图5-20 人际距离图示一

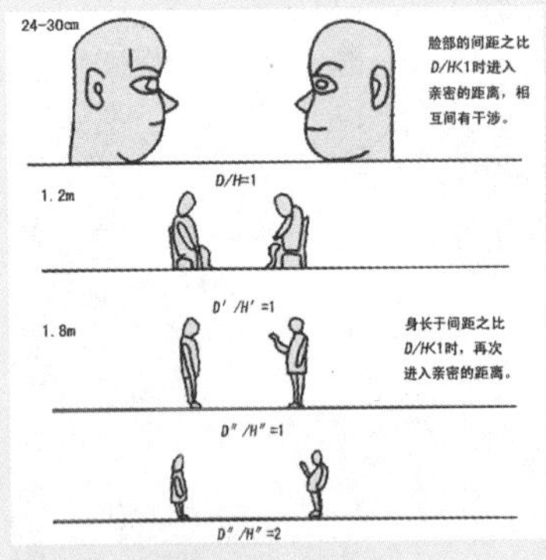

图5-21 人际距离图示二

（4）人际距离

人际距离是指人们在相互交往过程中，人与人之间所保持的空间距离。

人类学家爱德华·T.霍尔（Edward.T.Hall）在《隐藏的尺度》一书中，介绍了人的外感官与人际交往的空间距离。他将眼、耳、鼻称为距离型感受器官，将皮肤和肌肉称为直接型感受器官。不同感官所反映的空间距离是不同的。

① 嗅觉距离

嗅觉只能在非常有限的范围内感受到不同的气味。如人只有在小于1米的距离以内才能从别人头发、皮肤和衣服上闻到散发出的微弱的气味，而香水或者别的较浓的气味可以在2～3m的远处感觉到，低于这一距离，人们就只能嗅出很浓烈的气味。当一个人闻到它感兴趣的芬芳时，不仅会引起警觉，有时还会接近；如果他闻到一股异味，如狐臭，他将拉大与他人的距离，甚至避开。这就告诉设计师，在公共场所的环境设计中，交往空间的家居布置要留有适当的距离，以免出现不愉快的情景。

② 听觉距离

听觉具有较大的知觉范围。在7m以内，耳朵是非常灵敏的，人们在这一距离内交谈没有任何困难。当人们大约在30m的距离时，可以听清楚演讲，但不能进行实际的交谈。当人们超过35m距离则只能听见人的大声叫喊，但很难听清楚在喊些什么。

这些听觉特性告诉我们，在大型的接待厅（或报告厅、会议室）中，如果建筑深度超过30m，要进行交流就得布置扬声系统，而其交流方式也只能是一问一答。

③ 视觉距离

视觉具有相当大的知觉范围。在0.5~1km的距离之内，人们根据背景、光照、特别是人群移动等因素，便可以看见和分辨人群。在大约100m远处，能见到人影或具体的个人。在70~100m远处，可以确定一个人的性别、大概年龄或在干什么。

这就提醒建筑设计师和室内设计师，70~100m远这一距离会影响足球场内观众席得布置，最远的座席到球场中心不宜超过70m。而在大约30m远处，可以看清每一个人，包括其面部特征、发型和年龄，当距离缩小到20m，则可看请别人的表情。这就告诉我们，剧场的舞台到最远的观众席不宜超过30m。如果距离在1~3m，就可以进行一般的交谈，这是洽谈室中常采用的座椅布置的距离。随着人际空间距离的缩小，人际间的情感交流也在增强（见图5-20至图5-21）。

霍尔还提出了被认为是美国社会中白人中产阶级习性标准的四种空间距离，通常也称为“人际距离”。

④ 亲密距离

0～45cm的人际距离。主要指关系及其亲密所能呈现出来的距离状况，如家人之间、男女谈情说爱之间的距离。这种距离双方的身体最为接近，视线模糊，说话的声音响度也最低，能感受到对方的体温和体味。在家庭居室和私密性很强的房间里会出现这样的人际距离。

⑤ 个人距离

45～122cm的人际距离。这种距离可分为两档，较近为45～76cm，是能观察到对方面部细节和细微表情的距离；较远为76～122cm，此距离与个人空间距离基本一致，说话的声音响度也较为适度。个人距离一般是与好友交谈和握手的距离，家庭餐桌上的人际距离也是这种尺度。

⑥ 社会距离

122～366cm的人际距离。同样可分为两档：较近为122～214cm，此距离双方不会干扰对方的个人空间，能够看到对方身体的大部分，这一般是人们进行工作、社交市的距离；较远为214～366cm，被认为是正规社交场所采用的距离，双方的身体都能被看到，但面部细节被忽略，说话的声音响度稍大，但感觉到声音太响时会自动调节双方的距离。在旅馆大堂休息处、小型洽谈室、会客室、起居室等处，就表现出这样的人际距离。

⑦ 公共距离

366～762cm的人际距离。在这种距离时对方的身体细节看不太清楚，声音较大，且说话的口气较正规，属于陌生人之间的距离，也就是进行公共社会性活动的距离。这主要表现在单向交流的集会、演讲、正规而严肃的接待厅、大型会议室等处。

人际距离的大小取决于人们所在的社会集团（文化背景）和所处情况的不同而异。熟人或陌生人，以及不同身份的人，人际距离都不一样（熟人和平级人员关系较近，生人和上下级较远），身份越近，距离越近。霍尔把人际关系按距离分为四种，即密友、普通朋友、社交、其他人。

也有实验对等车的人进行观察：男人比女人站得离他人更远，异性比同性更远些。可见人际距离的大小也会随地点的不同而变化。

2. 私密性

阿尔托曼（Irwin Altman）将私密性（Privacy）定义为：“对接近自己或自己所在群体的选择性控制”。这就是说，私密性不能简单地理解为个人独处的情况，独处是人的需要，而交往也是人的需要，它所强调的是个人或群体相互交往时，对交往方式的选择和控制。所以，私密性是个人或群体有选择有控制地与他人接近，并决定什么时候、以什么方式、在什么程度上与他人交换信息的需要。与私密性相对的概念是公共性，公共性可以理解为人对公共生活和相互交往的需要，它同私密性一样都是人的社会需要。

（1）私密性的类型

① 孤独

指一个人独处不愿受到他人干扰的行为状态。

② 亲密

指几个人亲密相处时也不愿受他人干扰的行为状态。

③ 匿名

反映了个人在人群中不远出头露面、隐姓埋名的倾向。

④ 保留

表示个人对某些事实加以隐瞒或有所保留的倾向。

（2）私密性的作用

① 个人感

能使人具有自我存在感，可以按照个人的想法来支配自己的环境。

② 表达感情

在他人不在场的情况下，也就是个人独处的情况下充分表达自己的感情。

③ 自我评价

不仅可以表达感情，还可以使人得以进行自我批评，闭门自省其身。

④ 隔绝干扰

能隔绝外界干扰，同时仍可以使人在需要的时候保持与他人接触。

（3）私密性的层级

① 都市公共和都市半公共

公共的属于社会共有，如道路、广场和公园等；半公共的是指在政府或其他机构控制下的公共使用场所，如市政公共部门、学校、医院等。

② 团体公共和团体私有

公共的是指为公共服务的设施，属于特定的团体或个人，如邮件投递站、公共救火器材等；私有的属于社区级共用的设施和场所，如社区中心、游泳场等。

③ 家庭公共和个人私有

家庭公共活动的地方如起居室、餐厅、卫生间等，个人私有的如由个人支配的居住房间等。

私密性作为人对空间的一种

基本的需求，在功能上要求更为突出。它表达了人类在社会生活中的一种心理需要，是作为个体被尊重的基本表现之一。

私密性空间是通过一系列外界物质环境所限定，来巩固个人心理环境的独立的室内外空间。在环境设计中，巧妙地利用空间的过渡区及一些角落、转角等地方，就会形成私密空间。还可以在用植物营造的静谧空间中设置一些坐憩设施来吸引人逗留，以供人们进行读书、静坐、交谈、私语等活动。

如果说领域性主要在于确定空间范围，私密性则涉及在相应空间范围内包括视线、声音等方面的遮挡和隔绝的要求上。

5.2.4 幽闭恐惧和恐高症

人在一些特殊空间环境中，如封闭的空间或远离地面的高处，会使人产生幽闭恐惧感和与世隔绝的孤独感。

1. 幽闭恐惧

人在封闭的空间中会产生幽闭恐惧感。如乘电梯或坐在飞机狭窄的舱里，甚至坐在只有双门轿车的后座上，总是会产生一种危机感，会莫名其妙地认为“万一发生意外会逃不掉”。原因在于这些空间形式断绝了人们与外界的直接联系，从而使人对自己的生命抱有危机感，这些感受并非胡思乱想。现代建筑日益复杂庞大，这种相对隔绝封闭的空间也越来越多。如走廊尽端的房间、居室卫生间，尤其是没有窗口的卫生间和其他没有开窗的室内房间，都会给使用者带来幽闭恐惧感。

幽闭恐惧在人们日常生活多少会遇到，有的人反映强烈些，有些人则不明显，这种心理状态来源于人类的生物本能。因此，建筑室内环境中的房屋利用开窗和出入口在一定程度能够解决这种心理效应，但窗洞和门户开多大？用什么材料？都需要进一步研究。

2. 恐高症

人类的祖先离开丛林来到平原后，就有新的平衡感觉，他们已不再能攀越于林间树梢，对高处渐渐产生了本能的恐惧感。

登临高处，会引起人血压和心跳的变化。登临的高度越高，恐惧心理越重。在此情况下，许多在一般情况下合理的或足够的安全设施也会被认为不安全。人们在这种情况下，衡量的标准主要是心理感受。如在高层建筑中，离地面越远，人们越觉得空间越狭窄，心理恐惧感越重，这是因为离地面远使人产生与世隔绝的孤独感。

5.3 行为与空间环境

行为是受人类社会结构意识等支配，能动性的活动。行为必然发生在一定的环境脉络之中，并且在许多方面与外在的环境（包括自然的、人工的、文化的、心理的、物理的环境）有着很好的对应关系，从而形成一定的行为模式。

5.3.1 环境行为学

行为学是一门研究人的行为规律及人与人之间、人与环境之间相互关系的科学。它研究范围很广，涉及因素很多。它的产生

图5-22 电梯内的多媒体打破幽闭空间

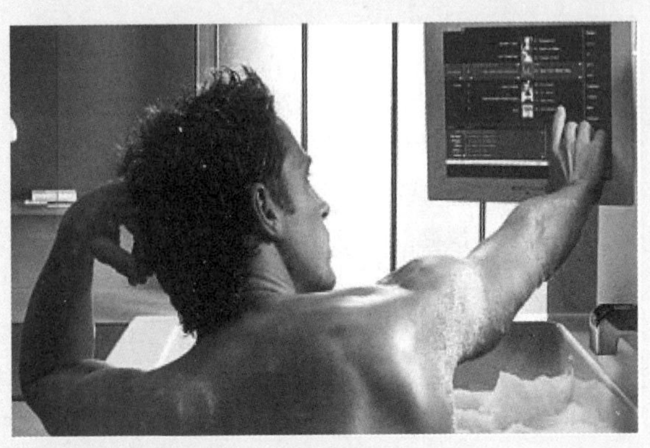

图5-23 浴室内的多媒体帮助人们消除幽闭恐惧

是社会发展的结果，是许多科学家、心理学家、人类学家、建筑师等经过几十年的研究和实践，才逐步形成的一门独立的新兴学科。

20世纪中叶，建筑决定论的观点在建筑设计领域中曾占有一定的地位。不少建筑师认为建筑决定人的行为，片面认为使用者将按设计者的意图去使用和感受建筑环境，这实质上取消了环境中的物理、化学、生物、文化、社会、人类心理等诸因素的交互作用。直到20世纪后期，人们才试图从人类的环境知觉（生理刺激与反映）及环境认知（心理与心智的意象）中探讨不同类型使用者的本能需求与活动模式，不同情况下的心理状况与喜好，并通过使用者参与及评估等回馈的程序，建立起适宜且满足人们需要的生活和工作环境的参考准则，这就是环境行为学研究的由来和主要内容。

环境行为学的研究是环境心理学在建筑学领域中的应用，它的基本观点是：人的行为与环境处在一个交互作用的生态系统与可持续发展的过程中。环境与行为的交互作用可归纳为三个过程一是环境提供知觉刺激，这些刺激能在人们的生理和心理上产生某种含义，使新建成的环境能满足人的生理、心理及行为的需要；二是环境在一定程度上鼓励或限制个体之间的交互作用；三是人们主动建造的新环境又影响自己的物质环境，成为一个新的环境因素。

5.3.2 行为特征

人在空间环境的行为是一种社会过程，它对环境的组织起着提示作用，而环境也左右着人的行为模式。人在使用空间环境时总是以某种积极或消极的社会行为方式来维持与他人的交流。人们行为特征在生活中主要存在常态和非常态两种状态，并表现为不同的行为特点。

除此之外，人的行为特征因人类社会的复杂多样而受到各种因素的影响，诸如文化、社会制度、民族、地域等，因而呈现出复杂多样的行为特征。

1. 主动性

一个人在社会中的行为是主动而不是被动的，是自觉自愿的，它必须通过内因才能起作用。外力虽然能影响人的行为，但无法发动其行为，外在的权力、命令无法使一个人产生真正的效忠行为。

2. 动机性

人的任何一种行为的产生都是有起因的，这个起因就是动机。起因可分为内在原因（人的需要引起的）和外在原因（外部刺激等）。

3. 目的性

人的行为是有目的而不是盲目的，它不但有起因，而且有目标。有时，在旁人看来是毫不合理的行为，对其本身来说却是合乎目标的。

4. 因果性

任何一种行为的产生都是有一定原因的。行为同人的需求有关系，还同该行为所导致的后果也有关系。就需求来说，人的行为受到自己需求的激励，而不受别人认为他应该有的需求所激励。对于旁观者来说，一个人的需求也许是离奇而不现实的，但对这个人来说，这些需求恰恰是处于支配地位的。

5. 持久性

任何行为在目标没有达成以前，是不会终止的，也许会改变行为方式，或由外显行为转为潜在行为，但总是不断地向着目标进行。

6. 可塑性

人的行为是有意识的，因而也是可以改变的。人的主观认识和客观实际有时不一致，其行为就会受到挫折。为了避免受挫折，人往往采用学习、训练和总结等方式来改变原来的认识，以调整自己的行为。

综上所述，环境行为是环境和行为相互作用、相互影响的过程。行为的发生必须具备一个特定的客观环境，只有客观环境（包括自然环境、生物环境、社会环境和信息环境）对人产生作用（包括群体），才能产生各种行为表现，其作用的结果又使人类创造一个适合自身需要的新的客观环境。环境行为是人类的自我需要，由于人类是环境中的人，不同层次的人对环境的需要是不一样的，并且永远不会停留在一个水平上，这就推动了环境的改变，使建筑活动深入和继续。环境行为是受到客观环境制约，而人是有理智的，并且深知客观环境是有限的。

5.3.3 人的行为习性

人的行为习性是是指人在与环境交互作用的过程中逐步形成了适应环境的本能。在生活中人的行为习性主要存在有常态和非常态两种，并表现为各自不同的行为特点。

1. 常态行为

根据人在空间中流动和分布的行为特点与习性，常表现为捷径效应、识途性、左侧通行与左转弯和人际交流等特点。

（1）捷径效应

所谓捷径效应是指人在穿过某一空间时总是尽量采取最简洁的路线，即使有别的因素的影响也是如此，也称为抄近路习性。我们经常会看到，有一片草地，即使周围设置了简单路障，由于其位置阻挡人们的近路，结果仍旧被穿越，久而久之就形成了人行便道，这就是捷径效应。

常常会发现观众在典型的矩形穿过式展厅中的行为模式与其步行街中的行为十分相仿。观众一旦走进展览室，就会停在头几件作品前，然后逐渐减少停顿的次数直到完成观赏活动。由于运动的经济原则（少走路），故只有少数人完成全部的观赏活动（见图5-24）。

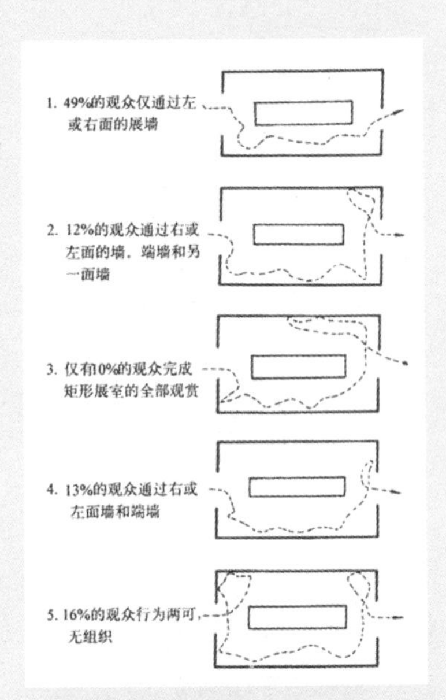

图5-24 展厅观众流线分析图

（2）识途性

识途性是动物的习性，人类也有这种本能，即当人们不明确要去的目的地或不熟悉路径时，总是会摸索着到达目的地，而返回时为了安全又按同一路线返回的现象。这就提醒设计师在空间的布局和通行路线的安排上要尊重人的行为特点，提高室内空间的使用效率。

（3）左侧通行与左转弯

在公共场所观察人的行为路线及描绘的轨迹，明显会看到左转弯的情况比右转弯的情况多，这就是人的左转弯和左侧通行的习性。这对电影院入口、美术馆观众参观路线、商场柜台布置、展厅展面安排以及楼梯位置等的确定均有指导意义。

（4）人际交流

人类的行为模式与空间的构成有密切的关系，不同的空间布局影响着人际交流类型。这类研究最早是由美国社会心理学家费思汀格（Leon Festinger）等进行的，他们研究了在空间的不同布局中发生的人际交流的类型，发现那些位于住宅群体布局中央的人有较多的朋友，类似的研究也在办公室、教室及其他地点进行，其结果也大同小异。

2.非常态行为

特殊环境中的非常态行为特点有突发性、盲目性、非理智性特点，了解这一点对于空间环境的设计会有很大帮助。

（1）聚集行为

类似从众习性，因为人类有好奇的本能，当某处发生异常情

图5-25 服装店内的模特儿

图5-26 巴黎某服装店内的模特儿与真人难以区分

况时，会聚集许多人，这就是聚集效应。如在商场室内设计中，人们会设置许多模特儿造成人群聚集的假象，以招揽顾客。

（2）避险行为

人们在火灾、水灾、地震、沉船等自然灾害和突发意外事故面前，由于事发突然而使人们的心理缺乏准备； 由于巨大的压力而使人们的反抗无济于事等情况的发生，由于灾难的致命性而使人的本能暴露无遗，人们会表现出恐慌、求生、躲避、趋光、从众追随的本能。当公共场所发生非常事故或紧急情况时，人们往往会无视标志及文字的提示，盲目跟从人群中几个急速跑动的人的去向。而且，人们在室内空间中流动时，常具有从暗处往较明亮处移动的趋向。这些“领头羊”、“随大流”和“趋光性”等行为习性对室内安全设计有很大影响，当发生火灾或异常情况时，要有正确的导向，避免一人走错，多人尾随。

（3）人群灾害

人群灾害是指人群在异常警觉环境中，由于特殊或者偶然的原因，引起的群体性恐慌、骚乱和危机而造成人身伤亡的事故。

5.3.4 人的行为模式与空间分布

了解人在空间里的行为，以及行为与空间环境的对应关系，有助于更好地研究人的行为在空间的分布和流动特性。

1. 人的行为模式

各种环境因素和信息作用于环境中的人，人们则根据自身的需求和欲望，适应或选择相关的环境刺激，经过信息处理，将所处的状态进行推移，作为改变空间环境的行为。

人的行为模式就是将人在环境中的行为特征总结和概括，并将其规律模式化，从而为建筑创作和室内外环境设计提供理论依据和方法。由于人的意识各不相同，因此有关人的情绪和思考的程序是很难模拟的，我们只能将人与空间关系比较密切的行为特征在一定的时间和空间范围里进行模拟，以期创造出来的新环境符合人的行为要求。

由于模式化的目的、方法和内容的不同，人的行为模式也各不相同。

（1）空间里的行为模式按照目的性可分为以下几种。

① 再现模式

再现模式就是通过观察分析，尽可能忠实地描绘和再现人在空间里的行为。这种模式主要用于讨论、分析建成环境的意义，以及人在空间环境里的状态。比如，我们观察分析人在餐厅中的就餐行为，忠实记录顾客的分布情况和行动轨迹，就可看出餐厅里的餐桌布置、通道大小、出入口位置等是否合理；观察分析顾客在商店里的购物行为，如实地记录顾客的行动轨迹、停留时间和分布状况，就可以看出柜台布置、商品陈列、顾客活动空间大小是否合理，从而进一步改善建成的环境。

② 计划模式

计划模式就是根据确定计划的方向和条件，将人在空间环境里可能出现的行为状态表现出来。这种模式主要用于研究分析将要建成环境的可能性和合理性。我们从事的建筑设计和室内设计主要运用的就是这种模式。比如要计划建一幢住宅，首先确定居住对象、人数、生活方式、经济技术条件等信息，按照人的居住行为，将居住空间表现出来，由此可以看出建成后的居住环境的合理性。

③ 预测模式

预测模式就是将预测实施的空间状态表现出来，分析人在该环境中行为表现的可能性、合理性。这种行为模式主要用于分析空间环境利用的可行性。我们从事的可行性方案设计主要就是采用这种模式。比如要建造一座展厅，就可以根据基地环境、展览要求、展出方式等信息，分析展厅有几种设计的可能性，哪一个更加符合人的观展行为，更加符合预测的计划要求。为进一步落实方案提供了多种可行性方案的比较。

（2）行为模式按表现方法可分为以下几种类型。

① 数学模式

数学模式就是利用数学理论和方法来表示人的行为与其他因素的关系。心理学家库尔特·列文（K·Lewin）提出，人的行为是人的需要和所处环境两个变量的函数，这也就是著名的人类行为公式：

$$B=F(P \cdot E)$$

在这组公式中E表示环境（Environment）；B表示行为（Behavior）；F表示函数（Function）；P表示人（Person），这种模式主要用于科研工作。

② 模拟模式

模拟模式就是利用电子计算机语言再现人和空间的实际现

象。这种模式主要用于实验，即用模拟对整体环境变动原因进行技术分析。在建筑计划中，模拟既可以对人的行为进行分析，也可以对设计方案进行评价。

由于计算机能力和技术的迅速发展，计算机模拟人在空间中的行为和计划中的建筑环境则越来越普遍、真实，这也是今后的发展方向。

③ 语言模式

语言模式就是用语言来记述环境行为中的心理活动和人对客观环境的反映。这种模式主要用于对环境质量的评价。这也是常用的对环境行为的表达法，即心理学问卷法。

（3）行为模式按行为内容可分为秩序模式、流动模式、分布模式和状态模式。因“秩序模式”和“分布模式”是预测人在环境中的静态分布状况和规律，故称静态模式。而“流动模式”和“状态模式”是描述人在环境中变化的状况和规律，故称动态模式。

① 秩序模式

秩序模式是用图表来记述人在环境中的行为秩序。比如人在商店里的购物行为：“进入”、“选购”、“支付”、“提取”、“托运”、“退出”等行为状态是有一定秩序的，决不能倒过来。这就要求商店室内设计，首先要将顾客“引进”商店，让顾客很好地选择商品，最后才能成交付款（见图5-27）。又如人在厨房中的炊事行为：“拣切”、“清洗”、“配菜”、“烧煮”这四种行为也是有一定秩序的，也不可以倒过来。这就要求在厨房设计时，台板、洗槽、灶台等设备布置，应遵照炊事行为的秩序，以满足使用要求（见图5-28）。

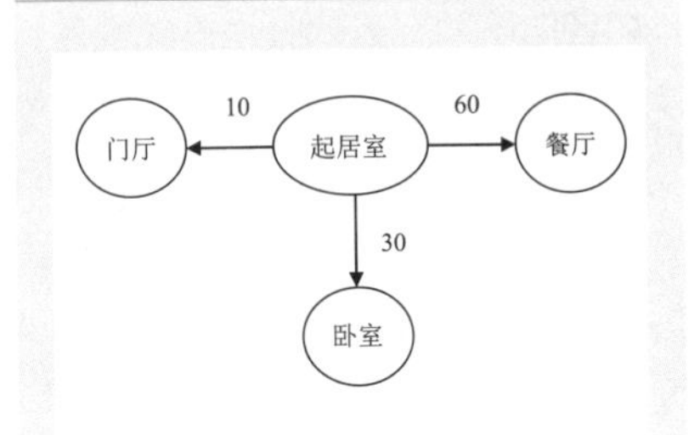

图5-29 人在居室流动行为模式

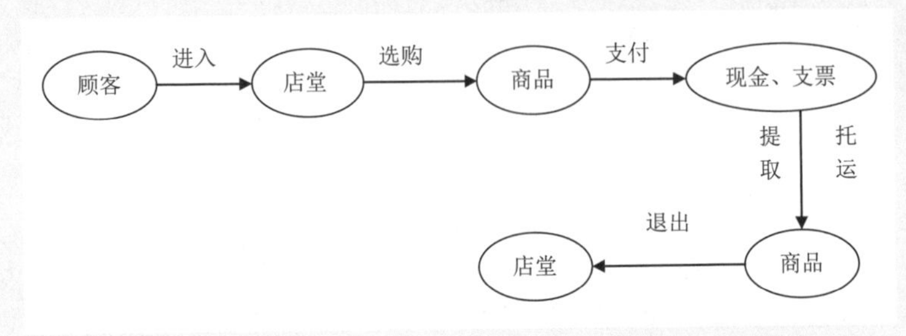

图5-27 人在商店里的购物行为关系图

图5-28 人在厨房中的炊事行为关系图

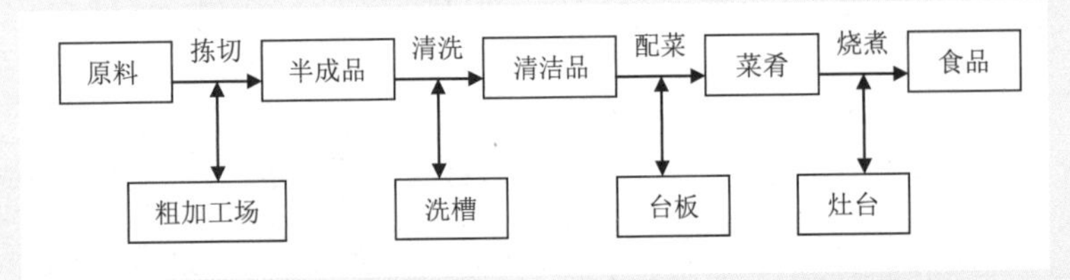

图5-30 人在厨房炊事行为与空间位置关系图

② 流动模式

流动模式就是将人的流动行为轨迹模式化。这种轨迹不仅表现出人的空间状态的移动，还反映了行为过程中时间的变化。它主要用于对购物行为、观展行为、疏散避难行为、通勤行为以及与其相关的人流量和经过途径等方面的研究。比如人在户内的流动行为，身处起居室的人向哪个房间移动（见图5-29）？有人对此做100次观察，得出图示的结果。从中可以看出，去餐厅的次数最多，即空间选择概率占60%。它表示人在两个空间之间的流动模式，也有人称之为移动便捷度。它反映了两个空间之间的密切程度，这为我们进行室内设计提供了理论依据。它告诉我们做室内设计时，应将餐厅与起居室靠近布置。

③ 分布模式

分布模式就是按时间顺序连续观察人在环境中的行为，并画出一个时间断面，将人们所在的二维空间位置坐标进行模式化。这种模式主要用来研究人在时空中的行为密集度，进而科学地确定空间尺度。

④ 状态模式

状态模式的研究是基于自动

控制理论，采用图解法的图表来表示行为状态的变化。这种模式主要用于研究行为动机和状态变化的因素。比如人们进入餐厅可能是饥饿，也可能受餐馆食品的诱导或是为了社交活动而进入。不同的生理和心理作用所引起的行为状态是不同的。饿了去吃东西，其行为迅速、时间短，对环境的选择也要求不高。相反，如果为了美食或是社交需要，进餐行为则表现出时间长、动作缓慢、对环境要求高的特点。这种状态的差别对从事室内环境设计的人来说很有意义。

同样，顾客在商店里的购物行为所表现的状态也是各不相同的。有目的的购物，其行为状态迅速、时间短，变化快；相反，如果是潜在性购物或是逛商店，其行为状态缓慢、购物时间长，状态变化慢。于是商店的室内设计则采用不同方法来吸引各种顾客。除了用橱窗直接展示商品外，还在入口处标明商品的分布情况，供有目的的购物者选购。另外，条件许可时，在店内增加休闲环境，方便其他顾客逗留，吸引潜在购物者前来购物。

2. 人在空间中的分布模式

（1）空间定位

我们分析研究人的行为特征、行为模式的主要目的就在于合理地确定人的行为与空间的对应关系。空间的连接和秩序确定空间的位置，即空间的分布。

不同的环境有不同的行为方式，不同的行为规律也表现出各自的空间流程和空间分布。如前面介绍的人在厨房中的炊事行为，其对应的空间位置是：图5-31中的粗加工场、洗槽、台板、灶台则是拣切、清洗、配菜、烧煮等行为所对应的空间位置，也是炊事行为的空间分布。由于行为规律的制约，其空间分布也表现出相应的秩序，即空间流程。这也提示我们设计厨房时，不应摆错相应设备的空间位置，否则就会违反行为规律，给使用者带来很大的不便。

商店里的购物行为，其对应的空间位置为：图中的进入、选购、支付、提取、托运、退出等行为，其对应的空间位置就是门厅、通道、货架、银柜、柜台、托运处、出口、通道，这也是购物行为的空间分布。

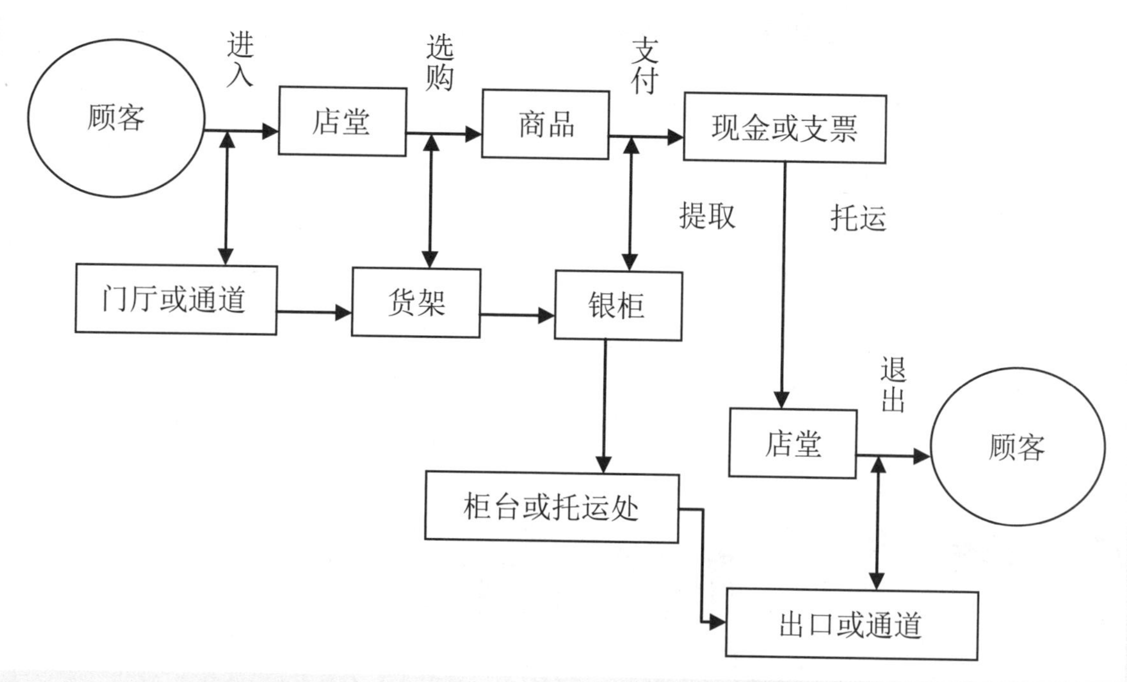

图5-31 人在商店购物行为与空间位置关系图

表5-2 人在空间里的分布图形

分　　类	图　　形	行　　为
聚块图形		井边聚会、儿童游玩
随意图形		步行、休息
扩散图形		朝礼、授课

图5-32 舞会上三五成群的人群聚集形态

图5-33 大厅中人群无规则分布形态

图5-34 沙滩上人群随意分布形态

任何一个行为空间，均包括人的活动范围及其有关的家具、设备等所占据的空间范围。室内空间分布不仅确定了行为空间的范围，也确定了行为空间的相互关系，即空间秩序。

（2）空间分布

在广场上、公园里、儿童游戏场上、舞会及交易等场所，人们经常是三五成群的聚集在一起，构成大小不等的“聚块图形”。在休闲地、步行道上及多数的室内空间，人群是随意分布的，构成了不规则的“随意图形”。在礼堂、剧场及教室以及候车室等场所中，人群的分布又非常有规律，从而构成了“秩序图形”。可见人们在整个空间中是不均匀的散布着，多表现为聚集、随意、扩散的图形模式，见表5-2。

从图形中可以分析出，人群在呈“秩序图形”的场所，人际关系是等距离的，受场所环境的严格限制，人的行为是有规则的，人的心理状态较紧张。而在休闲地、居室、商场广场、公园里，人际关系呈公共状态，各自自由，场所环境对各人之间几乎没有约束，因而，各人的心理状态也较宽松。

综上所述，在进行空间设计时，不仅要考虑个人的行为要求，还要照顾到人际间的行为要求、空间形状、家具、设备等布局，尽可能的按照个人的行为特性和人群分布特性进行设计。

3. 人在空间中的流动模式

（1）人在空间中的流动特点

人们在环境中的移动就形成人的流动。人们的流动具有一定的规律性和倾向性，人在空间流动的特点，大体上可以分为四类。第一类是目的性较强的流动人群，往往在空间上总是选择最短的路程，有一定的方向性；第二类是无目的的随意流动人群，其流动方向、经由路径没有一定的选择，往往是乘兴而行；第三类是以移动过程为目的的人群。往往以旅游为目的，对途经的地点努力寻找丰富的意义，经过的路线和顺序是计划中先确定的，多不走回头路；第四类是停滞休息状态的人群，由于观察、疲劳需要而暂时停留，造成对流动的干扰。

（2）人群流动的量化指标

在实际空间设计中，需要对人群流动进行定性定量，作为交通空间（如门、过道、楼梯的）宽度与流动线路宽度的设计依据。流动性指标公式：

步数=步速／步距×时间

流动性与空间的关系可以用流动密度、流动系数和断面交通量三个指标确定。

流动密度是着眼于单位面积中人数和流动性的关系。美国学者约翰·杰·弗鲁茵对步行者提出了空间模数的概念，实际上它就是密度的倒数。

流动系数是表示在交通空间环境里，以单位宽度、单位时间内能通过的人数为指标，是表示人流性能的有效指标。

断面交通量是在单位时间内通过某一地点的行人数量。实际上，某时某地的人员流动量和流动模式会受到社会规范(例如上、下班时间)的影响。

5.3.5 行为与空间尺度

人的行为与空间尺度关系非常密切。人在不同空间环境中行为表现不同，相应不同行为活动需要有不同的空间尺度来满足。

1. 行为与室内外空间尺度

空间尺度是一个整体概念，首先要满足人的生理要求（同时

图5-35 广场上人群的分布形态

图5-36 穆斯林礼拜中秩序化的人群分布形态

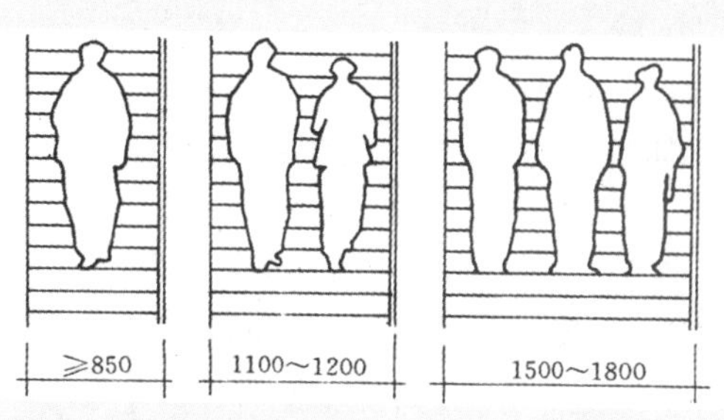

图5-37 楼梯梯段宽度和人流量的关系

存在心理因素的影响），故其空间尺度则涉及到环境行为的活动范围（三维空间）和满足行为要求的家具、设备等所占的空间大小。另外要满足人的心理要求同时存在满足生理要求的作用，如听觉、嗅觉、视觉等。

行为要求的空间的“容积”基本是不变的，习惯称之为使用功能的空间尺寸。设计师主要根据使用要求来调整空间形态，无法通过其他物质技术手段来“压缩”其空间大小。如满足大多数人行走要求的通道，其最小宽度是60cm，最小高度是200cm。而知觉要求的空间的“容积”是变化的，如满足听觉、嗅觉要求的听觉空间和嗅觉空间，不只是用空间大小来满足，而且可以通过技术手段来调节其空间大小，如设置空调系统、电声系统。

行为的空间和知觉的空间是相互关联、相互影响的，不同环境、场所有不同的要求。当行为空间尺度超过一般的视觉要求后，行为空间和知觉空间会融为一体。如体育场、剧场、电影院等，其空间尺寸都较大；如网球馆的净高约12m，这是网球活动的要求，在这样大的行为空间里一般的知觉要求均能实现，不必再增加知觉空间。而在有些情况下，行为空间尺度较小，如面积较大的教室，满足供多人上课的行为空间高度，2.4m（小型教室标准高度）就可以，但这样的高度就显得低，即使采用物质技术手段，多数也不能满足知觉要求，这就要求增加知觉空间，可以将净高增加到4m左右。

2. 行为与室内外空间设计

行为与室内外空间设计关系主要表现在以下几个方面。

（1）确定行为空间尺度

根据人在室内外环境的行为特征，空间相对的可分为大空间、中空间、小空间及局部空间等不同行为空间尺度。

① 大空间

这主要指公共行为的空间，大到城市环境中的广场、街道、大型绿地、公园、居住区，小到室内环境中的体育馆、大礼堂、大型商场、大型餐厅、影剧院等大型文化娱乐场所，其特点是要处理好人际行为的空间关系。在这个空间里，空间感应是开放的，空间尺度应是大的。

② 中空间

中空间主要指具备一定功能性事务及公共行为的空间，如大到室外环境中不同性质的出入口、节点空间、小游园、小型绿地等，小到室内环境中的办公室、研究室、教室等。这类空间既不是单一的个人空间，又不是相互没有联系的公共空间，而是一些人由于某种事务的关联而聚合在一起的行为空间。这类空间既有开放性也有私密性。确定这类空间尺度，首先要满足相关的公共事务行为的要求，再满足个人空间的行为要求。

③ 小空间

小空间一般指具有较强个人行为的空间，如室外环境中的小庭院、绿地及公园中私密性较强的一处角落等；室内环境中的卧室、客房、经理室、档案室、资料库等。这类空间的最大特点是具有较强的私密性，空间的尺度都不大，主要满足个人的行为活动要求。

④ 局部空间

局部空间主要指人体的构造及功能尺寸空间，该空间尺度的大小主要取决于相关设施的体积和人的活动范围，空间大小主要是满足人在室内外环境中站、立、坐、卧、跪等不同的姿态的活动。

（2）确定行为空间分布

根据人在室内外环境中的行为状态，行为空间分布表现为有规则和无规则两种情况。

① 有规则的行为空间

这种空间主要表现为前后、左右、上下及有指向性的分布状态。这类空间多数为公共空间。

A. 前后状态的行为空间

它包括室外环境中的道路、桥梁；室内环境中的演讲厅、观众厅、普通教室等具有公共行为的空间（见图5-38至图5-39）。在这类空间中，人群基本分为前后两个部分。每一部分有自己的

图5-38 教堂内部空间

图5-39 阶梯教室

行为特点，它们相互影响。在进行空间设计时，空间的距离需根据不同行为的相关程度、行为表现以及知觉要求来确定。而人群分布要根据行为要求，特别是人际距离来考虑。

B. 左右状态的行为空间

它包括室外环境中的步行街、滨水空间等（见图5-40至图5-41）；室内环境中的展览厅、陈列厅、画廊等具有公共行为的室内空间。在这类空间中，人群分布呈水平方向展开，并多数呈左右分布。这类空间分布特点具有连续性，在设计时，首先要考虑人的行为流程，确定其行为空间秩序，然后再确定空间距离和形态。

C. 上下状态的行为空间

它包括室外环境中的坡道、踏步，室内环境中的电梯厅、中厅等具有上下交往行为的空间（见图5-41至图5-42）。在这类空间里，人的行为表现为聚合状，故进行这类空间设计时，关键要解决安全和疏散问题。

图5-40 上海新天地时尚休闲步行街

图5-41 滨水景观

图5-42 下沉式广场

图5-43 室内空间的升降电梯

D. 指向性状态的行为空间

它主要是指室外环境中的城市或道路的出入口，室内环境中门厅、走廊、通道等具有显著方向感的空间（见图5-44至图5-45）。人在这类空间中的行为状态指向性很强，所以在进行这类空间设计时，特别要注意人的行为习性，空间方向要明确，并具有引导性。

② 无规则的行为空间

无规则的行为空间多数为个人行为较强的空间，如室外环境中综合功能的城市广场、花园绿地等；室内环境中的居室、办公室等。人在这类空间中的分布状态多数为随意图形。所以在进行这类空间设计时，特别要注意灵活性，能适应人的多种行为要求（见图5-46至图5-47）。

（3）确定行为空间形态

人在空间中的行为表现具有很大的灵活性，即使是行为很有秩序的室内空间，其行为表现也具有较大的灵活性和机动性。行为和空间形态的关系也就是我们常说的内容和形式的关系。实践证明，一种内容有多种形式，一种形式有多种内容。归根结底，室内空间形态是多种多样的。

常见的空间形态的基本图形有圆形、方形、三角形及其变异图形，如长方形、椭圆形、钟形、马蹄形、梯形、菱形、L形等。一般情况，空间形态以长方形居多。究竟采用哪一种空间形态为好？就要根据人在空间中的行为表现、活动范围、分布状况、知觉要求、环境可能性，以及物质技术条件等因素确定。

（4）行为空间组合

空间尺度、空间行为分布、空间形态基本确定后，就要根据人们行为和知觉要求对空间进行组合和调整。对于复杂的空间，首先要按人的行为进行空间组合，然后进行单一空间的设计。而单一的空间的设计主要是调整空间布局、尺度和形态，使之很好地适应人的需求。

图5-44 城市出入口

图5-45 室内走廊

图5-46 室外环境中综合功能的城市广场

图5-47 花园绿地

5.3.6 人在空间中的定位

人们在空间中对位置的选择，常表现为依托的安全感和尽端趋向性的特点，从而寻求心理上的安全感和需要被保护的空间氛围。

1. 依托的安全感与空间的边界效应

从心理感受来说，人总是希望有一个能受到自我保护的空间。在大型的公共空间场所中，人会有一种易于迷失的不安全感，更愿意找寻有所“依托”的物体。例如，在餐厅、酒吧或图书馆等地方，有的人都会先选择靠墙、窗、或有隔断的地方；再如，在火车站和地铁站的候车厅或站台上，人们并不较多地停留在最容易上车或干其他事的地方等待，而是偏爱逗留在厅内、站台上的柱子、树木、旗杆、墙壁、门廊和建筑小品的周围，远离人们行走路线的地方，并适当地与人流通道保持距离（如图5-48）。

人的心理上需要安全感，需要被保护的空间氛围，这种源于安全感的空间需要，我们称之为空间的“边界效应”。现代室内设计中越来越多的融入了穿插空间和子母空间的设计，目的就是为人提供稳定安全的空间环境。

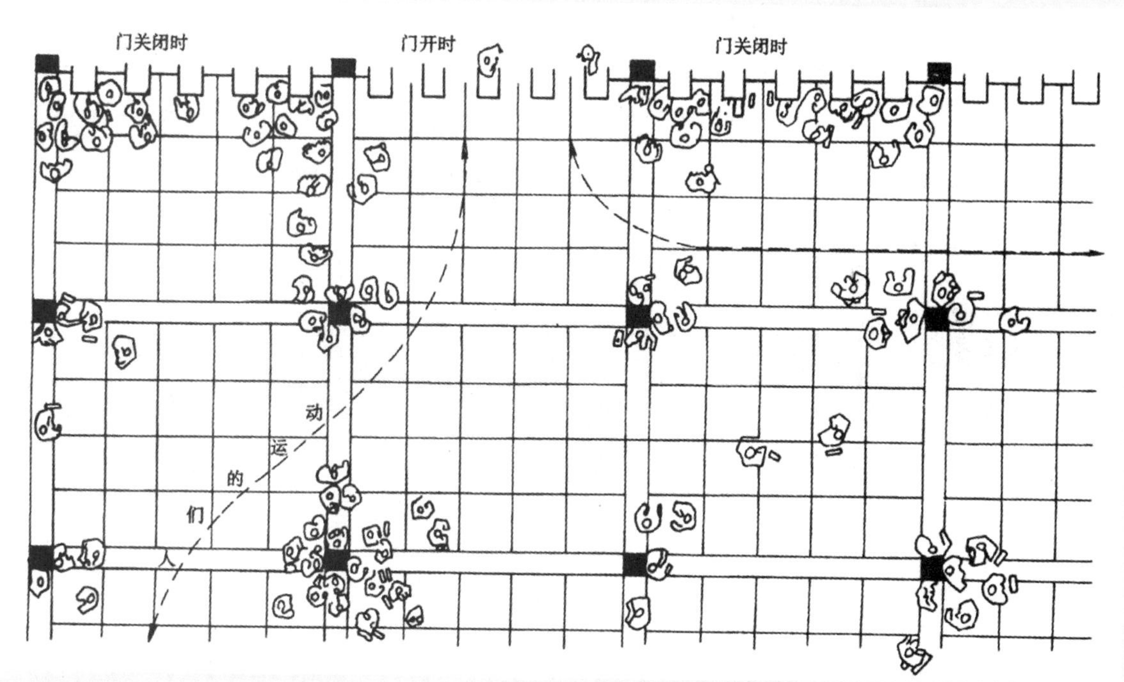

图5-48 人在空间中的定位（火车站）

2. 私密性与尽端趋向

在公共空间场所活动时，人们总是设法站在视野开阔而本身又不引人注意的地方，并且不至于受到行人的干扰。例如，在选择就餐的座位时，通常首选目标总是位于靠角落处，而不是中间的桌子，特别是靠窗的角落，最不愿意选择大厅中央、近门处或人流频繁通过处的座位。由于靠墙设置的座位在室内空间中形成了更多的“尽端”，更符合客人就餐时“尽端趋向”的心理要求（如图5-49）。

从私密性的角度来看，这样的选择顺序是为了控制交流程度。但如果将视线高度适当分割，使得在中央的座位也具有较高的私密性，便可大大提高中央座位的使用率。再如，近年来，玄关设计在室内设计中受到了人们的重视，这也体现了私密性的需求。玄关除了具有更衣、换鞋、出门前整理容貌等功能外，还创造了一个室内外的过渡空间，起到分隔公、私活动领域的作用，同时为室内创造了一定的私密性。

5.3.7 空间环境与人际交流

人们在空间中选择位置还与和他人的相对位置有关。在非正式谈话时人们更愿意面对面坐，除非距离大于相邻时。如果说对视和头部的运动影响相互交流，角度也成为人际关系的一个重点问题。有研究表明：如果人们对视而无角度，人们以空间距离来逃避，如果存在角度则人际距离就不明显。如果人们用长方桌谈话，一般来说人们愿意选择桌子的任意一角的两侧，当两人存在竞争时则愿意长边相对而坐，在双方合作时最佳选择是相邻而坐，在不需要任何交流时则对角而坐，互不相识的人总是试图离他人尽可能远，当空间不允许时则采取角度的改变，以避免目光的接触。在正式的场合，领导人的位置往往在桌子一端；在非正式场合，说话最多的人或用其他方式支配他人的人倾向于坐在桌子一端（见图5-50）。

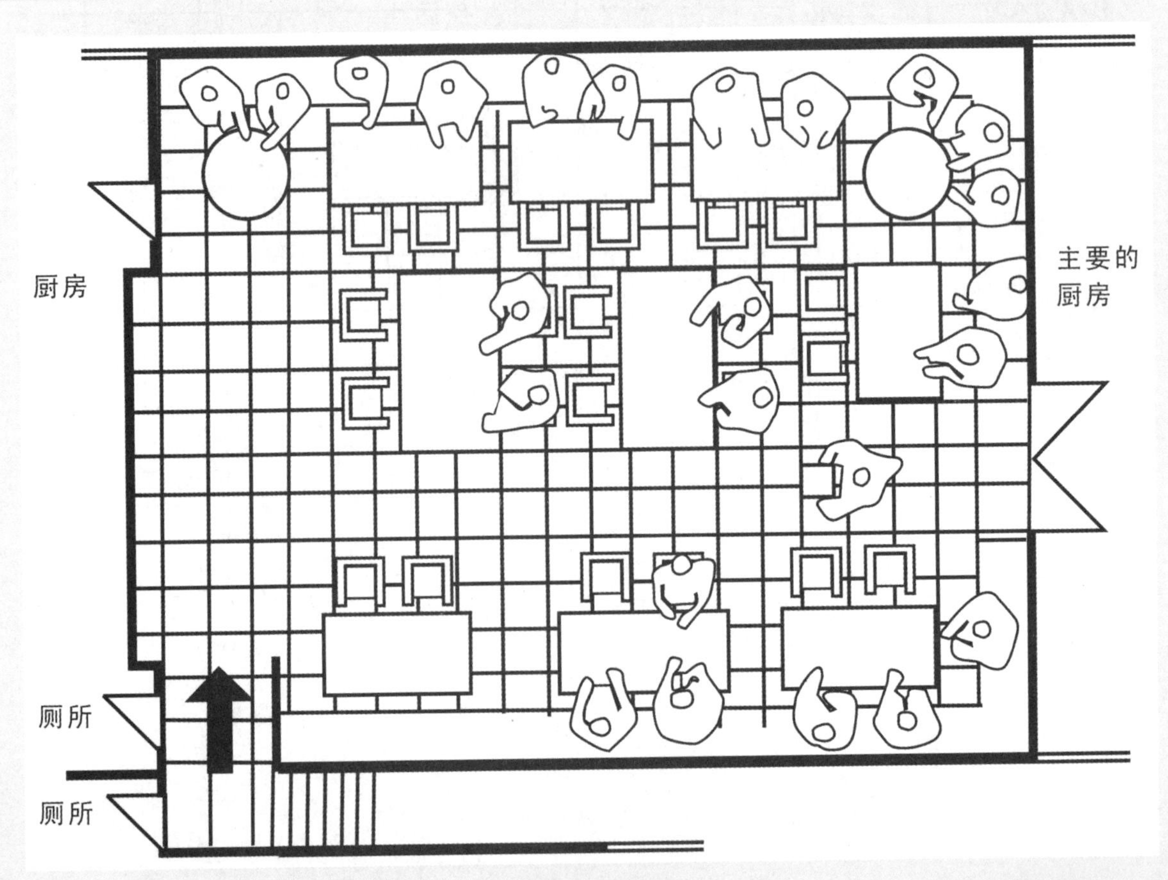

图5-49 人在空间中的定位（餐馆）

1. 人际行为

每天，个人由于不同的需求会出入不同的场合，进而产生不同的人际行为。相反，不同的空间交往场所会对个人的人际行为有一定的约束和限定。

（1）人的需要

人的需要是多种多样的。根据1943年美国心理学家马斯洛（Abraham Maslow）对个体需要分层、分类的理论，个人的需要分为五个层次。

① 生理的需要

它包括对衣、食、住、行等的需要和对“七情六欲”等的追求。

② 安全的需要

它包括对身体的防护和心理的防卫。

③ 社交的需要

它包括亲朋好友的往来和社会交际的需要。

④ 自尊的需要

它包括人自身的人格、品德、地位等得到他人的尊重和对待。

⑤ 自我实现的需要

它包括人自身的才智、价值、理想等实现的需要。

按各类需要的相互关系，各个不同的社会团体或处于社会发展不同阶段的人们，会出现不同类型的需要结构。在各个类型中，总有一种需要占优势的地位。一般说来，人往往在当前一种需要得到满足后，就会进一步追求更高层次的需要。需要系统的类型是预测人们行为发生概率的工具。马斯洛认为，生理和安全需要占优势的需要是发展中国家的需要模式；社交和归属需要占优势的需要类型是西方发达国家的需要模式；自我实现占优势的需要类型是人类社会理想的需要模式。实际上需要类型不可机械地划分，发展中国家需要发展，为实现发展，需要各方面的交往。不过就个体而言，生理和安全的需要总是最基础的。

（2）人际交往的需要

从上述人的需要层次可以看出，交往是人的需要，环境则包括社会环境，如果人缺少必要的人际交往就会感到孤独，甚至抑郁。相反，交往过于频繁，人则容易疲劳和过度兴奋。

个人在不同的交往场合中，常常表现出一种相同的反应倾向，这种比较稳定的且每个人不同的基本人际反应倾向被称为“人际反应特质”。心理学家舒兹把人际关系的需求分为三类，它包括以下几个方面。

① 包容的需求

希望与别人交往、与别人建立和维持和谐的关系。

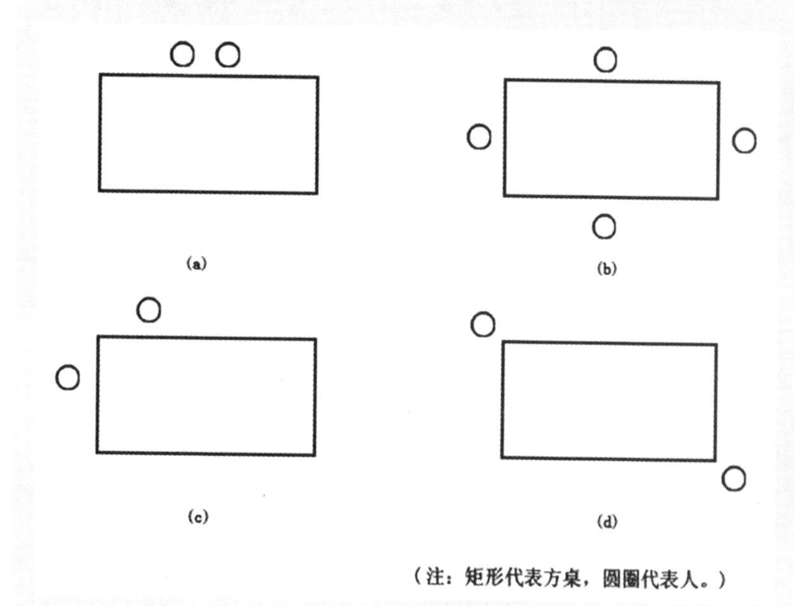

图5-50 人际交往关系图

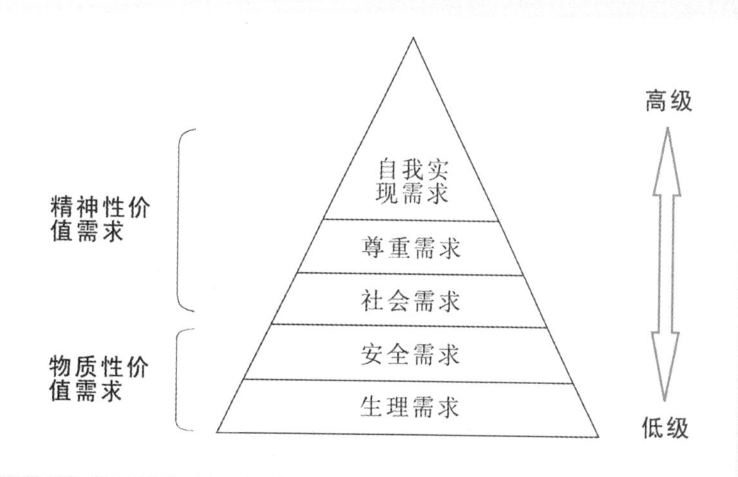

图5-51 马斯洛需要层次理论

② 控制的需求

希望通过权利和权威，与他人建立、维持良好的关系。

③ 情感的需求

希望在情感方面与他人建立并维持良好的关系。

建筑设计和室内外设计则是通过良好的建筑环境，以实现和保证人们在情感方面的交流，维持人际间良好的交往关系，满足人际交流的需要。

（3）人际行为

人际行为是指有一定人际关系的各方表现出来的相互作用的行为。这是一种内容广泛、错综复杂的行为，主要有家庭关系中表现出的家庭行为；邻里关系中表现出的社会行为；同事（同学）中表现出的共事行为；上下级关系中表现出的管理行为；雇主和雇员关系中表现出的雇佣行为；买卖关系中表现出的交易行为；交往过程中表现出的社交行为及公共场所中表现出的人际行为等。

2. 人际行为与交往空间

人际行为与交往空间相互作用，相互影响。人际关系需要特定的空间场所环境表现出来；交往空间又维持了人际间良好的交往关系，满足人际双方的需要。

（1）起居行为与交往空间

起居行为是家庭活动中很重要的内容。人的一生中10%以上的时间是在这样的环境中度过的。这也是会客、娱乐、学习、休息的主要场所。在这个场所里交往的人大多数是家庭成员和亲朋好友，在这种环境中的人际空间距离不超过4m，它包括亲密距离（如抱孩子）、个人距离（如闲谈）、社交距离（如待客）。因此，这样的交往空间不宜太大，一般在16m^{2}左右就可以了。因为社交距离、娱乐距离（如看电视）均不超过4m，太大了就成为公共场所，缺少亲近感。目前国内有人主张“大厅小卧室”，这样的客厅已经不适应做起居室了，也不能满足家庭生活的需要，而是为了对外社交或显示自身地位的需要。当然，条件许可时（如别墅）可以设置两个厅，一个是交际厅，可以在25~30m^{2}之间，另一个是起居室，可以在16~20m^{2}之间。

起居室中的人际交往是自由、开敞的，接待和交往方式也是轻松、随意的。家具布置强调的是舒适和便捷。

（2）服务行为与交往空间

服务行为是顾客和服务员两种个体之间交互作用的一种行为。这两者之间的关系一般情况下是主从关系，即顾客为主，服务员为从。而服务行为的外显表现往往是不定的，有时顾客为主，有时服务员为主，所以服务行为是一种复杂的人际行为。按交往方式的不同，服务行为有以下几种。

① 间隔式服务行为

顾客与服务员之间有一个不大的隔离空间。如宾馆大堂的总服务台、分服务台、银行营业厅中的营业柜台、酒吧间的吧台、商店里的柜台。在这种行为空间中，服务员是固定的，顾客是流动的，其空间大小要满足两个个体之间的交互作用。两个个体之间的水平距离一般为0.45～1.3m。

而这种交往空间的环境氛围则取决于服务性质。如宾馆总服务台的空间就要显得热烈、端庄；银行营业柜的空间就要显得明亮、安全；酒吧间的吧台空间就要显得热、暗、私密；商店的柜台空间就要显得热忱、舒适（见图5-52至图5-54）。

② 接触式服务行为

顾客与服务员之间没有隔离

图5-52 宾馆前台

图5-53 银行大厅

图5-54 吧台

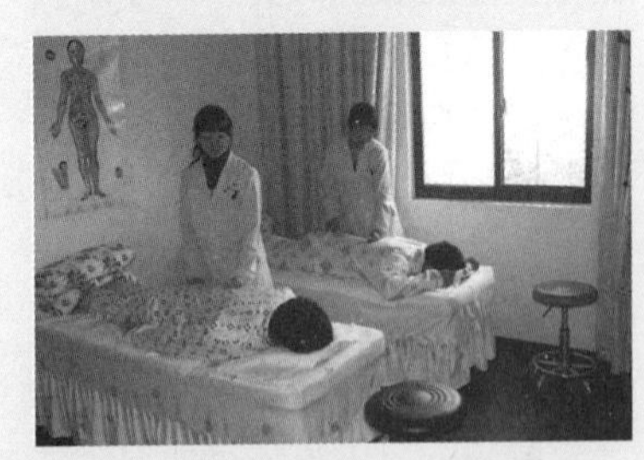

图5-55 推拿按摩的接触式服务

障碍，如美容店的理发行为、美容行为，按摩室的按摩行为（见图5-55）；公共浴室里的助浴行为；医院里的诊疗行为等。这种服务行为所要求的交往空间有的是固定的，有的是流动的。这种交往行为的空间大小只要满足两个个体之间的服务行为要求。而两个个体间的水平距离属亲密距离，即在0.45m左右。

由于这种行为的交往空间各不相同，所以其环境氛围则取决于服务业的总体环境和档次，但都具备一定的私密性。

③ 近前式服务行为

服务员主动到顾客前的一种服务行为。如餐馆里顾客的就餐行为（见图5-56）、车船里顾客的旅行行为等。这种行为的特点是顾客相对是固定的，服务员是流动的，所以这种行为的交往空间主要取决于顾客所占有的空间。服务员与顾客之间的空间距离也属于个人距离，距离大小一般在0.45m～1.3m。这种行为空间的环境氛围则取决于顾客的行为表现和其心理要求。

④ 通讯式服务行为

随着经济的发达、物品的丰富、科技的进步，服务方式也在不断的发展，于是就出现了通讯式服务的行为。

通讯式服务的行为即顾客和服务员之间有很大的空间距离，是通过通讯工具实现的一种交往行为。如顾客采用电话或网络订票、订货，然后由服务员送票、送货给顾客。这种行为没有交往空间的要求，只有对通讯手段和技术条件的要求。

了解各种服务行为的特点和对空间的要求，目的就在于创造一种适合顾客需要又方便服务员操作的空间环境，以便进一步提高服务质量。

（3）商业行为与交往空间

商业行为表现为两个方面，一是消费者的购物，二是营销者的商品出售。不同的行为表现对环境提出了各自的要求。商业行为所涉及的顾客和业主的交往应该是平等地交换关系。

从视觉信息的交互作用来看，商业行为所反映的人际交往空间有一定的科学性，具体表现为以下几个方面。

① 公共距离的交往

顾客和业主间的距离大于4m时，只是视线的交换，所以可能在寻找所需的商品，也可能在闲逛，此时的业主不必打招呼。过分热情会加速顾客离去，有修养的业主应该当顾客向你走来再主动接待。

② 社会距离的交往

顾客和业主的距离在1.3m~4m时，这时的人际关系是平等、友善的，此时的顾客对某种商品发生兴趣，就会驻足观看，业主应主动介绍。这是人际间应有的交往形式，也是业主促销的最好时机。

③ 个人距离的交往

顾客和业主之间的距离在1.3m之内，此时的人际关系是一种服务行为，不管顾客最终是否购买商品，业主都应该很好的服务，这是营销的关键时刻。业主如能诚实地对待顾客、热情地服务，往往能达成交易。

商业行为所反映的不同交往空间也有不同的要求。公共距离的交往，应该加强殿堂休闲环境的设计，促使顾客逗留；社会距离的交往，应该加强商品的展示，以便吸引更多的顾客；个人距离的交往，应该加强业主的服务手段和方法。除了方便顾客购物外，还应备有各类商品的质量和价位的介绍样品，以供顾客挑选。

所有这一切的行为表现都应在室内空间环境的设计中有不同程度的体现。

（4）洽谈行为与交往空间

这是两种个体或群体之间平等的人际关系，所表现出的交往行为，是交往双方为了各自需求目的所发生的一种行为表现。

洽谈行为所要求的交往空间位置是不定的，而交往空间的大小和环境氛围却有一定的规律性。这种交往空间的场所，可以在交往双方的各一方有一个固定的洽谈室，也可能借助社交场所的某一角，如娱乐场所的一角、

图5-56 餐厅服务员的近前式服务

宾馆大堂的一角、客房，或借助于餐桌，如某个饭店的包房或是一个餐桌。一般说来，重大的抉择都是选择具备洽谈条件的正规场所，而一般性的洽谈可随意选择双方便利的地方。无论哪一种场所，对于洽谈行为来说，其空间大小和环境氛围均有一定的要求。洽谈空间不宜太大，能容纳洽谈双方代表即可，洽谈双方的距离应在社交距离之内，不宜超过4m，以1.3~4m为宜。洽谈环境氛围均有一定的私密性要求，即使借助于公共场所的某一角，也应该与他人保持一定的距离（见图5-57）。

（5）社交行为与交往空间

社交行为是实现社交需要所表现出的人际间的交往行为。这是一种感情的交流、信息的交换以及礼节的需要，因此社交行为所需要的交往空间也是多种多样的。

① 正规的社交活动

交往空间是固定的，并有特定的环境氛围，如礼堂、会议厅、接待厅。其环境氛围要求明亮、大方、端庄、豪华。

② 一般的社交活动

其交往空间是不定的，但其环境氛围以及对空间私密性要求不高，有一个安静、祥和的交往场所即可。

③ 随机的交往场所

其空间环境更加灵活，如亲朋好友间交往，可以在家中，也可以在公共场所的一角，也可以借助于餐桌或某个娱乐场所的一角。其环境氛围要求具有团聚的气氛，能安静、亲切，不受外在干扰。

5.4 无障碍设计

归根结底，人体工程学的服务对象就是人，其目标就是尽量服务于最大众的人群，但不能同时满足所有人。在一般情况下，社会生活中大多数人都能够享受到人工学标准的环境产品，除此之外，许多特殊人群，如残疾人、老年人、儿童或无家可归者有着特殊的生理、心理特征，以及不同于常人的生存和生活需求。对这些人群的生存状态、生理、心理特征的研究是人工学义不容辞的责任。

无障碍设计是城市环境体现以人为本理念的重要表现。如今全世界越来越关注无障碍设计，它直接关系着一个国家的城市形象与国际形象。推进无障碍设计，大力建设无障碍环境，是物质文明和精神文明的集中体现，是社会进步的重要标志，对培养全民公共道德意识，推动精神文明建设等具有重要的社会意义。

5.4.1 无障碍设计的概念与标准

对于无障碍设计概念的理解是进一步制定无障碍设计执行标准的前提，有助于确保为人类营造一个安全、方便、舒适的生活环境。

1. 无障碍化概念

在二十世纪初期，由于人道主义的呼唤，建筑学界产生了一种新的建筑设计方法——无障碍设计。实际上，无障碍设计（Barrierfree Design）这个概念始见于1974年，是联合国组织提出的设计新主张。无障碍设计强调在科学技术高度发展的现代社会，一切有关人类衣食住行的公共空间环境以及各类建筑设施、设备的规划设计，都必须充分考虑具有不同程度生理伤残缺陷者和正常活动能力衰退者（如残疾人、老年人）的使用需求，配备能够满足这些需求的服务功能与装置，营造一个充满爱与关怀并切实保障人类安全、方便、舒适的现代生活环境。

人体工程学无障碍设计的理想目标是“无障碍”，基于对人类行为、意识与动作反应的细致研究，致力于优化一切为人所用的物与环境的设计，在使用操作界面上清除那些让使用者感到困惑、困难的“障碍（barrier）”，为使用者提供最大可能的方便，这就是无障碍设计的核心价值。

无障碍环境包括物质环境、信息和交流的无障碍。物质环境无障碍主要是指：城市道路、公共建筑物和居住区的规划、设计、建设应方便残疾人通行和使用。如城市道路应满足坐轮椅者、拄拐杖者通行和方便视力残

图5-57 洽谈空间

疾者通行，建筑物应考虑出入口、地面、电梯、扶手、厕所、房间、柜台等设置残疾人可使用的相应设施来方便残疾人通行。信息和交流的无障碍主要要求公共传媒应使听力和视力残疾者能够无障碍地获得信息，并且能够交流，如电视手语、盲人有声读物等。

近些年，城市无障碍建设如火如荼，已成为衡量一个城市文明的重要标准。2007年，由中华人民共和国建设部、民政部、中国残疾人联合会、全国老龄工作委员会办公室四部委发起在全国开展创建全国无障碍建设城市。无障碍设计更多地出现在城市的公共设施建设以及小区的建设中，人行道上设置了坡道和盲道，公共卫生间也增加了专供老人或残疾人使用的厕位等，从更深层次上说，无障碍不仅仅限于老人、残疾人这样的特殊群体，同时也是人性的共同需求。比如，公共台阶的无伤害化处理等都可以列入无障碍的范畴。无障碍设计就是在营造一个更加人性化、更舒适的环境。

2. 国际通用的无障碍设计标准

美国是世界上第一个制订无障碍标准的国家，在1961年美国国家标准协会（ANSI）制定了第一个无障碍设计标准。随后不同的国家相应都制订了自己的规范和技术标准。目前，国际通用的无障碍设计标准大致有以下六个方面。

（1）在一切公共建筑的入口处设置取代台阶的坡道，其坡度应不大于1/12。

（2）在盲人经常出入处设置盲道，在十字路口设致利于盲人辨向的音响设施。

（3）门的净空廊宽度要在0.8米以上，采用旋转门的需另设残疾人入口。

（4）所有建筑物走廊的净空宽度应在1.3米以上。

（5）公厕应设有带扶手的坐式便器，门隔断应做成外开式或推拉式，以保证轮椅方便进入内部空间。

（6）电梯的入口净空宽度应在0.8米以上。

3. 中国《城市道路和建筑物无障碍设计规范》标准

任何法规都是在具体的实施过程中不断地完善和修改，无障碍技术标准和法规也不例外，如美国标准协会就规定，无障碍设计标准每五年须进行一次修订。对此，为规范建设无障碍设施，中国国家建设部下发了《城市道路和建筑物无障碍设计规范》，编号为JGJ50—2001，于2001年8月21日起开始执行，其中有24条为工程建设强制性标准条文，必须执行。同时废止原标准《方便残疾人使用的城市道路和建筑物设计规范》JGJ50—88（试行）。

就在2012年3月30日，国家住房和城乡建设部公布了刚刚批准的最新《无障碍设计规范》国家标准，编号为GB50763-2012，自2012年9月1日起将实施。其中，第3.7.3（3、5）、4.4.5、6.2.4（5）、6.2.7（4）、8.1.4条（款）为强制性条文，必须严格执行。届时原《城市道路和建筑物无障碍设计规范》JGJ50-2001同时废止。

（1）城市道路

城市道路实施无障碍的范围是人行道、过街天桥与过街地道、桥梁、隧道、立体交叉的人行道、人行道口等。无障碍内容是设有路缘石（马路牙子）的人行道，在各种路口应设缘石坡道；城市中心区、政府机关地段、商业街及交通建筑等重点地段应设盲道；公交候车站地段应设提示盲道；城市中心区、商业区、居住区及主要公共建筑设置的人行天桥和人行地道应设符合轮椅通行的轮椅坡道或电梯，坡道和台阶的两侧应设扶手，上口和下口及桥下防护区应设提示盲道；桥梁、隧道入口的人行道应设缘石坡道，桥梁、隧道的人行道应设盲道；立体交叉的人行道口应设缘石坡道，立体交叉的人行道应设盲道。

（2）居住区

居住区实施无障碍的范围主要是道路、绿地等。无障碍要求设有路缘石的人行道在各路口应设缘石坡道；主要公共服务设施地段的人行道应设盲道，公交候车站应设提示盲道；公园、小游园及儿童活动场的道路应符合轮椅通行要求，公园、小游园及儿童活动场道路的入口应设提示盲道。

（3）房屋建筑

房屋建筑实施无障碍的范围是办公、科研、商业、服务、文化、纪念、观演、体育、交通、医疗、学校、园林、居住建筑等。无障碍要求是建筑入口、走道、平台、门、门厅、楼梯、电梯、公共厕所、浴室、电话、客房、住房、标志、盲道、轮椅等应依据建筑性能配有相关无障碍设施。

（4）城市道路和建筑物的无障碍设计必须严格执行有关方针政策和法律法规，以为残疾人、老年人等弱势群体提供尽可能完善的服务为指导思想，并应贯彻安全、适用、经济、美观的设计原则。

5.4.2 无障碍设计的基本思想

无障碍设计的基本思想作为无障碍化的总指导方针，为无障碍设计明确了设计对象和内容。

1. 无障碍化理念

到底，无障碍设计应从哪些方面入手，做到什么程度才能达到要求？无障化理念将从四个不同的方面来告诉我们。

（1）确保垂直、水平方向行动的无障碍化

对于出行、饮食、游玩、工作、休息、学习和医疗等日常生活中必不可少的基本活动，应当设计出可满足这些活动的空间。其中，进行规划和设计的首要任务就是确保任何人对自己所去之处，都能按照自己的意愿毫无障碍地出入和使用。

许多老年人和残疾人都不愿意拖累他人，他们将自己的目标锁定在生活自立、行动自理上。确保出行环境无障碍化就是以此为目标，促进平等参与社会活动并形成精神上自立（见图5-58）。

（2）任何人都可利用的空间

任何人都可以利用的空间，不再区分残疾人和健康者的使用形式，设计出各种不同的人都能利用的建筑空间，就是通用化技术标准（通用设计）的实践问题，也就是将标准具体化，才能确保建筑空间和建筑成本的经济性。采用成本低、性能可靠的机械设备，实现空间利用的省力化是迈向通用化的第一步。在深入考虑了这些基本问题后，通过将来的修改、扩建，或进行个别的改造处理，也可以促进设施空间的共用化。可以说除了需要特殊对待的视觉、音响、振动等所产生的信息传递外，设计条件都是一样的。

（3）考虑安全性

设计的基本思想是能够安全地出入或使用建筑物等，并做到在出入时不被绊倒或发生磕碰，特别是对那些复杂的综合性建筑物和城市构筑物，必须考虑到紧急情况发生时的逃生路线。例如，不得有很微小的高差；不得使用那些湿后易滑的地面材料，为了防止在跌倒时不发生危险，应设置扶手或栏杆（见图5-59）。

图5-58 法国巴黎拉维莱特公园的残疾人升降机

图5-59 奥地利维也纳地下铁的无障碍通道两侧扶手

在城市放置的一些公共设施，在设计之初便应考虑到各方面的使用人群。比如残疾人士，由于自身条件决定他们的日常活动中所需的某些设施不能跟平常大众所使用的相提并论，这就要求在城市公共空间放置针对这些特殊人群的无障碍设施。例如，在城市环境设施中提供为残疾人轮椅行驶的坡道（见图5-60）；在城市交通要到设计供盲人触摸的指路标志；在步行道上专门铺设盲道以及提供为残疾人专门使用的电话亭等。或许这些专门设施的使用频率并不高，但它们的存在却标志着一个社会文明程度的高低，体现着社会对生命的关注与尊重。

（4）无障碍的舒适化设计

老龄化社会的市民生活方式将逐渐呈现多样化。居住以及就业、交通、文化、艺术、体育与娱乐消遣设施等不仅方便人们使用，同时还应具有美感和舒适特点。

综上所述，在一般情况下，无障碍化设计都只是为老年人和残疾人考虑的特殊设计。像高差处坡道的设置、电梯的设置、轮椅乘坐者专用厕所的设置等，都是出于特殊的考虑而设计的。而舒适性是一个因人而异的概念，有人对漂亮的设计感兴趣，有人对性能使用优越感到满意。作为结论性的意见，就是被大多数人普遍接受的设计以及可以自然深入建筑空间的设计才是最重要的（见图5-9）。

2. 无障碍化设计与具体对象

通常情况下，可根据建筑物的不同，将那些行动不便或生活受限的市民作为设计对象，这其中主要是指老年人和残疾人。在为老年人和残疾人考虑的建筑设计规划中，首先应当考虑的就是出行和使用受限制等因素。

（1）老年人

我国是一个人口众多的国家，最新统计我国残疾人的总数已达6000多万人，60岁以上的老年人的总数为1.13亿，到2025年，老年人将达到3亿，是中国人口老龄化的高峰。随着中国城市化进程的加快，许多大中城市人口老龄化趋势也越来越明显。有些城市已经提前进入到老龄社会，如北京、上海等国际化大都市。在目前社会养老机制尚不健全的条件下，仅依靠社会资源尚无法承担如此巨大的压力，在一段时间内还要依靠家庭的力量，面对这样的弱势群体，我们必须考虑他们的生活和工作问题。除此之外，每年因灾难、交通事故等因素造成人类的残疾，导致了该群体数量的增加。体弱的老年人对无障碍建筑环境的需要与残疾人的需要是一样的，他们呼唤无障碍，他们需要城市无障碍。目前，在许多城市设计方面也考虑到了老年人及一些残疾人的特殊生活需求。这不仅是社会发展的需要，也是现代城市文明的体现。

城市环境所涉及的主体应以老年人为中心。一方面由于儿童的生理指标变化较大，给设计带来极大的不便；另一方面，儿童的生活有家长或监护人照顾，因此在环境使用上不会带来太多的不便。而老年人一方面在人口数量上和数量上升趋势上要大大超过残疾人口的比例和数量上升趋势，另一方面大多数的老年人都患有不同的疾病。虽然在某些城市环境的使用舒适性上青壮年人和老年人的需要和感受不同，但在城市整体环境设计和规划中要尽可能倾向于老年人。

图5-60 奥地利维也纳地下铁的残疾人坡道与扶手

① 老年人的特点

A. 运动机能

随着年龄增长，老年人出现肢体动作迟缓，可能会被路面上一个很小的突起而绊倒。脚力、上下肢肌肉力量、背力、握力和呼吸机能将会降低。而且对危险运动的神经反射及平衡能力也会降低，并容易出现碰撞等危险。很多情况下，这种运动机能的降低都伴有老年性疾患。如果老年人下肢有障碍就不能正确的坐立，这时椅子的形状就是一个很关键的因素。应当注意的是，老年人的动作幅度与青壮年时期相比将会有很大的变化，如由于身材比年轻时矮，伸手够东西能力不如年轻人。

B. 感觉机能

一般情况下，老年人的感觉机能是按照视觉、听觉、嗅觉和触觉的顺序下降的。如果连颜色和亮度的识别能力也开始衰退时，就会大大影响日常生活。对于视觉的降低，虽说可以加大室内环境的光亮度来提高视力，但在设计中也要尽量避免阳光直射、强光、色彩强烈对比以及高亮度等对眼睛的刺激，这种度的把握需要认真分析和仔细考虑。随着年龄的增长，老年人的听力也会逐步下降，特别是对高频声音的听力下降幅度会比较大，听力下降后，就容易对社会生活产生孤独感。因此我们不难理解为什么儿童的声音对老年人来说就如同天籁，一方面是儿童的音频高一些，另一方面是儿童的童真能够很容易消除老年人的孤独感。

图5-61 大部分投币公交车的踏步

C. 心理机能

如果记忆力、判断力下降就会出现看不懂导游图、产品使用说明书、街牌等障碍，这就需要设计浅显易懂的标识、文字、符号和字母等，并根据情况给予他们一定的帮助。

② 有关老年人的城市无障碍设计概念

A. 交通环境

随着城市交通网络的完善，许多城市步行空间环境正在逐步让位于车行空间环境。老人自驾车出行的比率很小，大部分老人的交通问题主要靠步行和乘车，而在脚力能够所及的范围内，考虑到经济性、健康性，老人都偏重步行。对老年人来说，过去步行就能到达的离居住地较近的银行、商场及社区医疗、卫生、保健场所等目的地，由于车行道路的干扰，不得不绕行或上下人行天桥、循行斑马线、走地下人行通道，使实际步行距离加大，造成出行不便。

城市步行环境与无障碍设计的普及有很大关系，也与城市设计、规划设计、街区设计、环境设计等对老年人的综合关注度有关。在城市规划和城市设计中，一方面使街区或住区内部的商业、金融、卫生医疗、教育、邮电等服务设施合理布局，增强其辐射面，使步行距离最远不超过500M；另一方面要避免在住区、街区与这些服务网点间被车行道横穿。由于老年人方向感的降低容易导致迷路和走失，在设计时还应注意在这些室外环境中设置统一、易识别的标识。

由于老年人运动机能下降、反应和行动迟缓，目前对老年人来说，城市交通环境的问题最为突出。当老年人出行不得不依靠公交系统时，现实状况却存在很大的不足。其中隐患最大、需要尽快解决的是公共汽车的踏步问题。

某单位半年中有两位65岁以上年龄的老人因上下公交车而摔倒住院，其原因主要是公交车的踏步太高，老人上下车重心不稳而造成。从这种事件中可以认定：目前公交车的踏步设计存在缺陷。

据测，大部分公交车踏步高度大于30cm，尤其在投币车上，当人踏上车门踏板后，又面对一阶30多厘米高的踏步，踏步梯沿距离发动机板不到20cm，在这样的空间内人还要完成投币，转身和再上一阶踏步的动作，对60~70岁的老人很困难。如果手中持物，还要面临拥挤环境，其窘境可想而知（见图5-61）。

上述事件的发生不是偶然的，虽然目前一些车型有所改进，但对国内机动车辆设计者来说，这类细节问题必须考虑进去。只有硬件水平提高了，才能从根本上改变公交服务质量，改变老年人出门难的现实问题。

B. 出行环境

一些临街的商业、金融、医疗保健等机构的入口台阶过高过滑，也就是市政道路和建筑红线间的细节过渡处理不好，导致老年人上下台阶不安全、不方便。

在设计中要注意降低台阶高度到120mm以下，台阶踏步宽度不宜小于300mm，台阶表面材料防湿滑处理，台阶平立面的交角处导角处理（见图5-63至图5-64）。

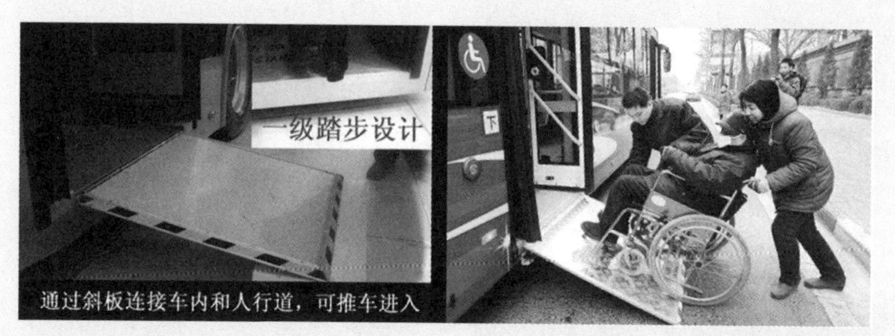

图5-62 公交车上的一级踏步设计和斜板连接设计

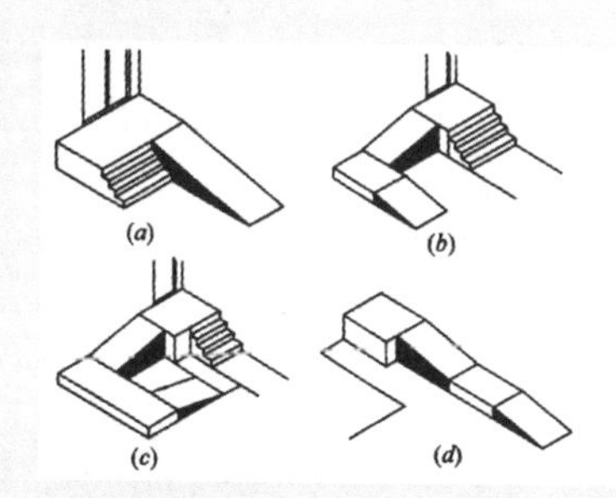

图5-63 建筑入口坡道设计做法

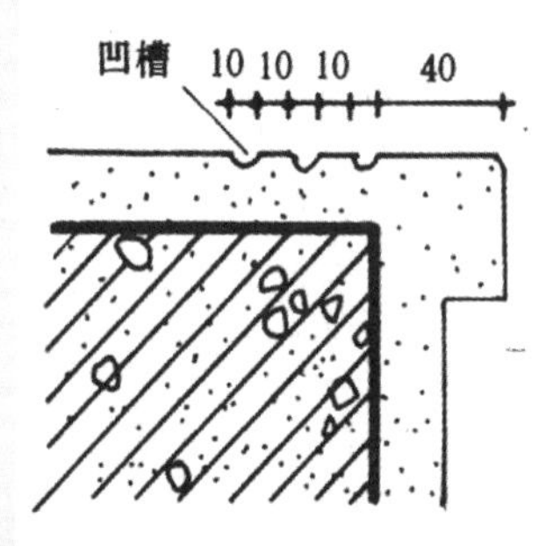

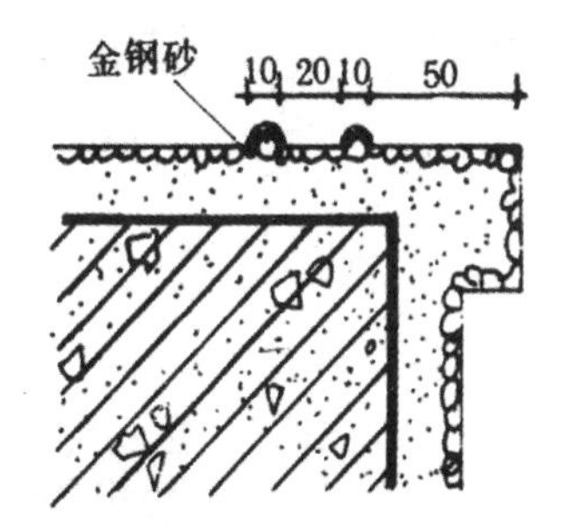

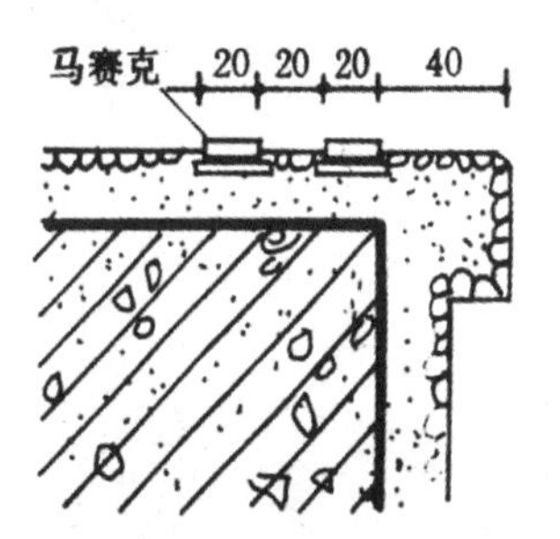

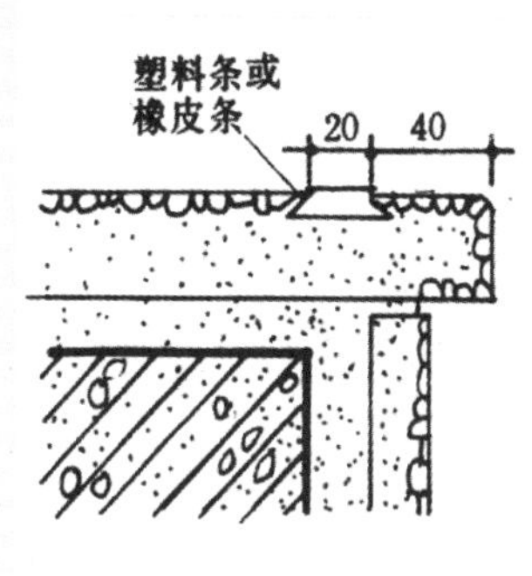

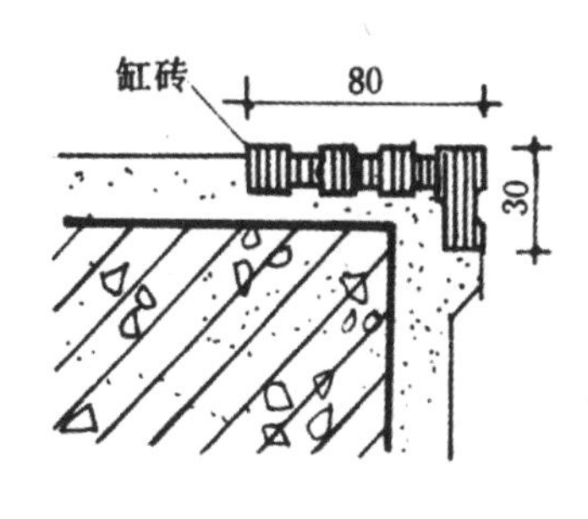

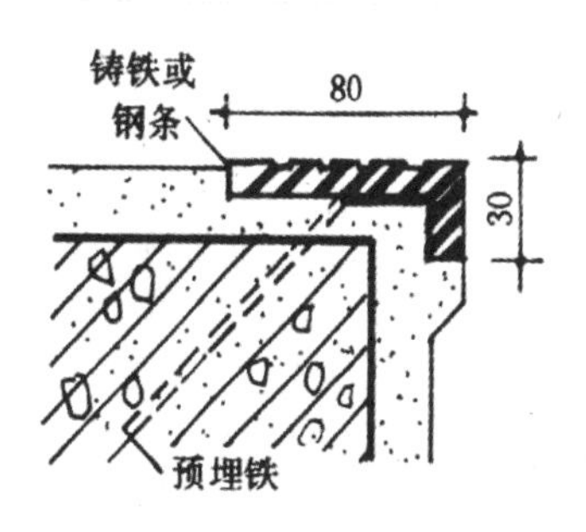

图5-64 楼梯防滑条设计做法

图5-65 购物区内未设置座椅

图5-66 商场的休息座椅

表5-3 各国人体尺寸对照表

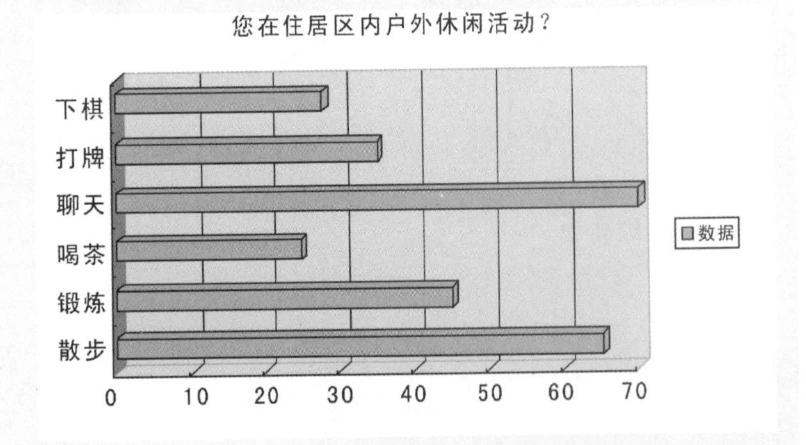

老年人出行的第一目的就是购买生活用品，大型超市、中小型商场、商店和便利店等商品服务机构和场所给老年人的生活带来了便利。在几座营业面积超过10000m²的超市调查发现，购物区内均未设置座椅，设置座椅的地方都在结款台外。许多超市的休息椅都设置在自选购物区外，要想坐在椅子上休息就不得不中断购物，这给购物带来很大的不便。即使设置座椅，但数量也远远达不到要求（见图5-65）。

改进的方法：根据《商店建筑设计规范》，商场营业厅面积指标按平均每位顾客1.35m²计算，则需要每隔64.8m²设一个休息座位。

C. 公共休闲环境

长期呆在家中的老年人很容易和外界环境隔绝，由于子女不在身边或丧偶，居家的老人极易产生孤独感，长期下去对老人的生理、心理健康不利，也很容易发生危险而无人救助，因此，老年人的户外休闲活动非常重要（见表5-3）。以下为老年人经常进行的休闲活动。

a. 聚集聊天

据调查，老年人在住区户外交往行为中，两人或多人聊天的比例占近70%，位于第一。聊天是了解外界环境信息，特别是和生活相关信息（包括医疗保健、生活待遇、商品物价、人事信息等）的重要途径，也是增进住区内老年人友谊和感情的一个有效方法。对于非单位家属院性质的商业住宅小区，聊天行为更能使陌生的老年人加强了解，互帮互助，加强集体归属感。因此，住区户外交往行为对老年人非常重要（见图5-67）。

聊天的场所主要是居住小区的公共空间和庭院空间。这就要求提供完善和多样的交谈和聊天的场所，如水边、树荫下、花台边、道路边、建筑转角处、景观小品四周等。也可利用围栏、篱笆、树林等创造各种小空间，阴影和阳光下都要设置大量舒适的座椅。

中国传统的庭院建筑，将空地留在住宅区内部，能够增加社区邻里的亲密关系，是一种值得借鉴的住宅形式。这种颇具中国文化的庭院空间，讲究集聚氛围和个体随意性相互交流，能聚能分的生活形态却一直在延续，这恐怕也是中国传统敬老观念下所自然形成的建筑文脉吧。鉴于此，应该考虑充分利用建筑内部的公共空间，可以在住宅楼内部的敞开空间、建筑与建筑之间的过渡平台或公共露台、凉台、楼顶花园等处设立休憩区。这些与室内居住浑然一体的休憩区，不仅安全，而且使老人可以随时进入，使用率会非常高。同时建筑边角、转角地带，没有车辆的干扰，更安全、更安静，可以做出边角小景。在这些休憩区内也可设立三两小聚的桌椅，或者面向建筑外部景观的靠背椅（见图5-68）。

图5-67 适宜老年人的聊天场所

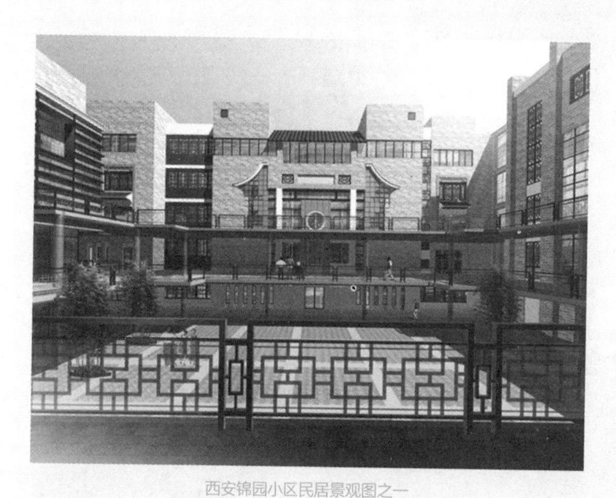

西安锦园小区民居景观图之一

西安锦园小区民居景观图之二

图5-68 被建设部认定为住宅性能优秀小区的西安锦园小区民居景观图

b. 休闲散步

老年人住区户外行为所占比例居第二位的是散步。散步一方面能使老人熟悉场所环境（包括住区内的整体环境、局部环境、社会环境、自然环境、商业环境、服务环境以及管理环境等等），使老人的生活领域得到扩大，增强他们对生活环境的控制感，还能促成聊天、锻炼、打牌、下棋等休闲活动的发生，使老人的生活更加丰富多彩。

散步的场所主要是城市道路、公园、居住小区的公共空间，进行这样空间的设计时，可以在其间增加绿地覆盖，设置水景，保持户外空气的清新湿润。由于住区的公共空间以游乐、休息为主，道路除了通行功能之外，可以适当增加其娱乐性，使它既是边界，又是路径，同时设置齐备的景观要素（微坡地形、水体、铺装、设施、绿化、人文主题、小品等）。也可运用中式园林的自然生态形式布景，以曲折的亭子、回廊等巧妙布景，让人获得曲径通幽的丰富的体验。或考虑可绕回到住宅入口的路线设计，并有不同的长度和难度，适应多种需要。

步行道要避免几何形的方硬设计，多一些余地，并有鲜艳的植物相映两侧，利用原石、原木等粗糙防滑的自然材料进行铺装，增加道路与人的亲切感。沿路还可以设立观景区、园圃区、喂鱼、喂鸟区等增加情趣。也可以设计带有扶手的4%-6%的缓坡坡地、湖面等起伏的地面变化作为散布路线的一部分。安排带靠背的座椅，材料为木质，保证材质一定的温度感，既可以休息，又可以观景、交谈。有条件的话，设立天棚、公共卫生间、热水供应，以方便老人在散步活动中的需要。

c. 健身运动

锻炼活动占老年人住区户外休闲活动第三位，比例是45%左右。能使老人身体得到适当的运动和放松。同时观赏小区景观，使身心得到陶冶和净化。

老年人主要的健身运动方式有跑步、体操、跳舞、打拳、下棋、打牌等活动。居住小区的公共空间要提供必要数量和形式的锻炼器械，可以考虑在街边设置慢跑径和老人跳舞、打太极拳等集体晨练的场地。设置木质或石质桌子，并配备能容纳四人以上的凳子、椅子，且布局灵活，使老人可以进行纸牌、骨牌、象棋、跳棋等活动，增加交流，形成社会向心空间。没有搭配桌子的休息设施，最好设计成有靠背的椅子形式。

图5-69 小区步道的设计

图5-70 小区健身设施

老年宜居型城市还需要营造老幼同乐的生活环境，尽量提供儿童玩耍、嬉戏的场所和设施，游乐场的旁边要设有供老人休息、观看的靠背座椅，使老年人和儿童能够共享天伦之乐。

综上所述，城市的公共空间环境不仅要为老年人提供多样的交流娱乐场所，如开放的城市公园、滨河公园、小型广场、住区内外的街头花园和绿地等。也要提供完善和多样的交谈和聊天的场所在水边、树荫下、花台边、道路边、建筑转角处、景观小品四周等地方（见图5-71至图5-73）。

图5-71 户外桌椅营造向心空间

图5-72 适合老年人的休闲靠背椅

图5-73 适合交谈的靠背椅设置

图5-74 无障碍通道标志

（2）肢体残障者

在身体残障者中，下肢、上肢、躯干有残障的人统称为肢体残障者。这些残障者的致残原因有的是先天残疾，有的是因为交通、工伤事故等所造成的残疾。由于肢体残障者的残障程度不同，所使用的辅助工具也各有不同，给调研工作带来了很大的困难。而且，这方面的资料大都来自专业的医疗机构，很难用人工学的术语和标准来描述和衡量，因此，有关肢体残障者的研究只是刚刚起步。

无论何种肢体残障者，如拄拐者、承轮椅者，由于身体状况，都会使行动受到一定的限制，因此，他们的活动空间常常比正常人小；但使用工具的范围有时比正常人多，有时比正常人少。虽然他们在生理上存在着缺陷，除非肢体残障程度很深，大多数人能够靠自己的锻炼和努力使生活上自理。因此，在生理上他们需要的是家人、亲朋和周围人的帮助和支持，哪怕是一点点帮助，都会给他们解决很多困难和问题。

图5-75 公共环境中休息座椅旁设置的轮椅停留空间

大多数肢体残障者心理上的坚强指数高于常人，他们具有超常的毅力、耐力和思考能力，几乎所有人都在心理上渴望他人对自己的承认和认可。因此，在心理上，他们更多需要的是社会和他人的尊重和认可，而不是同情和怜悯；而且，心理上的健康、积极向上的状态会激发他们的生理潜力，以坚强的斗志战胜残疾所带来的生活和工作上的不便。所以，对肢体残障者心理上的关注要比生理上的关注更为重要。在公园、居住区、天桥或公共建筑入口处等场所应设置残疾人专用通路、走道、升降平台等（见图5-74至图5-77）。

图5-76 无障碍化人行道

必要时在一些公共建筑中提供残疾人使用的专用门，或者在高层建筑中配设无障碍电梯、残疾人专用厕所；在酒店、宾馆等公共建筑应设无障碍客房、残疾人淋浴间或盆浴间等（见图5-78至图5-79）。

（3）盲人

盲人是指眼睛患有疾病或受到意外伤害而导致双目失明或单目失明的人。我国曾在上世纪80年代进行过视力残疾状况调查。结果显示，我国有视力残疾患者近1300万，其中盲人约550万，低视力约750万。世界卫生组织估计全世界有盲人4000万到4500万，低视力是盲人的3倍，约1.4亿人。世界盲人联盟（THE WORLD BLIND UNION）于1984年将每年的10月15日设立为国际盲人节。在我国每年会出现新盲人大约45万，低视力135万，即约每分钟就会出现1个盲人，3个低视力患者。如果不采取有力措施，到2020年我国视力残疾人数将为目前的4倍，即将达到5000余万。可见，盲人问题已经影响到了我国全面建设小康社会进程的步伐，为此针对盲人的无障碍设计在城市建设中必须考虑。

盲人认识和感知世界的方式主要用触觉、嗅觉、听觉器官，在黑暗的环境中盲人主要依靠触觉体验和嗅觉感知。无障碍设计必须从盲人的生理特点出发，具体落实在城市中心区道路、广场步行街、商业街、桥梁隧道、立体交叉及主要建筑物地段的人行盲道的设计上；人行天桥、人行地道、人行横道及主要公交车站的提示盲道的设计上；设有红绿灯的路交叉口的盲人过街音响装置的设计上，道路和居住区公交站台的盲文站牌的设计上等等（见图5-80至图5-84）。

图5-78 残疾人专用厕所

图5-79 残疾人盆浴设计

图5-80 公共场所的黄色盲道

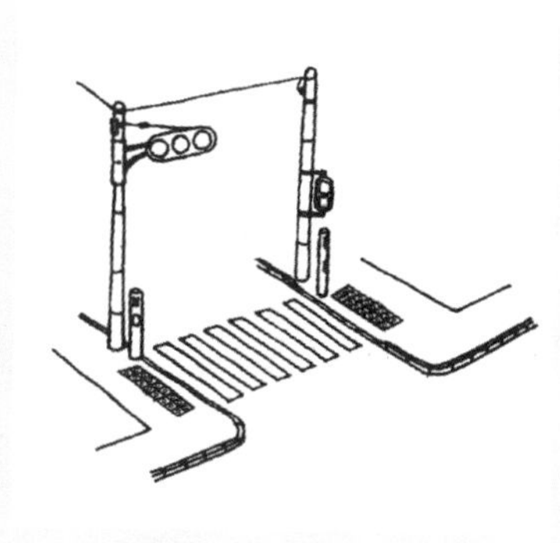

图5-81 人行横道入口提示盲道

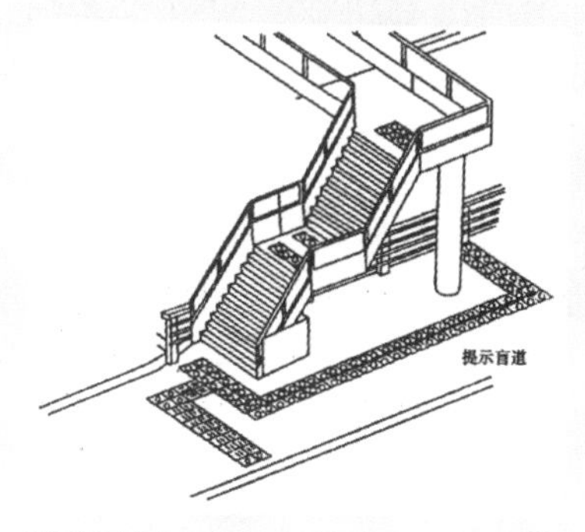

图5-82 人行天桥防护提示盲道

图5-84 盲人过街音响装置

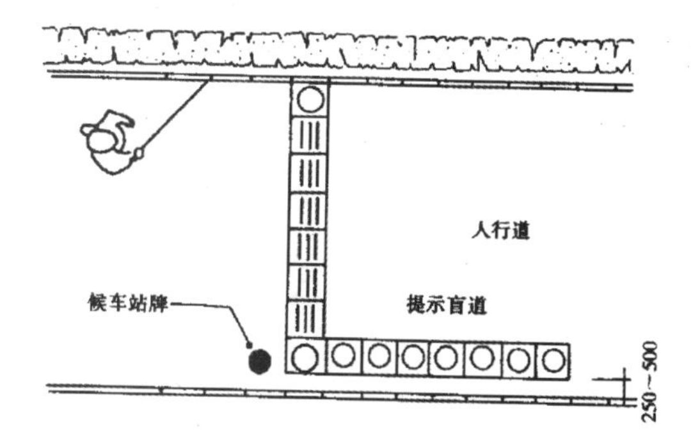

图5-83 公交车站提示盲道

（4）无家可归者

无家可归者也称为流浪者，他们没有固定的居所，大都靠乞讨、捡拾垃圾或出卖劳力为生，也有的人靠偷窃为生。无论我们在心理和道义上如何同情他们，客观上他们都会给社会带来一定的负面效应，尤其是后者，给社会和生活带来的危害更大。

大多数的无家可归者都是儿童、老人，他们由于种种原因失去家人或被家人遗弃，再加上文化程度低，自食其力的能力较差，身体健康状况底下，常常伴有疾病，生存环境又比较恶劣，生存境况令人堪忧。他们最需要社会和他人伸出援助之手。

还有一部分的无家可归者是青壮年人，他们也不能自食其力，靠各种手段维持生存。身体的健康状况要优于儿童和老年的无家可归者，但此类人大部分在心理上都存在很多的问题，最容易给社会带来不良后果。

课后练习

1. 人类的“领域性”、“个人空间”、“人际距离”在室内设计中有何参考意义?
2. 人际距离有哪几种？你认为家居空间中的客厅的尺度应如何把握?
3. 人的行为习性有哪些？在空间环境设计中如何运用?举例说明。
4. 在餐厅对座位进行选择时，人们首选目标总是位于角落处的座位，特别是靠窗的角落，这是一种什么行为心理？在进行敞开式办公空间的设计时，应如何设计来满足这种心理要求?
5. 简述无障碍设计理念在老年公寓设计中具体是如何应用的?